高等职业教育机电类专业“十二五”规划教材

高 职 高 专 精 品 课 程 配 套 教 材

PLC 应用技术
（西门子系列）

主　编　韩志国
副主编　李云梅　周树清　李　猛
参　编　于　玲　沈　洁　侯　雪　范平平
主　审　王建明

中国铁道出版社有限公司
CHINA RAILWAY PUBLISHING HOUSE CO., LTD.

内 容 简 介

本书是以西门子 S7-200 系列 PLC 为典型机型展开的，介绍了 Profibus 现场总线和基于现场总线的监控软件，还配有 PLC 实训的内容，最后介绍了典型数控系统 PMC 的编程。本书共分为 10 个模块：认识可编程序控制器、理解可编程序控制器工作原理、掌握 S7-200 的指令、编写可编程序控制器程序、使用可编程序控制器实现控制系统、Profibus 现场总线基础及使用、认识基于现场总线的监控软件、完成 TVT-90HC 实训项目、完成 THPFSM-2 实训项目、编写数控系统 PMC 程序。

本书可作为高职院校电气信息类、自动化类、机电类、数控类等专业的 PLC 课程教材，也可作为中职院校、技工学校相关专业的教材，以及相关领域工程技术人员的参考书。

图书在版编目(CIP)数据

PLC 应用技术. 西门子系列 / 韩志国主编. —北京：中国铁道出版社，2012.9(2019.7 重印)
高等职业教育机电类专业"十二五"规划教材
ISBN 978－7－113－15336－6

Ⅰ. ①P… Ⅱ. ①韩… Ⅲ. ①plc 技术－高等职业教育－教材 Ⅳ. ①TM571.6

中国版本图书馆 CIP 数据核字(2012)第 213737 号

书　　名：**PLC 应用技术**(西门子系列)
作　　者：韩志国　主编

策　　划：张永生　　　　**读者热线**：010－63550836
责任编辑：张永生
编辑助理：绳　超
封面设计：付　巍
封面制作：刘　颖
责任印制：郭向伟

出版发行：中国铁道出版社有限公司(100054，北京市西城区右安门西街 8 号)
网　　址：http://www.tdpress.com/51eds/
印　　刷：中国铁道出版社印刷厂
版　　次：2012 年 9 月第 1 版　　2019 年 7 月第 5 次印刷
开　　本：787mm×1092mm　1/16　**印张**：16.25　**字数**：393 千
印　　数：6001～7000 册
书　　号：ISBN 978-7-113-15336-6
定　　价：32.00 元

FOREWORD 前 言

自20世纪60年代美国推出可编程序逻辑控制器(Programmable Logical Controller, PLC)取代传统继电器控制装置以来,PLC得到了快速发展,在世界各地得到了广泛应用。同时,PLC的功能也不断完善。随着计算机技术、信号处理技术、控制技术、网络技术的不断发展和用户需求的不断增加,PLC在开关量处理的基础上增加了模拟量处理和运动控制等功能。今天的PLC不再局限于逻辑控制,在运动控制、过程控制等领域也发挥着十分重要的作用。在数控机床中,PLC也作为一个重要的组成部分发挥着非常重要的作用。

作为离散控制的首选产品,PLC在20世纪80～90年代得到了迅速发展,世界范围内的PLC年增长率保持为20%～30%。随着工厂自动化程度的不断提高和PLC市场容量基数的不断加大,近年来PLC在工业发达国家的增长速率放缓。但是,在中国等发展中国家PLC的增长十分迅速。综合相关资料,可知2004年全球PLC的销售收入约为100亿美元,在自动化领域占据着十分重要的位置。

本书以SIEMENS的S7-200系列PLC为典型机型,以等效电路为初始手段,使读者认识可编程序控制器,逐步引入指令使用,编写程序,进而设计以可编程序控制器为核心的控制系统,引领读者循序渐进地掌握可编程序控制器的使用,还介绍了Profibus现场总线和基于现场总线的监控软件,并配有结合2个实验室不同实训设备的PLC相关实训的内容,最后介绍了典型数控系统PMC的编程。

本书由韩志国担任主编,李云梅、周树清、李猛[恩宜珐玛(天津)工程有限公司]担任副主编,于玲、沈洁、侯雪、范平平参加编写。具体编写分工为:韩志国编写模块一、模块二、模块四、模块五;李云梅编写模块三;周树清编写模块八;李猛编写模块十;于玲编写模块六;沈洁编写模块七;侯雪编写模块九;范平平编写模块四中的部分例题。全书由王建明担任主审。

本书编写过程中得到了天津轻工职业技术学院领导,以及教务处、科研处同事的大力支持和帮助,同时也得到了恩宜珐玛(天津)工程有限公司同仁的大力支持和帮助,另外,本书参考并引用了一些相关资料,在此一并表示衷心的感谢。

由于时间仓促加之编者水平有限,书中难免存在不妥之处,恳请读者批评指正。

编 者

2012年6月

CONTENTS 目 录

模块一 认识可编程序控制器

可编程序逻辑控制器(Programmable Logical Controller),是随着现代社会生产的发展和技术进步,现代工业生产自动化水平的日益提高及微电子技术的飞速发展,在继电器控制的基础上产生的一种新型的工业控制装置。它是将 3C(Computer,Control,Communication)技术,即微型计算机技术、控制技术及通信技术,融为一体并应用到工业控制领域的一种高可靠性控制器,是当代工业生产自动化的重要支柱。

任务一　了解 PLC 的产生和定义

一、可编程序控制器的命名

可编程序控制器由于刚刚问世的时候仅具有开关量控制功能,所以又称为可编程序逻辑控制器。

1980 年,英国电气制造商协会 (National Electronic Manufacture Association,NEMA)将可编程序控制器正式命名为 Programmable Controller,简称 PLC 或 PC。

1980 年,可编程序控制器的定义为:“可编程序控制器是带有指令存储器,数字的或模拟的输入/输出接口,以位运算为主,能完成逻辑、顺序、定时、计数和算术运算等功能,用于控制机器或生产过程的自动控制装置。”

1985 年 1 月,国际电工委员会(IEC)在颁布可编程序控制器标准时,又对 PLC 作了明确定义:“可编程序控制器是一种数字运算操作的电子系统,专为在工业环境里应用而设计。它采用可编程序的存储器,用来在其内部存储执行逻辑运算和顺序控制、定时、计数和算术运算等操作的指令,并通过数字的或模拟的输入/输出接口,控制各种类型的机器设备或生产过程。可编程序控制器及其有关设备的设计原则是它应易于与工业控制系统连成一个整体和具有扩充功能。”

该定义强调了可编程序控制器是“数字运算操作的电子系统”,它是一种计算机,它是“专为在工业环境里应用而设计”的工业控制计算机。为了照顾到这种习惯,在本书中,我们仍称可编程序控制器为 PLC。

二、PLC 的产生

一种新兴事物的出现,总是有两方面的条件:一方面是实际的需求;另一方面是技术上实现的可能性。PLC 是在芯片工业发展的基础上,根据工业生产的实际需要而产生的。

在 PLC 产生以前,以各种继电器为主要元件的电气控制线路,承担着生产过程自动控制的艰巨任务,可能由成百上千个各种继电器构成复杂的控制系统,需要用成千上万根导线连接起来，安装这些继电器需要大量的继电器控制柜，且占据大量的空间。当这些继电器运行时，又产生大量的噪声，消耗大量的电能。为保证控制系统的正常运行，须安排大量的电气技术维护人员进行维护，有时某个继电器的损坏，甚至某个继电器的触点接触不良，都会影响整个系统的正常运行。如果系统出现故障，要进行检查和排除故障又是非常困难的，全靠现场电气技术维护人员长期积累的经验，尤其是在生产工艺发生变化时，可能需要增加很多的继电器或继电器控制柜，重新接线或改线的工作量极大，甚至可能需要重新设计控制系统。尽管如此，这种控制系统的功能也仅仅局限于能实现具有粗略定时、计数功能的顺序逻辑控制。因此，人们迫切需要一种新的工业控制装置来取代传统的继电器控制系统，使电气控制系统工作更可靠、更容易维修、更能适应经常变化的生产工艺要求。

1968年，美国最大的汽车制造商——通用汽车公司(GM)要解决因汽车不断改型而重新设计汽车装配线上各种继电器的控制线路问题，要寻求一种比继电器更可靠，响应速度更快、功能更强大的通用工业控制器。GM公司提出了著名的十条技术指标并在社会上招标，要求控制设备制造商为其装配线提供一种新型的通用工业控制器，美国数字设备公司(DEC)根据要求研制出世界上第一台可编程序控制器，型号为PDP-14，并在GM公司的汽车生产线上首次应用成功，取得了显著的经济效益。当时人们把它称为可编程序逻辑控制器(Programmable Logical Controller，PLC)。

可编程序控制器从产生到现在，尽管只有四十几年的时间，但由于其编程简单、可靠性高、使用方便、维护容易、价格适中等优点，使其得到了迅猛的发展，在冶金、机械、石油、化工、纺织、轻工、建筑、运输、电力等部门得到了广泛的应用。在数控系统中PLC作为不可或缺的一部分，在各种数控系统中发挥着重要的作用。

三、PLC的分类

(一)根据控制规模分类

PLC的控制规模是以输入/输出端子数来衡量的。根据使用I/O点数的多少可将PLC分为小型机、中型机和大型机。

1. 小型机

I/O点数(总数)在256点以下的，称为小型机，一般只具有逻辑运算、定时、计数和移位等功能，适用于小规模开关量的控制，可用它实现条件控制、顺序控制等。

小型机的特点是价格低，体积小，适用于控制自动化单机设备，开发机电一体化产品。控制点仅几十点，为OMRON公司的CPM1A系列PLC所使用，西门子的Logo仅10点。小型机控制点可达100多点，如OMRON公司的C60P可达148点，CQM1达256点。德国西门子公司的S7-200机可达64点。

2. 中型机

I/O点数在256～1 024点之间的，称为中型机。它除了具备逻辑运算功能，还增加了模拟量输入/输出、算术运算、数据传送、数据通信等功能，可完成既有开关量又有模拟量的复杂控制。中型机的软件比小型机丰富，在已固化的程序内，一般还有PID(比例、积分、微分)调节，整数/浮点运算等功能模板。

中型机的特点是功能强，配置灵活，适用于具有诸如温度、压力、流量、速度、角度、位置等模拟量控制和大量开关量控制的复杂机械，以及连续生产过程控制的场合。中型机控制点数可达500点，以至于千点。如OMRON公司C200H机普通配置最多可达700多点，C200Ha机则可达1 000多点。德国西门子公司的S7-300机最多可达512点。

3. 大型机

I/O点数在1 024点以上的，称为大型机。大型PLC的功能更加完善，具有数据运算、模拟调节、联网通信、监视记录、打印等功能。大型机的内存容量超过640 KB，监控系统采用CRT显示，能够表示生产过程的工艺流程、各种记录曲线、PID调节参数选择图等。能进行中断控制、智能控制、远程控制等。

大型机的特点是I/O点数特别多，控制规模宏大，组网能力强，可用于大规模的过程控制构成分布式控制系统，或者整个工厂的集散控制系统。控制点数一般在1 000点以上。如OMRON公司的C1000H、CV1000，当地配置可达1 024点。C2000H、CV2000当地配置可达2 048点。

4. 超大型机

超大型机的控制点数可达万点，以至于几万点。如美国GE公司的90-70机，其点数可达24 000点，另外还可有8 000路的模拟量。再如美国莫迪康公司的PC-E984-785机，其开关量具总数为32k(32 768)，模拟量有2 048路。西门子的SS-115U-CPU945，其开关量总点数可达8 k，另外还可有512路模拟量。

（二）根据结构形式分类

从结构上看，PLC可分为整体式、模板式及分散式3种形式。

1. 整体式

一般的小型机多为整体式结构。这种结构PLC的电源、CPU、I/O部件都集中配置在一个箱体中，有的甚至全部装在一块印制电路板上。

图1-1所示为SIEMENS公司的S7-200型PLC，即为整体式结构。整体式PLC结构紧凑，体积小，质量小，价格低，容易装配在工业控制设备的内部，比较适合于生产机械的单机控制。

整体式PLC的缺点是主机的I/O点数固定，使用不够灵活，维修也较麻烦。

2. 模板式

图1-2所示为SIEMENS公司的S7-300型PLC，即为模板式结构。

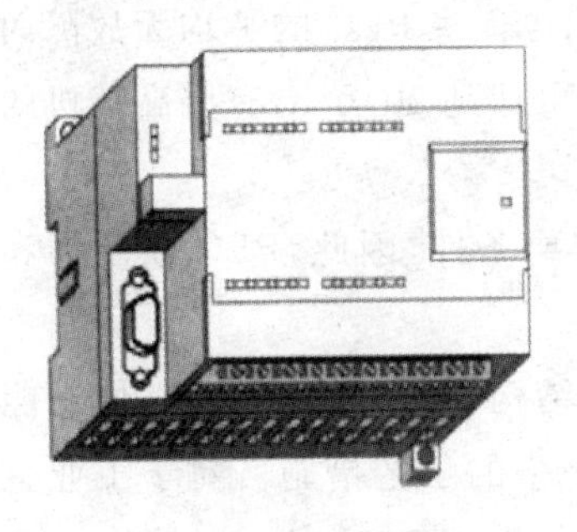

图1-1　S7-200外观结构图

图1-2　S7-300的外观结构图

这种形式的PLC各部分以单独的模板分开设置，如电源模板PS、CPU模板、输入/输出模板SM、功能模板FM及通信模板CP等。这种PLC一般设有机架底板(也有的PLC为串行连接，没有底板)，在底板上有若干插座，使用时，各种模板直接插入机架底板即可。这种结构的PLC配置灵活，装备方便，维修简单，易于扩展，可根据控制要求灵活配置所需模板，构成功能不同的各种控制系统。一般大、中型PLC均采用这种结构。

模板式PLC的缺点是结构较复杂、各种插件多，因而增加了造价。

3. 分散式

所谓分散式的结构就是将可编程序控制器的CPU、电源、存储器集中放置在控制室，而将各I/O模板分散放置在各个工作站，由通信接口进行通信连接，由CPU集中指挥。

(三) 根据生产厂家分类

PLC的生产厂家很多，每个厂家生产的PLC，其点数、容量、功能各有差异，但都自成系列，指令及外设向上兼容，因此在选择PLC时若选择同一系列的产品，则可以使系统构成容易、操作人员使用方便，备品配件的通用性及兼容性好。比较有代表性的有：日本立石(OMRON)公司的C系列，三菱(MITSUBISHI)公司的F系列，东芝(TOSHIBA)公司的EX系列，美国哥德(GUULD)公司的M84系列，美国通用电气(GE)公司的GE系列，美国A-B公司的PLC-5系列，德国西门子(SIEMENS)公司的S5系列、S7系列等。

任务二　掌握可编程序控制器的特点

一、可编程序控制器的一般特点

可编程序控制器的种类虽然很多，但为了在恶劣的工业环境中使用，因而它们有许多共同的特点。

(一) 抗干扰能力强，可靠性极高

工业生产对电气控制设备的可靠性的要求是非常高的，它应具有很强的抗干扰能力，能在非常恶劣的环境下(如温度高、湿度大、金属粉尘多、距离高压设备近、有较强的高频电磁干扰等)连续、可靠地工作，平均无故障时间(MTBF)长，故障修复时间短。而PLC是专为工业控制设计的，能适应工业现场的恶劣环境。可以说，没有任何一种工业控制设备能够达到可编程序控制器的可靠性。在PLC的设计和制造过程中，采取了精选元器件及多层次抗干扰等措施，使PLC的平均无故障时间MTBF通常在10万h以上，有些PLC的平均无故障时间可以达到几十万h以上，如三菱公司的F1、F2系列的MTBF可达到30万h，有些高档机的MTBF还要高得多，这是其他电气设备根本做不到的。

绝大多数的用户都将可靠性作为选取控制装置的首要条件，因此，PLC在硬件和软件方面均采取了一系列的抗干扰措施。

在硬件方面，首先是选用优质器件，采用合理的系统结构，加固、简化安装，使它能抗振动冲击。对印制电路板的设计、加工及焊接都采取了极为严格的工艺措施。对于工业生产过程中最常见的瞬间强干扰，采取的主要措施是隔离和滤波技术。PLC的输入/输出电路一般都用光耦合器传递信号，做到电浮空，使CPU与外部电路完全切断了电的联系，有效地抑制了外部干扰对 PLC 的影响。在 PLC 的电源电路和 I/O 接口中，还设置多种滤波电路，除了采用常规的模拟滤波器（如 *LC* 滤波和Ⅱ型滤波）外，还加上了数字滤波，以消除和抑制高频干扰信号，同时也削弱了各种模板之间的相互干扰。用集成电压调整器对微处理器的+5 V 电源进行调整，以适应交流电网的波动和过电压、欠电压的影响。在 PLC 内部还采用了电磁屏蔽措施，对电源变压器、CPU、存储器、编程器等主要部件采用导电、导磁良好的材料进行屏蔽，以防外界干扰。

在软件方面，PLC 也采取了很多特殊措施，设置了看门狗定时器 WDT（Watching Dog Timer），系统运行时对 WDT 定时刷新，一旦程序出现死循环，使之能立即跳出，重新启动并发出报警信号。还设置了故障检测及诊断程序，用以检测系统硬件是否正常，用户程序是否正确，便于自动地做出相应的处理，如报警、封锁输出、保护数据等。当 PLC 检测到故障时，立即将现场信息存入存储器，由系统软件配合对存储器进行封闭，禁止对存储器的任何操作，以防存储信息被破坏。这样，一旦检测到外界环境正常后，便可恢复到故障发生前的状态，继续原来的程序工作。

另外，PLC 特有的循环扫描的工作方式，有效地屏蔽了绝大多数的干扰信号。这些有效的措施，保证了可编程序控制器的高可靠性。

（二）编程方便

可编程序控制器的设计是面向工业企业中一般电气工程技术人员的，它采用易于理解和掌握的梯形图语言，以及面向工业控制的简单指令。这种梯形图语言既继承了传统继电器控制线路的表达形式（如线圈、触点、动合、动断），又考虑到工业企业中的电气技术人员的看图习惯和微机应用水平。因此，梯形图语言对于熟悉继电器控制线路图的电气工程技术人员是非常适用的，它形象、直观、简单、易学，尤其是对于小型 PLC 而言，几乎不需要专门的计算机知识，只要进行短暂几天甚至几小时的培训，就能基本掌握编程方法。因此，无论是在生产线的设计中，还是在传统设备的改造中，电气工程技术人员都特别愿意使用 PLC。

（三）使用方便

虽然 PLC 种类繁多，由于其产品的系列化和模板化，并且配有品种齐全的各种软件，用户可灵活组合成各种规模和不同要求的控制系统，用户在硬件设计方面，只是确定 PLC 的硬件配置和 I/O 通道的外部接线。在 PLC 构成的控制系统中，只需在 PLC 的端子上接入相应的输入/输出信号即可，不需要诸如继电器之类的固体电子器件和大量繁杂的硬接线电路。在生产工艺流程改变、生产线设备更新或系统控制要求改变，需要变更控制系统的功能时，一般不改变或很少改变 I/O 通道的外部接线，只要改变存储器中的控制程序即可，这在传统的继电器控制时是很难想象的。PLC 的输入/输出端子可直接与 AC 220 V，DC 24 V 等电源相连，并有较强的带负载能力。

在 PLC 运行过程中，在 PLC 的面板上（或显示器上）可以显示生产过程中用户感兴趣的各种状态和数据，使操作人员做到心中有数，即使在出现故障甚至发生事故时，也能及时处理。

（四）维护方便

PLC 的控制程序可通过编程器输入到 PLC 的用户程序存储器中。编程器不仅能对 PLC 控制程序进行写入、读出、检测、修改，还能对 PLC 的工作进行监控，使得 PLC 的操作及维护都很方便。PLC 还具有很强的自诊断能力，能随时检查出自身的故障，并显示给操作人员，如 I/O 通道的状态、RAM 的后备电池的状态、数据通信的异常、PLC 内部电路的异常等信息。正是通过 PLC 的这种完善的诊断和显示能力，当 PLC 主机或外部的输入装置及执行机构发生故障时，使操作人员能迅速检查、判断故障原因，确定故障位置，以便采取迅速有效的措施。如果是 PLC 本身故障，在维修时只需要更换插入式模板或其他易损件即可完成，既方便又减少了影响生产的时间。

有人曾预言，将来自动化工厂的电气工人，将一手拿着螺丝刀，一手拿着编程器。这也是可编程序控制器得以迅速发展和广泛应用的重要因素之一。

（五）设计、施工、调试周期短

用可编程序控制器完成一项控制工程时，由于其硬、软件齐全，设计和施工可同时进行。由于用软件编程取代了继电器的硬接线实现控制功能，使得控制柜的设计及安装接线工作量大为减少，缩短了施工周期。同时，由于用户程序大都可以在实验室进行模拟调试，模拟调试好后再将 PLC 控制系统在生产现场进行联机统调，从而使得调试方便、快速、安全，因此大大缩短了设计和投运周期。

（六）易于实现机电一体化

因为可编程序控制器的结构紧凑，体积小，质量小，可靠性高，抗振、防潮和耐热能力强，使之易于安装在机器设备内部，制造出机电一体化产品。随着集成电路制造水平的不断提高，可编程序控制器体积将进一步缩小，而功能却进一步增强，与机械设备有机地结合起来，它在 CNC 和机器人的应用中必将更加普遍。以 PLC 作为控制器的 CNC 设备和机器人装置将成为典型的机电一体化的产品。

二、可编程序控制器与继电器逻辑控制系统的比较

在可编程序控制器出现以前，继电器的硬接线电路是逻辑控制、顺序控制的唯一执行者，它结构简单，价格低廉，一直被广泛应用。但它与 PLC 控制相比有许多缺点，如表 1-1 所示。

表 1-1　可编程序控制器与继电器逻辑控制系统的比较

比较项目	可编程序控制器	继电器逻辑控制系统
控制逻辑	存储逻辑，体积小、接线少，控制灵活易于扩展	接线逻辑，体积大，接线复杂，修改困难
控制速度	由半导体电路实现控制作用，每条指令执行时间在 μs 级，不会出现触点抖动	通过触点的开闭实现控制作用。动作速度为几十 ms，易出现触点抖动
限时控制	用半导体集成电路实现，精度高，时间设置方便，不受环境、温度影响	由时间继电器实现，精度差，易受环境、温度影响
触点数量	任意多个，永不磨损	4～8 对，易磨损
工作方式	串行循环扫描	并行工作
设计与施工	在系统设计后，现场施工与程序设计可同时进行，周期短，调试、修改方便	设计、施工、调试必须顺序进行，周期长，修改困难
可靠性与可维护性	寿命长，可靠性高，有自诊断功能，易于维护	寿命短，可靠性与可维护性差
价格	使用大规模集成电路，初期投资较高	使用机械开关、继电器及接触器等，价格低廉

三、可编程序控制器与其他工业控制器的比较

自从微型计算机诞生以后，工程技术人员就一直努力将微型计算机技术应用到工业控制领域，这样，在工业控制领域就产生了几种有代表性的工业控制器，它们是可编程序控制器（PLC）、PID 控制器（又称 PID 调节器）、集散控制系统（DCS）、工业控制计算机（工业 PC）。由于 PID 控制器一般只适用于过程控制中的模拟量控制，并且，目前的 PLC 或 DCS 中均具有 PID 的功能，所以，只需要对可编程序控制器与通用的微型计算机、可编程序控制器与集散控制系统、可编程序控制器与工业控制计算机分别做一下比较。

（一）可编程序控制器与通用的微型计算机的比较

用微电子技术制作的作为工业控制器的可编程序控制器，它也是由 CPU、RAM、ROM、I/O接口等构成的，与微机有相似的构造，但又不同于一般的微机，特别是它采用了特殊的抗干扰技术，有着很强的接口能力，使它更能适用于工业控制。

PLC 与微机各自的特点如表 1-2 所示。

表 1-2　可编程序控制器与微型计算机的比较

比较项目	可编程序控制器	微型计算机
应用范围	工业控制	科学计算、数据处理、通信等
使用环境	工业现场	具有一定温度、湿度的机房
输入/输出	控制强电设备，有光电隔离，有大量的I/O口	与主机采用微电联系，没有光电隔离，没有专用的I/O口
程序设计	一般为梯形图语言，易于学习和掌握	程序语言丰富、汇编、FORTRAN、BASIC、C 及 COBOL 等。语句复杂，需要专门计算机的硬件和软件知识
系统功能	自诊断、监控等	配有较强的操作系统
工作方式	循环扫描方式及中断方式	中断方式
可靠性	可靠性极高，抗干扰能力强，能长期运行	抗干扰能力差，不能长期运行
体积与结构	结构紧凑，体积小；外壳坚固，密封	结构松散，体积大，密封性差；键盘尺寸大，显示器尺寸大

（二）可编程序控制器与集散控制系统的比较

可编程序控制器与集散控制系统都是用于工业现场的自动控制设备，都是以微型计算机为基础的，都可以完成工业生产中大量的控制任务。但是，它们之间又有以下不同。

1. 基础不同

可编程序控制器是由继电器逻辑控制系统发展而来，所以它在开关量处理、顺序控制方面具有自己的绝对优势，发展初期主要侧重于顺序逻辑控制方面；集散控制系统是由仪表过程控制系统发展而来，所以它在模拟量处理、回路调节方面具有一定的优势，发展初期主要侧重于回路调节功能。

2. 方向不同

随着微型计算机的发展，可编程序控制器在初期逻辑运算功能的基础上，增加了数值运算及闭环调节功能。运算速度不断提高，控制规模越来越大，并开始与网络或上位机相连，构成了以 PLC 为核心部件的分布式控制系统。集散控制系统自 20 世纪 70 年代问世后，也逐渐地

把顺序控制装置、数据采集装置、回路控制仪表、过程监控装置有机地结合在一起,构成了能满足各种不同控制要求的集散控制系统。

3. 小型计算机构成的中小型 DCS 将被 PLC 构成的 DCS 所替代

PLC 与 DCS 从各自的基础出发,在发展过程中互相渗透,互为补偿,两者的功能越来越近,颇有殊途同归之感。目前,很多工业生产过程既可以用 PLC 实现控制,也可以用 DCS 实现控制。但是,由于 PLC 是专为工业环境下应用而设计的,其可靠性要比一般的小型计算机高得多,所以,以 PLC 为控制器的 DCS 必将逐步占领以小型计算机为控制器的中小型 DCS 市场。

(三) 控制计算机的比较

可编程序控制器与工业控制计算机(简称工业 PC)都是用来进行工业控制的,但是工业 PC 与 PLC 相比,仍有一些不同。

1. 硬件方面

工业 PC 是由通用微型计算机推广应用发展起来的,通常由微型计算机生产厂家开发生产,在硬件方面具有标准化总线结构,各种机型间兼容性强。而 PLC 则是针对工业顺序控制,由电气控制厂家研制发展起来的,其硬件结构专用,各个厂家产品不通用,标准化程度较差。但是 PLC 的信号采集和控制输出的功率强,可不必再加信号变换和功率驱动环节,而直接和现场的测量信号及执行机构对接;在结构上,PLC 采取整体密封模板组合形式;在工艺上,对印制板、插座、机架都有严密的处理;在电路上,又有一系列的抗干扰措施。因此,PLC 的可靠性更能满足工业现场环境下的要求。

2. 软件方面

工业 PC 可借用通用微型计算机丰富的软件资源,对算法复杂,实时性强的控制任务能较好地适应。PLC 在顺序控制的基础上,增加了 PID 等控制算法,它的编程采用梯形图语言,易于被熟悉电气控制线路而不太熟悉微机软件的工厂电气技术人员所掌握。但是,一些微型计算机的通用软件还不能直接在 PLC 上应用,还要经过二次开发。

任何一种控制设备都有自己最适合的应用领域。熟悉、了解 PLC 与通用微型计算机、集散控制系统、工业 PC 的异同,将有助于根据控制任务和应用环境来恰当地选用最合适的控制设备,最好地发挥其效用。

四、可编程序控制器的主要功能

PLC 是采用微电子技术来完成各种控制功能的自动化设备,可以在现场的输入信号作用下,按照预先输入的程序,控制现场的执行机构,按照一定规律进行动作。其主要功能如下:

(一) 顺序逻辑控制

这是 PLC 最基本最广泛的应用领域,用来取代继电器控制系统,实现逻辑控制和顺序控制。它既可用于单机控制或多机控制,又可用于自动化生产线的控制。PLC 根据操作按钮、限位开关及其他现场给出的指令信号和传感器信号,控制机械运动部件进行相应的操作。

(二) 运动控制

在机械加工行业,可编程序控制器与计算机数控(CNC)集成在一起,用以完成机床的运动控制。很多 PLC 制造厂家已提供了拖动步进电动机或伺服电动机的单轴或多轴的位置控制模板。在多数情况下，PLC把描述目标位置的数据送给模板，模板移动一轴或数轴到目标位置。当每个轴移动时，位置控制模板保持适当的速度和加速度，确保运动平滑。目前已用于控制无心磨削、冲压、复杂零件分段冲裁、滚削、磨削等应用中。

（三）定时控制

PLC为用户提供了一定数量的定时器，并设置了定时器指令，如OMRON公司的CPM1A，每个定时器可实现0.1～999.9 s或0.01～99.99 s的定时控制，SIEMENS公司的S7-200系列可提供时基单位为0.1 s，0.01 s及0.001 s的定时器，实现0.001～3 276.7 s的定时控制。也可按一定方式进行定时时间的扩展。定时精度高，定时设定方便灵活。同时PLC还提供了高精度的时钟脉冲，用于准确的实时控制。

（四）计数控制

PLC为用户提供的计数器分为普通计数器、可逆计数器（增减计数器）、高速计数器等，用来完成不同用途的计数控制。当计数器的当前计数值等于计数器的设定值，或在其一数值范围时，发出控制命令。计数器的计数值可以在运行中被读出，也可以在运行中被修改。

（五）步进控制

PLC为用户提供了一定数量的移位寄存器，用移位寄存器可方便地完成步进控制功能。在一道工序完成之后，自动进行下一道工序。一个工作周期结束后，自动进入下一个工作周期。有些PLC还专门设有步进控制指令，使得步进控制更为方便。

（六）数据处理

大部分PLC都具有不同程度的数据处理功能，如H系列、C系列、S7系列PLC等，能完成数据运算，如加、减、乘、除、乘方、开方等，逻辑运算，如字与、字或、字异或、求反等，移位、数据比较和传送及数值的转换等操作。

（七）模/数和数/模转换

在过程控制或闭环控制系统中，存在温度、压力、流量、速度、位移、电流、电压等连续变化的物理量（或称模拟量）。过去，由于PLC用于逻辑运算控制，对于这些模拟量的控制主要靠仪表控制（如果回路数较少）或分布式控制系统DCS（如果回路数较多）。目前，不但大、中型PLC都具有模拟量处理功能，甚至很多小型PLC也具有模拟量处理功能，而且编程和使用都很方便。

（八）通信及联网

目前绝大多数PLC都具备了通信能力，能够实现PLC与计算机，PLC与PLC之间的通信。通过这些通信技术，使PLC更容易构成工厂自动化（FA）系统。也可与打印机、监视器等外围设备相连，记录和监视有关数据。

任务三　熟悉PLC的编程语言

一、梯形图

梯形图是一种图形编程语言，是面向控制过程的一种“自然语言”，它沿用继电器的触点（触点在梯形图中又称为接点）、线圈、串并联等术语和图形符号，同时也增加了一些继电器-接触器控制系统中没有的特殊功能符号。梯形图语言比较形象、直观，对于熟悉继电器控制线路的电气技术人员来说，很容易接受，且不需要学习专门的计算机知识，因此，在PLC应用中，是使用的最基本、最普遍的编程语言。但这种编程方式只能用图形编程器直接编程。

PLC的梯形图虽然是从继电器控制线路图发展而来的，但与其又有以下本质的区别。

(1) PLC梯形图中的某些编程元件沿用了继电器这一名称，例如，输入继电器、输出继电器、中间继电器等。但是，这些继电器并不是真实的物理继电器，而是“软继电器”。这些继电器中的每一个，都与PLC用户程序存储器中的数据存储区中的元件映像寄存器的一个具体存储单元相对应。如果某个存储单元为“1”状态，则表示与这个存储单元相对应的那个继电器的“线圈得电”，反之，如果某个存储单元为“0”状态，则表示与这个存储单元相对应的那个继电器的“线圈失电”。这样，就能根据数据存储区中某个存储单元的状态是“1”还是“0”，判断与之对应的那个继电器的线圈是否“得电”。

(2) PLC梯形图中仍然保留了动合触点和动断触点的名称，这些触点的接通或断开，取决于其线圈是否得电(对于熟悉继电器控制线路的电气技术人员来说，这是最基本的概念)。在梯形图中，当程序扫描到某个继电器触点时，就去检查其线圈是否“得电”，即去检查与之对应的那个存储单元的状态是“1”还是“0”。如果该触点是动合触点，就取它的原状态；如果该触点是动断触点，就取它的反状态。例如，如果对应输出继电器Q0.0的存储单元中的状态是“1”(表示线圈得电)，当程序扫描到Q0.0的动合触点时，就取它的原状态“1”(表示动合触点接通)，当程序扫描到Q0.0的动断触点时，就取它的反状态“0”(表示动断触点断开)，反之亦然。

(3) PLC梯形图中的各种继电器触点的串并联连接，实质上是将对应这些基本单元的状态依次取出来，进行“逻辑与”“逻辑或”等逻辑运算。而计算机对进行这些逻辑运算的次数是没有限制的，因此，可在编制程序时无限次使用各种继电器的触点，且可根据需要采用动合(常开)或动断(常闭)的形式。

注意：在梯形图程序中同一个继电器号的线圈一般只能使用一次。

(4) 在继电器控制线路图中，左、右两侧的母线为电源线，在电源线中间的各个支路上都加有电压，当某个或某些支路满足接通条件时，就会有电流流过触点和线圈。而在PLC梯形图，左侧(或两侧)的垂线为逻辑母线，每一个支路均从逻辑母线开始，到线圈或其他输出功能结束。在梯形图中，其逻辑母线上不加什么电源，元件和连线之间也并不存在电流，但它确实在传递信息。为形象起见，假设在梯形图中是有信息流或假想电流在流通，即在梯形图中流过的电流不是物理电流，而是“能流”，是用户程序表达方式中满足输出执行条件的形象表达方式，“能流”只能从左向右流动。

(5) 在继电器控制线路图中，各个并联电路是同时加电压，并行工作的，由于实际元件动作的机械惯性，可能会发生触点竞争现象。在梯形图中，各个编程元件的动作顺序是按扫描顺序依次执行的，或者说是按串行的方式工作的，在执行梯形图程序时，是自上而下，自左而右，串行扫描的，不会发生触点竞争现象。

表面上看起来完全一样的继电器控制线路图与梯形图，它们产生的效果可能不完全一样，甚至某些作用完全相反。图1-3、图1-4分别给出了两组结构上完全一样的继电器控制线路图与梯形图，控制目的都是为了实现“当S1动作后S2动作，使C自保持，使A复位”的功能。

先看图 1-3,图(a)是继电器控制线路图,图(b)是梯形图。

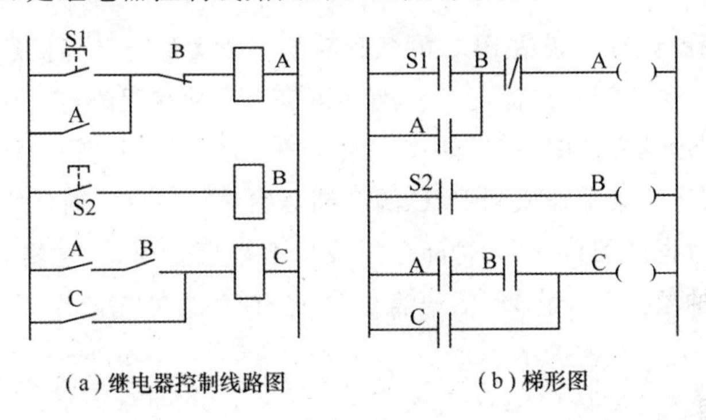

(a)继电器控制线路图　　(b)梯形图

图 1-3　继电器控制线路不可能实现但梯形图能实现的情况

在图 1-3(a)中,当 S1 动作后,A 得电并自保持,且为 C 接通、自保持创造了条件;接着 S2 动作,使 B 得电,B 的动断触点先切断 A,结果使 A 复位的目的实现了,但使 C 总不能得电,更不用说自保持了。在图 1-3(b)中,当 S1 动作后,A“得电”并自保持,在 S2 动作后,B“得电”。所以,在当前扫描周期内,当程序扫描到下面的 A、B 动合触点时,因其线圈此时均已“得电”,它们均处于接通状态。这样,C 能“得电”且自保持。待到下个扫描周期时,A 被复位,达到了控制目的。

再看图 1-4,图 1-4(a)是继电器控制线路图,图 1-4(b)是梯形图。

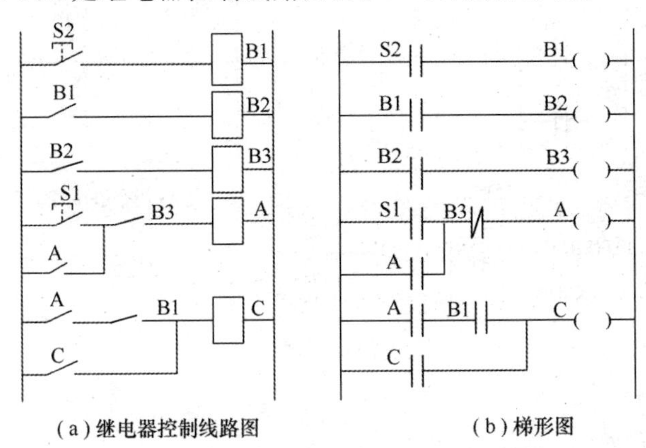

(a)继电器控制线路图　　(b)梯形图

图 1-4　继电器控制线路图能实现但梯形图不能实现的情况

在图 1-4(a)中,当 S1、S2 相继动作后,由于 B1、B2 的动作惯性,使 A 在 C 得电且自保持后被复位,达到了控制目的。在图 1-4(b)中,在 S2 未动作时,B1、B2 均“失电”。在 S1 动作后,A“得电”自保持,待扫描到 C 时,C 不能“得电”,即使 S1 动作后 S2 马上动作,顺序扫描又会使 A 复位,C 仍不能“得电”。

(6) PLC 梯形图中的输出线圈只对应存储器中的输出映像区的相应位,不能用该编程元件(如中间继电器的线圈、定时器、计数器等)直接驱动现场机构,必须通过指定的输出继电器,经 I/O 接口上对应的输出单元 (或输出端子)才能驱动现场执行机构。

二、语句表

指令语句就是用助记符来表达 PLC 的各种功能。它类似于计算机的汇编语言，但比汇编语言通俗易懂，因此也是应用很广泛的一种编程语言。这种编程语言可使用简易编程器编程，尤其是在未能配置图形编程器时，就只能将已编好的梯形图程序转换成语句表的形式，再通过简易编程器将用户程序逐条地输入到 PLC 的存储器中进行编程。通常每条指令由地址、操作码（指令）和操作数（数据或器件编号）3 部分组成。编程设备简单，逻辑紧凑、系统化，连接范围不受限制，但比较抽象，一般与梯形图语言配合使用，互为补充。目前，大多数 PLC 都有指令语句编程功能。

三、逻辑功能图

这是一种由逻辑功能符号组成的功能块图来表达命令的图形语言，这种编程语言基本上沿用了半导体逻辑电路的逻辑方块图。对每一种功能都使用一个运算方块，其运算功能由方块内的符号确定。常用“与”、“或”、“非”等逻辑功能表达控制逻辑。与功能方块有关的输入画在方块的左边，输出画在方块的右边。采用这种编程语言，不仅能简单明确地表达逻辑功能，还能通过对各种功能块的组合，实现加法、乘法、比较等高级功能。所以，它也是一种功能较强的图形编程语言。对于熟悉逻辑电路和具有逻辑代数基础的人来说，是非常方便的。

图 1-5 为实现三相异步电动机启停控制的 3 种编程语言的表达方式。

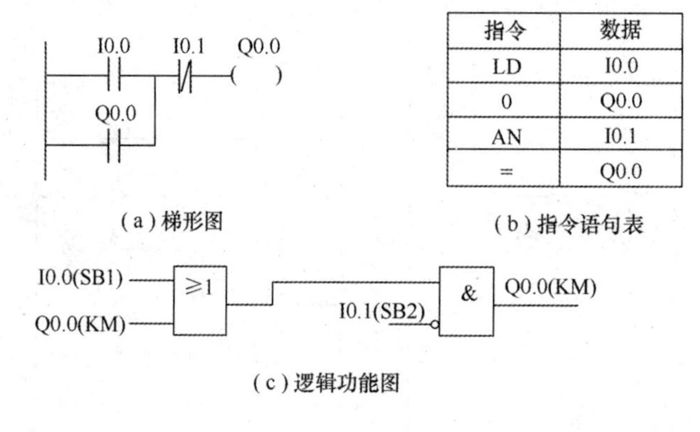

指令	数据
LD	I0.0
0	Q0.0
AN	I0.1
=	Q0.0

图 1-5　3 种编程语言举例

四、顺序功能图（SFC）

顺序功能图编程方式采用画工艺流程图的方法编程，只要在每一个工艺方框的输入/输出端，标上特定的符号即可。对于在工厂中搞工艺设计的人来说，用这种方法编程，不需要很多的电气知识，非常方便。

不少 PLC 的新产品采用了顺序功能图，有的公司已生产出系列的，可供不同的 PLC 使用的 SFC 编程器，原来十几页的梯形图程序，SFC 只用一页就可完成。另外，由于这种编程语言最适合从事工艺设计的工程技术人员，因此，它是一种效果显著、深受欢迎、前途光明的编程语言。

五、高级语言

在一些大型 PLC 中，为了完成一些较为复杂的控制，采用功能很强的微处理器和大容量存储器，将逻辑控制、模拟控制、数值计算与通信功能结合在一起，配备 BASIC、Pascal、C 等计算机语言，从而可像使用通用计算机那样进行结构化编程，使 PLC 具有更强的功能。

目前，各种类型的 PLC 基本上都同时具备两种以上的编程语言。其中，以同时使用梯形图和语句表的占大多数。不同厂家、不同型号的 PLC，其梯形图及语句表都有些差异，使用符号也不尽相同，配置的功能各有千秋。因此，各个厂家不同系列、不同型号的可编程序控制器是互不兼容的，但编程的思想方法和原理是一致的。

习　题

1. 可编程序控制器是如何产生的？
2. 整体式 PLC 与模板式 PLC 各有什么特点？
3. 可编程序控制器如何分类？
4. 说明 PLC 控制与继电器控制的优缺点。
5. 说明 PLC 与其他通用控制器的适用范围。
6. 评价 PLC 的性能的主要指标是什么？
7. PLC 最常用的编程语言是什么？
8. 梯形图与继电器控制线路图的差别是什么？
9. 列举可编程序控制器可能应用的场合。
10. 说明当代可编程序控制器的发展动向是什么？

模块二 理解可编程序控制器工作原理

可编程序控制器，即PLC也是一种计算机，它有着与通用计算机相类似的结构，即可编程序控制器也是由中央处理器（CPU）、存储器（MEMORY）、输入/输出（I/O）接口及电源组成的。只不过它比一般的通用计算机具有更强的能与工业过程相连的接口和更直接的适应控制要求的编程语言。

在学习PLC的过程中，掌握PLC的等效工作电路是初学PLC很重要的任务，之后再掌握PLC工作过程的显著特点——周期性顺序扫描，那么运用PLC就会更加娴熟，更加得心应手。

任务一 理解可编程序控制器结构

一、PLC的基本结构

尽管可编程序控制器的种类繁多，可以有各种不同的结构，为简化问题起见，以小型可编程序控制器为例，来说明PLC的硬件组成。

PLC的基本结构如图2-1所示。

由图2-1可知，用可编程序控制器作为控制器的自动控制系统，就是工业计算机控制系统，它既可进行开关量的控制，也可实现模拟量的控制。

由于PLC的中央处理器是由微处理器（通用或专用）、单片机或位片式计算机组成，且具有各种功能的I/O接口及存储器，所以也可将PLC的结构用微型计算机控制系统常用的单总线结构形式来表示，如图2-2所示。

了解可编程序控制器的各个组成部分的功能是我们认识PLC的第一步，下面将结合图2-1、图2-2分别说明PLC各个组成部分的功能。

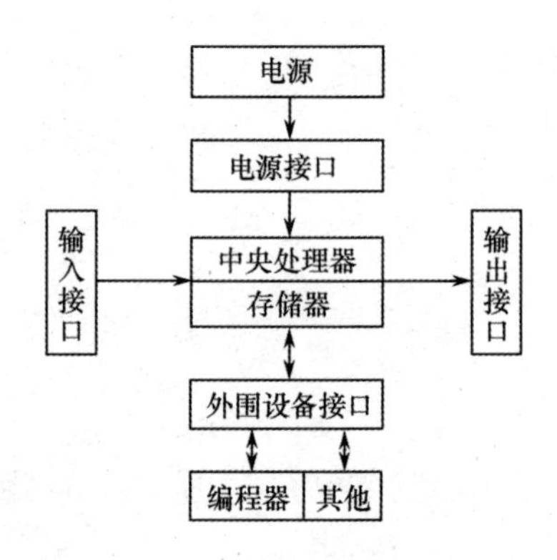

图2-1 PLC的基本结构

德国的西门子（SIEMENS）公司是欧洲最大的电子和电气设备制造商，生产的SIMATIC可编程序控制器在欧洲处于领先地位。其第一代可编程序控制器是于1975年投放市场的SIMATIC S3系列控制系统。1979年微处理器技术被应用到可编程序控制器中后，产生了SIMATIC S5系列，随后在20世纪末又推出了S7系列产品。本书是以S7系列作为典型产品来介绍PLC的。所以下面介绍PLC各个组成部分是以S7-200为主的。

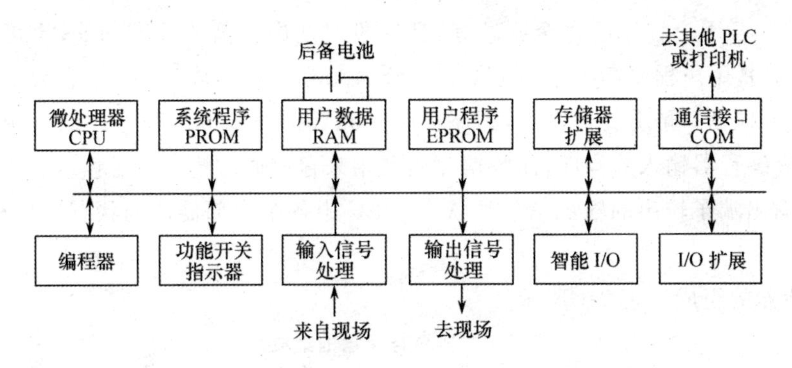

图 2-2　可编程序控制器的单总线结构图

二、中央处理器(CPU)和存储器

(一) CPU

众所周知,CPU 是计算机的核心,因此它也是 PLC 的核心。它按照系统程序赋予的功能完成的主要任务是:

(1) 接收与存储用户由编程器键入的用户程序和数据。

(2) 检查编程过程中的语法错误,诊断电源及 PLC 内部的工作故障。

(3) 用扫描方式工作,接收来自现场的输入信号,并输入到输入映像寄存器和数据存储器中。

(4) 在进入运行方式后,从存储器中逐条读取并执行用户程序,完成用户程序所规定的逻辑运算、算术运算及数据处理等操作。

(5) 根据运算结果,更新有关标志位的状态,刷新输出映像寄存器的内容,再经输出部件实现输出控制、打印制表或数据通信等功能。

(二) 存储器

可编程序控制器存储器中配有两种存储系统,即用于存放系统程序的系统程序存储器和存放用户程序的用户程序存储器。

系统程序存储器主要用来存储可编程序控制器内部的各种信息。在大型可编程序控制器中,又可分为寄存器存储器、内部存储器和高速缓存存储器。在中、小型可编程序控制器中,常把这 3 种功能的存储器混合在一起,统称为功能存储器,简称存储器。

一般系统程序是由 PLC 生产厂家编写的系统监控程序,不能由用户直接存取。系统监控程序主要由系统管理、解释指令、标准程序及系统调用等程序组成。系统程序存储器一般由 PROM 或 EPROM 构成。

由用户编写的程序称为用户程序。用户程序存放在用户程序存储器中,用户程序存储器的容量不大,主要存储可编程序控制器内部的输入/输出信息,以及内部继电器、移位寄存器、累加寄存器、数据寄存器、定时器和计数器的动作状态。小型可编程序控制器的存储容量一般只有几 KB 的容量(不超过 8 KB),中型可编程序控制器的存储能力为 2～64 KB,大型可编程序控制器的存储能力可达到几百 KB 以上。一般讲 PLC 的内存大小,是指用户程序存储器的容量,用户程序存储器常用 RAM 构成。为防止电源掉电时 RAM 中的信息丢失,常采用锂电池做后备保护。若用户程序已完全调试好，且一段时期内不需要改变功能，也可将其固化到 EPROM 中。但是用户程序存储器中必须有部分 RAM，用以存放一些必要的动态数据。

用户程序存储器一般分为两个区，程序存储区和数据存储区。程序存储区用来存储由用户编写的、通过编程器输入的程序，而数据存储区用来存储通过输入端子读取的输入信号的状态、准备通过输出端子输出的输出信号的状态、PLC 中各个内部器件的状态，以及特殊功能要求的有关数据。

PLC 存储器的组成如表 2-1 所示。

表 2-1　PLC 存储器的组成

存储器	存 储 内 容	
系统程序存储器	系统监控程序	
用户程序存储器	程序存储区	用户程序（如梯形图、语句表等）
	数据存储区	I/O 及内部器件的状态

当用户程序很长或需存储的数据较多时，PLC 基本组成中的存储器容量可能不够用，这时可考虑选用较大容量的存储器或进行存储器扩展。很多 PLC 都提供了存储器扩展功能，用户可将新增加的存储器扩展模板直接插入 CPU 模板中，有的 PLC 是将存储器扩展模板插在中央基板上。在存储器扩展模板上通常装有可充电的锂电池（或超级电容），如果在系统运行过程中突然停电，RAM 立即改由锂电池（或超级电容）供电，使 RAM 中的信息不因停电而丢失，从而保证复电后系统可从掉电状态开始恢复工作。

三、数字量（或开关量）输入部件及接口

来自现场的主令元件、检测元件的信号经输入接口进入到 PLC。主令元件的信号是指由用户在控制键盘（或控制台、操作台）上发出的控制信号（如开机、关机、转换、调整、急停等信号）。检测元件的信号是指用检测元件（如各种传感器、继电器的触点，限位开关、行程开关等元件的触点）对生产过程中的参数（如压力、流量、温度、速度、位置、行程、电流、电压等）进行检测时产生的信号。这些信号有的是开关量（或数字量），有的是模拟量，有的是直流信号，有的是交流信号，要根据输入信号的类型选择合适的输入接口。

为提高系统的抗干扰能力，各种输入接口均采取了抗干扰措施，如在输入接口内带有光耦合电路，使 PLC 与外部输入信号进行隔离。为消除信号噪声，在输入接口内还设置了多种滤波电路。为便于 PLC 的信号处理，输入接口内有电平转换及信号锁存电路。为便于与现场信号的连接，在输入接口的外部设有接线端子排。

四、其他接口

（一）智能 I/O 接口

为适应和满足更加复杂控制功能的需要，PLC 生产厂家均生产了各种不同功能的智能 I/O接口，这些 I/O 接口板上一般都有独立的微处理器和控制软件，可以独立工作，以便减少 CPU 模板的压力。

在众多的智能 I/O 接口中，常见的有满足位置控制需要的位置闭环控制接口模板；有快速 PID 调节器的闭环控制接口模板；有满足计数频率高达 100 kHz 甚至 MHz 以上的高速计

数器接口模板。用户可根据控制系统的特殊要求，选择相应的智能 I/O 接口。

（二）扩展接口

PLC 的扩展接口现在有两层含义：一层是单纯的 I/O（数字量 I/O 或模拟量 I/O）扩展接口，它是为弥补原系统中 I/O 口有限而设置的，用于扩展输入/输出点数，当用户的 PLC 控制系统所需的输入/输出点数超过主机的输入/输出点数时，就要通过 I/O 扩展接口将主机与 I/O扩展单元连接起来；另一层含义是 CPU 模板的扩充，它是在原系统中只有一块 CPU 模板而无法满足系统工作要求时使用的。这个接口的功能是实现扩充 CPU 模板与原系统 CPU 模板，以及扩充 CPU 模板之间（多个 CPU 模板扩充）的相互控制和信息交换。

（三）通信接口

通信接口是专用于数据通信的一种智能模板，它主要用于“人-机”对话或“机-机”对话。PLC 通过通信接口可以与打印机、监视器相连，也可与其他的 PLC 或上位计算机相连，构成多机局部网络系统或多级分布式控制系统，或实现管理与控制相结合的综合系统。

通信接口和并行接口，它们都在专用系统软件的控制下，遵循国际上多种规范的通信协议来工作。用户应根据不同的设备要求选择相应的通信方式并配置合适的通信接口。

（四）编程器

编程器用于用户程序的输入、编辑、调试和监视，还可以通过其键盘去调用和显示 PLC 的一些内部继电器状态和系统参数。它经过编程器接口与 CPU 联系，完成“人-机”对话。可编程序控制器的编程器一般由 PLC 生产厂家提供，它们只能用于某一生产厂家的某些 PLC 产品，可分为简易编程器和智能编程器。

（五）电源

PLC 的外部工作电源一般为单相 85～260 V 50/60 Hz AC 电源，也有采用 DC 24～26 V 电源的。使用单相交流电源的 PLC，往往还能同时提供 24 V 直流电源，供直流输入使用。PLC 对其外部电源的稳定度要求不高，一般可允许±15%。

对于在 PLC 的输出端子上接的负载所需的负载工作电源，必须由用户提供。

PLC 的内部电源系统一般有 3 类：第一类是供 PLC 中的 TTL 芯片和集成运算放大器使用的基本电源（+5 V 和 DC ±15 V 电源）；第二类电源是供输出接口使用的高压大电流的功率电源；第三类电源是锂电池及其充电电源。考虑到系统的可靠性及光电隔离器的使用，不同类电源具有不同的地线。此外，根据 PLC 的规模及所允许扩展的接口模板数，各种 PLC 的电源种类和容量往往是不同的。

（六）总线

总线是沟通 PLC 中各个功能模板的信息通道，它的含义不仅是各个模板插脚之间的连线，还包括驱动总线的驱动器及其保证总线正常工作的逻辑控制电路。

对于一种型号的 PLC 而言，总线上各个插脚都有特定的功能和含义，但对不同型号的 PLC 而言，总线上各个插脚的含义不完全相同（到目前为止，国际上尚没有统一的标准）。

总线上的数据都是以并行方式传送的，传送的速度和驱动能力与 CPU 模板上的驱动器有关。

任务二　掌握PLC的基本工作原理

可编程序控制器是一种专用的工业控制计算机，因此，其工作原理是建立在计算机控制系统工作原理的基础上。但为了可靠地应用在工业环境下，便于现场电气技术人员的使用和维护，它有着大量的接口器件，特定的监控软件，专用的编程器件。所以，不但其外观不像计算机，它的操作使用方法、编程语言及工作过程与计算机控制系统也是有区别的。

一、PLC控制系统的等效工作电路

PLC控制系统的等效工作电路可分为3部分，即输入部分、内部控制电路和输出部分。输入部分就是采集输入信号，输出部分就是系统的执行部件，这两部分与继电器控制电路相同。内部控制电路是通过编程方法实现的控制逻辑，用软件编程代替继电器电路的功能。其等效工作电路，如图2-3所示。

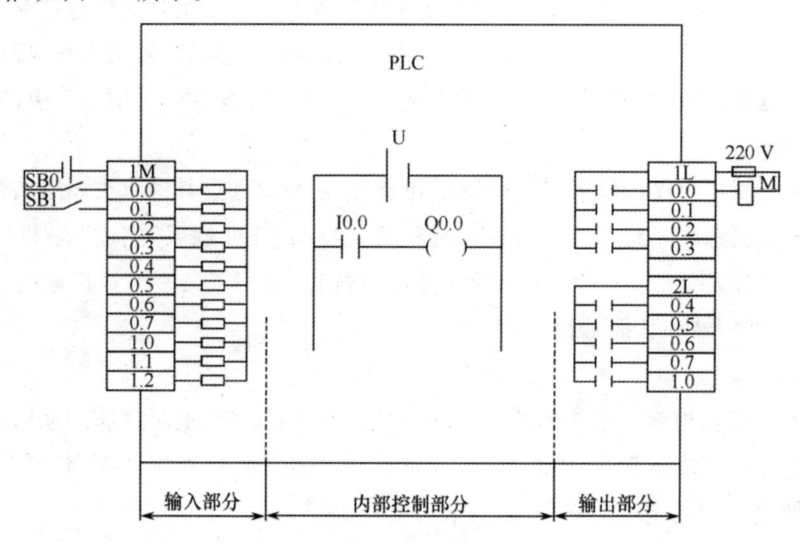

图2-3　PLC等效电路图

（一）输入部分

输入部分由外部输入电路、PLC输入接线端子和输入继电器组成，该部分的作用是收集控制命令和被控系统信息。外部输入信号经PLC输入接线端子去驱动输入继电器的线圈。每个输入端子与其相同编号的输入继电器有着唯一确定的对应关系。当外部的输入元件处于接通状态时，对应的输入继电器线圈“得电”。

注意：这个输入继电器是PLC内部的“软继电器”，就是在前面介绍过的存储器中的某一位，它可以提供任意多个动合触点或动断触点供PLC内部控制电路编程使用。

为使输入继电器的线圈“得电”，即让外部输入元件的接通状态写入与其对应的基本单元中去，输入回路要有电源。输入回路所使用的电源，可以用PLC内部提供的24 V直流电源（其带负载能力有限），也可由PLC外部的独立的交流或直流电源供电。

需要强调的是，输入继电器的线圈只能是由来自现场的输入元件（如控制按钮、行程开关的触点、晶体管的基极-发射极电压、各种检测及保护器件的触点或动作信号等）驱动，而不能用编程的方式去控制。因此，在梯形图程序中，只能使用输入继电器的触点，不能使用输入继电器的线圈。

（二）内部控制部分

所谓内部控制部分是由用户程序形成的用“软继电器”来代替硬继电器的控制逻辑。它的作用是按照用户程序规定的逻辑关系，对输入信号和输出信号的状态进行检测、判断、运算和处理，然后得到相应的输出。也就是说内部控制部分是由用户程序构成。

一般用户程序是用梯形图语言编制的，它看起来很像继电器控制电路图。在继电器控制电路中，继电器的触点可瞬时动作，也可延时动作，而 PLC 梯形图中的触点是瞬时动作的。如果需要延时，可由 PLC 提供的定时器来完成。延时时间可根据需要在编程时设定，其定时精度及范围远远高于时间继电器。在 PLC 中还提供了计数器、辅助继电器（相当于继电器控制电路中的中间继电器）及某些特殊功能的继电器。PLC 的这些器件所提供的逻辑控制功能，可在编程时根据需要选用，且只能在 PLC 的内部控制电路中使用。

（三）输出部分（以继电器输出型 PLC 为例）

输出部分是由在 PLC 内部且与内部控制电路隔离的输出继电器的外部动合触点、输出接线端子和外部驱动电路组成，其作用是用来驱动外部负载。

PLC 的内部控制电路中有许多输出继电器，每个输出继电器除了有为内部控制电路提供编程用的任意多个动合、动断触点外，还为外部输出电路提供了一个实际的动合触点与输出接线端子相连。

驱动外部负载电路的电源必须由外部电源提供，电源种类及规格可根据负载要求去配备，只要在 PLC 允许的电压范围内工作即可。

综上所述，可对 PLC 的等效电路做进一步简化而深刻的理解，即将输入等效为一个继电器的线圈，将输出等效为继电器的一个动合触点。

二、可编程序控制器的工作过程

虽然可编程序控制器的基本组成及工作原理与一般微型计算机相同，但它的工作过程与微型计算机 PC 有很大差异，这主要是由操作系统和系统软件的差异造成的。

小型 PLC 的工作过程有一个显著特点：周期性顺序扫描。

周期性顺序扫描是可编程序控制器特有的工作方式，PLC 在运行过程中，总是处在不断循环的顺序扫描过程中。每次扫描所用的时间称为扫描时间，又称为扫描周期或工作周期。

由于可编程序控制器的 I/O 点数较多，采用集中批处理的方法，可以简化操作过程，便于控制，提高系统可靠性。因此可编程序控制器的另一个主要特点就是对输入采样、执行用户程序、输出刷新，实施集中批处理，这同样是为了提高系统的可靠性。

当 PLC 启动后，先进行初始化操作，包括对工作内存的初始化，复位所有的定时器，将输入/输出继电器清零，检查 I/O 单元连接是否完好，如有异常则发出报警信号。初始化之后，PLC 就进入周期性扫描过程。

小型 PLC 的工作过程流程如图 2-4 所示。

根据图 2-4，可将 PLC 的工作过程（周期性扫描过程）分为 4 个扫描阶段。

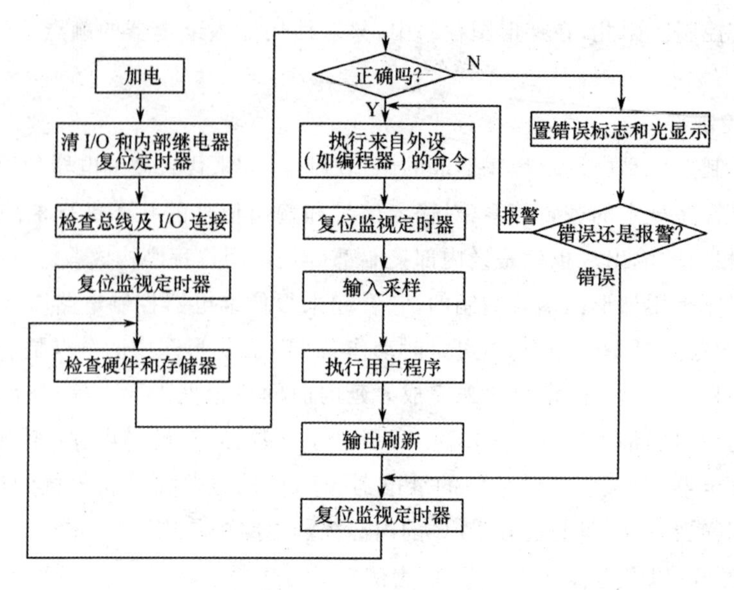

图 2-4　小型 PLC 的工作流程图

(一) 公共扫描处理阶段

公共处理包括 PLC 自检、执行来自外设命令、对警戒时钟又称监视定时器或把关定时器(俗称看门狗定时器)WDT(Watch Dog Timer)清零等。

PLC 自检就是 CPU 检测 PLC 各器件的状态,如出现异常再进行诊断,并给出故障信号,或自行进行相应处理,这将有助于及时发现或提前预报系统的故障,提高系统的可靠性。

在 CPU 对 PLC 自检结束后,就检查是否有外设请求,如是否需要进入编程状态,是否需要通信服务,是否需要启动磁带机或打印机等。

采用 WDT 技术也是提高系统可靠性的一个有效措施,它是在 PLC 内部设置一个监视定时器。这是一个硬件时钟,是为了监视 PLC 的每次扫描时间而设置的,对它预先设定好规定时间,每个扫描周期都要监视扫描时间是否超过规定值。如果程序运行正常,则在每次扫描周期的公共处理阶段对 WDT 进行清零 (复位),避免由于 PLC 在执行程序的过程中进入死循环,或者由于 PLC 执行非预定的程序而造成系统故障,从而导致系统瘫痪。如果程序运行失常进入死循环,则 WDT 得不到按时清零而造成超时溢出,从而给出报警信号或停止 PLC 工作。

(二) 输入采样扫描阶段

这是第一个集中批处理阶段。在这个阶段中,PLC 按顺序逐个采集所有输入端子上的信号,不论输入端子上是否接线,CPU 顺序读取输入端子上的信号,将所有采集到的一批输入信号写到输入映像寄存器中。在当前的扫描周期内,用户程序依据的输入信号的状态(ON 或 OFF),均从输入映像寄存器中去读取,而不管此时外部输入信号的状态是否变化。即使此时外部输入信号的状态发生了变化,也只能在下一个扫描周期的输入采样扫描阶段去读取,对于这种采集输入信号的批处理,虽然严格上说每个信号被采集的时间有先有后,但由于 PLC 的扫描周期很短,这个差异对一般工程应用可忽略,所以可认为这些采集到的输入信息是同时的。

(三)执行用户程序扫描阶段

这是第二个集中批处理阶段。在执行用户程序阶段,CPU 对用户程序按顺序进行扫描。如果程序用梯形图表示,则总是按自上而下,由左至右的顺序进行扫描。每扫描到一条指令,所需要的输入信息的状态均从输入映像寄存器中去读取,而不是直接使用现场的立即输入信号。对其他信息,则是从 PLC 的元件映像寄存器中读取。在执行用户程序中,每一次运算的中间结果都立即写入元件映像寄存器中,这样该元素的状态立即就可以被后面将要扫描到的指令所利用。对输出继电器的扫描结果,也不是立即去驱动外部负载,而是将其结果写入元件映像寄存器中的输出映像寄存器中,待输出刷新阶段集中进行批处理,所以执行用户程序阶段也是集中批处理阶段。

在这个阶段,除了输入映像寄存器外,各个元件映像寄存器的内容是随着程序的执行而不断地变化。

(四)输出刷新扫描阶段

这是第三个集中批处理阶段。当 CPU 对全部用户程序扫描结束后,将元件映像寄存器中各输出继电器的状态同时送到输出锁存器中,再由输出锁存器经输出端子去驱动各输出继电器所带的负载。

在输出刷新阶段结束后,CPU 进入下一个扫描周期。

上述的 3 个批处理阶段,如图 2-5 所示。

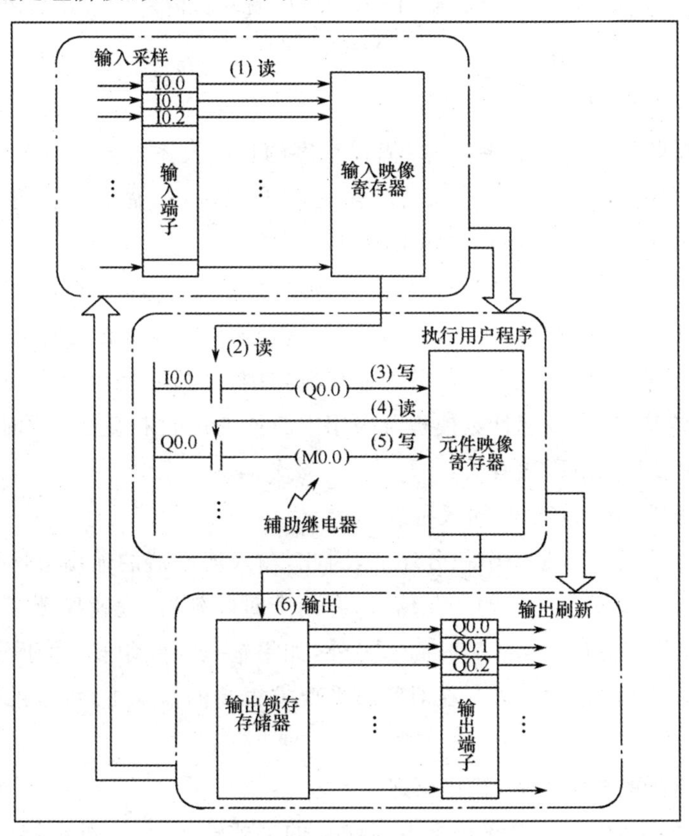

图 2-5 小型 PLC 的 3 个批处理阶段

三、PLC对输入/输出的处理规则

通过对PLC的用户程序执行过程的分析，可总结出PLC对输入/输出的处理规则，如图2-6所示。

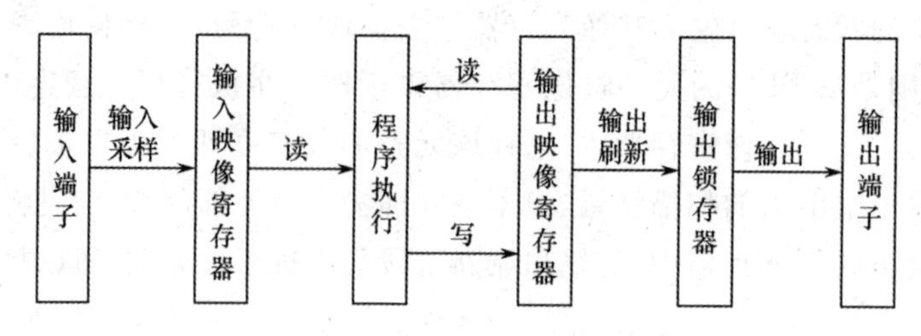

图2-6　PLC对输入/输出的处理规则

(1) 输入映像寄存器中的数据，是将输入采样阶段扫描到的输入信号的状态集中写进去的，在一个扫描周期中，它不随外部输入信号的变化而变化。

(2) 输出映像寄存器（它包含在元件映像寄存器中）的状态，是由用户程序中输出指令的执行结果来决定。

(3) 输出锁存器中的数据是在输出刷新阶段，从输出映像寄存器中集中写进去的。

(4) 输出端子的输出状态，是由输出锁存器中的数据确定的。

(5) 执行用户程序时所需的输入/输出状态，是从输入映像寄存器和输出映像寄存器中读出的。

四、PLC的扫描周期

PLC的扫描周期与PLC的时钟频率、用户程序的长短及系统配置有关。一般PLC的扫描时间为几十ms，在输入采样和输出刷新阶段只需1～2 ms。做公共处理也是在瞬间完成的，所以扫描时间的长短主要由用户程序来决定。

从PLC的输入端有一个输入信号发生变化到PLC的输出端对该输入变化做出反应，需要一段时间，这段时间称为响应时间或滞后时间。这种输出对输入在时间上的滞后现象，严格地说，影响了控制的实时性，但对于一般的工业控制，这种滞后是完全允许的。如果需要快速响应，可选用快速响应模板、高速计数模板及采用中断处理功能来缩短滞后时间。

响应时间的快慢与以下因素有关：

（一）输入滤波器的时间常数（输入延迟）

因为PLC的输入滤波器是一个积分环节，因此，输入滤波器的输出电压（即CPU模板的输入信号）相对现场实际输入元件的变化信号，有两个时间延迟，这就导致了实际输入信号在进入输入映像寄存器前就有一个滞后时间。另外，如果输入导线很长，由于分布参数的影响，也会产生一个“隐形”滤波器的效果。在对实时性要求很高的情况下，可考虑采用快速响应输入模板。

（二）输出继电器的机械滞后（输出延迟）

因为PLC的数字量输出经常采用继电器触点的形式输出，由于继电器固有的动作时间，导致继电器的实际动作相对线圈的输入电压的滞后效应。如果采用双向晶闸管（双向可控硅）

或晶体管的输出方式，则可减少滞后时间。

（三）PLC 的循环扫描工作方式

这是由 PLC 的工作方式决定的，要想减少程序扫描时间，必须优化程序结构，在可能的情况下，应采用跳转指令。

（四）PLC 对输入采样、输出刷新的集中批处理方式

这也是由 PLC 的工作方式决定的。为加快响应，目前有的 PLC 的工作方式采取直接控制，这种工作方式的特点是，遇到输入便立即读取进行处理，遇到输出则把结果予以输出。还有的 PLC 采取混合工作方式，这种工作方式的特点是：它只是在输入采样阶段，进行集中读取（批处理），而在执行程序时，遇到输出时便直接输出。这种方式由于对输入采用的是集中读取，所以在一个扫描周期内，同一个输入即便在程序中有多处出现，也不会像直接控制方式，可能出现不同的值；又由于这种方式的程序执行与输出采用直接控制方式，所以又具有控制方式输出响应快的优点。

为便于比较，将以上几种输入/输出控制方式用图 2-7 表示。

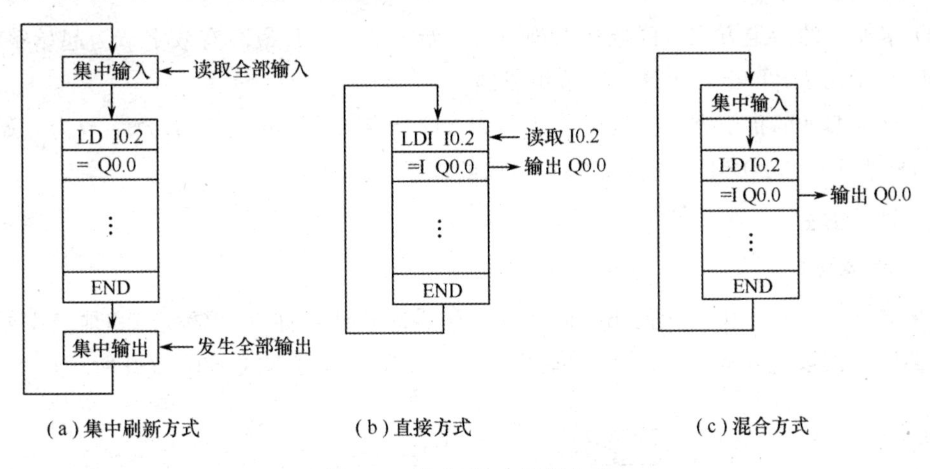

图 2-7　输入/输出控制方式

任务三　了解寻址方式

一、认识数据类型

数据类型 S7-200 系列 PLC 的数据类型可以是字符串、布尔型（0 或 1）、整数型和实数型（浮点数）。布尔型数据指字节型无符号整数；整数型数包括 16 位符号整数（INT）和 32 位符号整数（DINT）；实数型数据采用 32 位单精度数来表示。数据类型、长度及数据范围如表 2-2 所示。

表 2-2　数据类型、长度及数据范围

数据的长度、类型	无符号整数数据范围		符号整数数据范围	
	十进制	十六进制	十进制	十六进制
字节（B,8 位）	0～255	0～FF	－128～127	80～7F
字（W,16 位）	0～65 535	0～FFFF	－32 768～32 767	8000～7FFF

续表

数据的长度、类型	无符号整数数据范围		符号整数数据范围	
	十进制	十六进制	十进制	十六进制
双字(D,32 位)	0～4 294 967 295	0～FFFFFFFF	－2 147 483 648～2 147 483 647	80000000～7FFFFFFF
整数(INT,16 位)	0～65 535	0～FFFF	－32 768～32 767	8000～7FFF
布尔(BOOL,1 位)	0、1			
实数(REAL)	-10^{38}～10^{38}			
字符串	每个字符串以字节形式存储,最大长度为 255 字节,第一字节中定义该字符串的长度			

二、编址方式

(1) 位编址的指定方式:(区域标志符)字节号,位号。例如,I0.0、Q0.0、I1.2。

(2) 字节编址的指定方式:(区域标志符)B(字节号)。例如,IB0 表示由 I0.0～I0.7 这 8 位组成的字节。

(3) 字编址的指定方式:(区域标志符)W(起始字节号),且最高有效字节为起始字节。例如,VW0 表示由 VB0 和 VB1 这 2 字节组成的字。

(4) 双字编址的指定方式:(区域标志符)D(起始字节号),且最高有效字节为起始字节。例如,VD0 表示由 VB0 到 VB3 这 4 字节组成的双字。

三、寻址方式

(一) 直接寻址

直接寻址是在指令中直接使用存储器或寄存器的元件名称(区域标志)和地址编号,直接到指定的区域读取或写入数据。有按位、字节、字、双字的寻址方式,如图 2-8 所示。

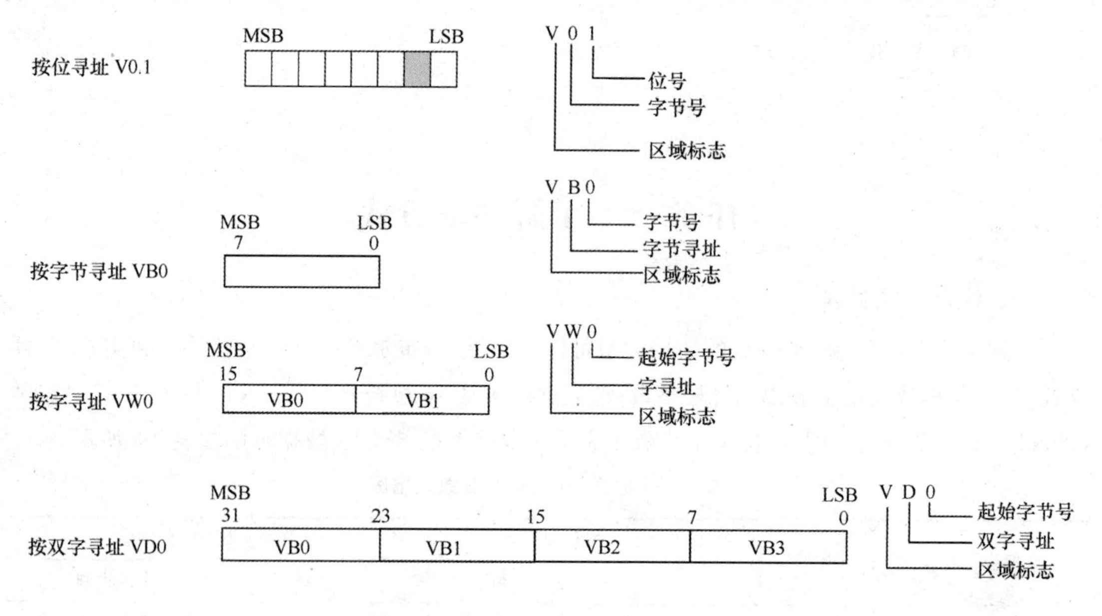

图 2-8 位、字节、字、双字寻址方式

（二）间接寻址

间接寻址时操作数并不提供直接数据位置，而是通过使用地址指针来存取存储器中的数据。在 S7-200 中允许使用指针对 I、Q、M、V、S、T、C（仅当前值）存储区进行间接寻址。

（1）使用间接寻址前，要先创建一个指向该位置的指针。

（2）指针建立好后，利用指针存取数据，如图 2-9 所示。

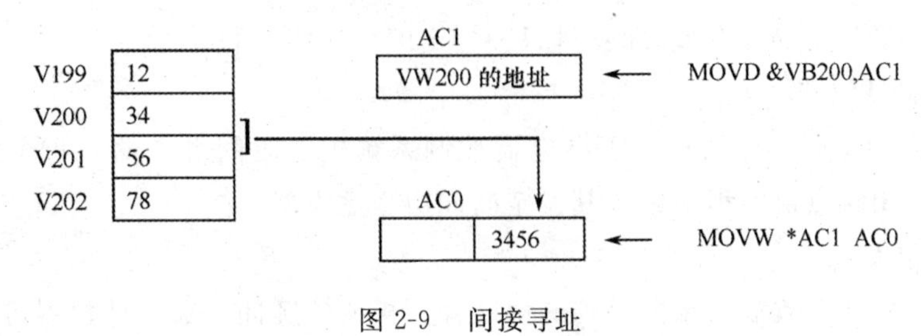

图 2-9 间接寻址

四、编程元件

（一）输入映像寄存器 I（输入继电器）

（1）输入映像寄存器的工作原理。输入继电器是 PLC 用来接收用户设备输入信号的接口。PLC 中的“继电器”与继电器控制系统中的继电器有本质性的差别，是“软继电器”，它的实质是存储单元。

（2）输入映像寄存器的地址分配。S7-200 输入映像寄存器区域有 IB0～IB15 共 16 字节的存储单元。系统对输入映像寄存器是以字节（B，8 位）为单位进行地址分配的。

（二）输出映像寄存器 Q（输出继电器）

（1）输出映像寄存器的工作原理：输出继电器是用来将输出信号传送到负载的接口，每一个“输出继电器”线圈都与相应的 PLC 输出相连，并有无数对常开（动合）和常闭（动断）触点供编程时使用。

（2）输出映像寄存器的地址分配：S7-200 输出映像寄存器区域有 QB0～QB15 共 16 字节的存储单元。系统对输出映像寄存器也是以字节（B，8 位）为单位进行地址分配的。

（三）变量存储器 V

变量存储器主要用于存储变量。可以存放数据运算的中间运算结果或设置参数，在进行数据处理时，变量存储器会被经常使用。变量存储器可以是位寻址，也可按字节、字、双字为单位寻址，其位存取的编号范围根据 CPU 的型号有所不同，CPU221/222 为 V0.0～V2047.7 共 2 KB 存储容量，CPU224/226 为 V0.0～V5119.7 共 5 KB 存储容量。

（四）内部标志位存储器 M（中间继电器）

内部标志位存储器，用来保存控制继电器的中间操作状态，其作用相当于继电器控制中的中间继电器，内部标志位存储器在 PLC 中没有输入/输出端与之对应，其线圈的通断状态只能在程序内部用指令驱动，其触点不能直接驱动外部负载，只能在程序内部驱动输出继电器的线圈，再用输出继电器的触点去驱动外部负载。

（五）特殊标志位存储器 SM

PLC 中还有若干特殊标志位存储器，特殊标志位存储器提供大量的状态和控制功能，用来在CPU和用户程序之间交换信息，特殊标志位存储器能以位、字节、字或双字来存取。SM功能见附录A。

（六）局部变量存储器L

局部变量存储器L用来存放局部变量，局部变量存储器L和变量存储器V十分相似，主要区别在于全局变量是全局有效，即同一个变量可以被任何程序（主程序、子程序和中断程序）访问。而局部变量只是局部有效，即变量只和特定的程序相关联。

（七）定时器T

PLC所提供的定时器作用相当于继电器控制系统中的时间继电器。每个定时器可提供无数对常开和常闭触点供编程使用。其设定时间由程序设置。

（八）计数器C

计数器用于累计计数输入端接收到的由断开到接通的脉冲个数。计数器可提供无数对常开和常闭触点供编程使用，其设定值由程序赋予。

（九）高速计数器HC

一般计数器的计数频率受扫描周期的影响，不能太高。而高速计数器可用来累计比CPU的扫描速度更快的事件。高速计数器的当前值是一个双字长（32位）的整数，且为只读值。

（十）累加器AC

累加器是用来暂存数据的寄存器，它可以用来存放运算数据、中间数据和结果。CPU提供了4个32位的累加器，其地址编号为AC0～AC3。累加器的可用长度为32位，可采用字节、字、双字的存取方式，按字节、字只能存取累加器的低8位或低16位，双字可以存取累加器全部的32位。

（十一）顺序控制继电器S（状态元件）

顺序控制继电器是使用步进顺序控制指令编程时的重要状态元件，通常与步进指令一起使用以实现顺序功能流程图的编程。

（十二）模拟量输入/输出映像寄存器（AI/AQ）

S7-200的模拟量输入电路是将外部输入的模拟量信号转换成1个字长的数字量存入模拟量输入映像寄存器区域，区域标志符为AI。

习　题

1. 可编程序控制器由哪几部分组成？各部分的作用及功能是什么？
2. 可编程序控制器的数字量输出有几种输出形式？各有什么特点？都适用于什么场合？
3. 什么是扫描周期？它主要受什么影响？
4. 可编程序控制器的等效工作电路由哪几部分组成？试与继电器控制系统进行比较。
5. 可编程序控制器的工作过程有什么显著特点？
6. 试说明可编程序控制器的工作过程。
7. 可编程序控制器对输入/输出的处理规则是什么？
8. 可编程序控制器的输出滞后现象是怎样产生的？

模块三 掌握S7-200的指令

S7-200 指令非常丰富,指令系统一般可分为基本指令和功能指令。基本指令包括位操作类指令、运算指令、数据处理指令、转换指令等;功能指令包括程序控制类指令、中断指令、高速计数器、高速脉冲输出等。

任务一 掌握位操作指令

位操作类指令,主要是位操作和运算指令,同时也包含与位操作密切相关的定时器和计数器指令等。位操作指令是 PLC 常用的基本指令,能够实现基本的位逻辑运算和控制。

一、位操作指令

(一) 指令介绍

1. 逻辑取(装载)及线圈驱动指令 LD/LDN

(1) 指令功能:

LD(Load):常开触点逻辑运算的开始。对应梯形图则为在左侧母线或线路分支点处初始装载一个常开触点。

LDN(Load Not):常闭触点逻辑运算的开始(即对操作数的状态取反),对应梯形图则为在左侧母线或线路分支点处初始装载一对常闭触点。

=(OUT):输出指令,对应梯形图则为线圈驱动。

(2) 指令格式如图 3-1 所示。

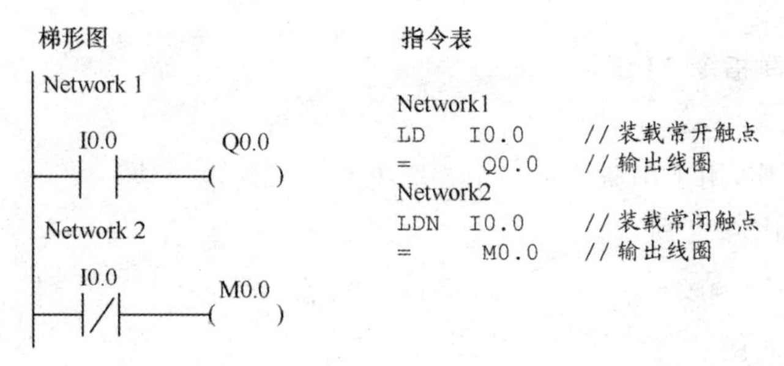

图 3-1 LD/LDN、OUT 指令的使用

2. 触点串联指令 A(And)、AN(And Not)

(1) 指令功能:

A(And):与操作,在梯形图中表示串联连接一对常开触点。

AN(And Not):与非操作,在梯形图中表示串联连接一对常闭触点。

（2）指令格式如图 3-2 所示。

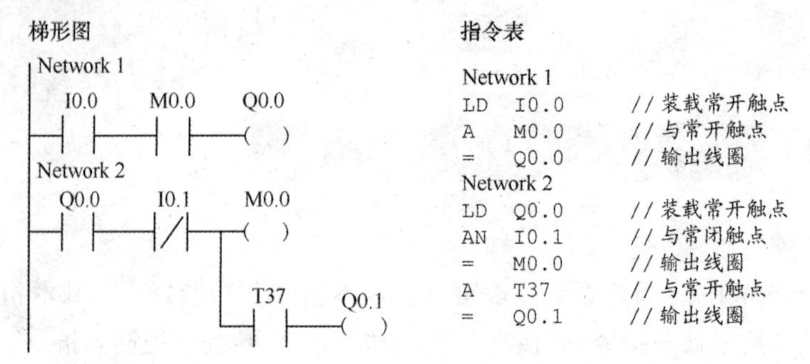

图 3-2 A/AN 指令的使用

3. 触点并联指令：O(Or)/ON(Or Not)

（1）指令功能：

O：或操作，在梯形图中表示并联连接一对常开触点。

ON：或非操作，在梯形图中表示并联连接一对常闭触点。

（2）指令格式如图 3-3 所示。

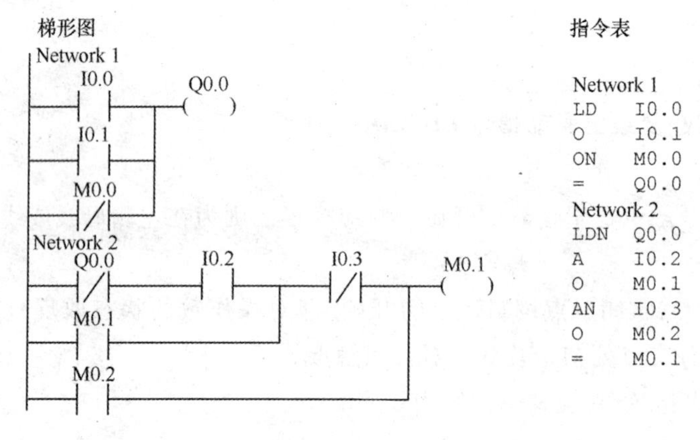

图 3-3 O/ON 指令的使用

4. 电路块的串联指令 ALD

（1）指令功能：

ALD：块"与"操作，用于串联连接多个并联电路组成的电路块。

（2）指令格式如图 3-4 所示。

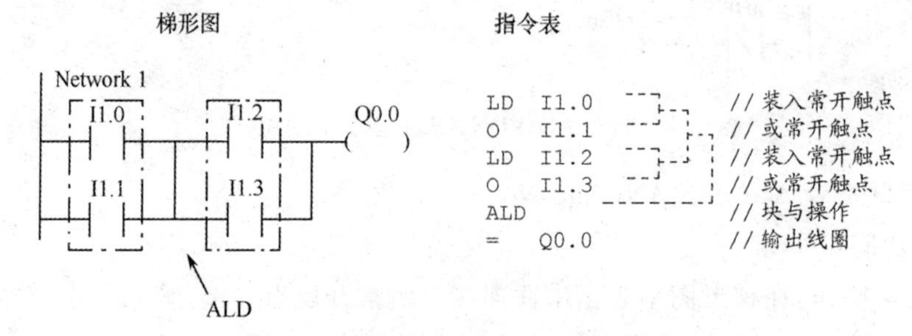

图 3-4 ALD 指令使用

5. **电路块的并联指令 OLD**

(1) 指令功能：

OLD：块“或”操作，用于并联连接多个串联电路组成的电路块。

(2) 指令格式如图 3-5 所示。

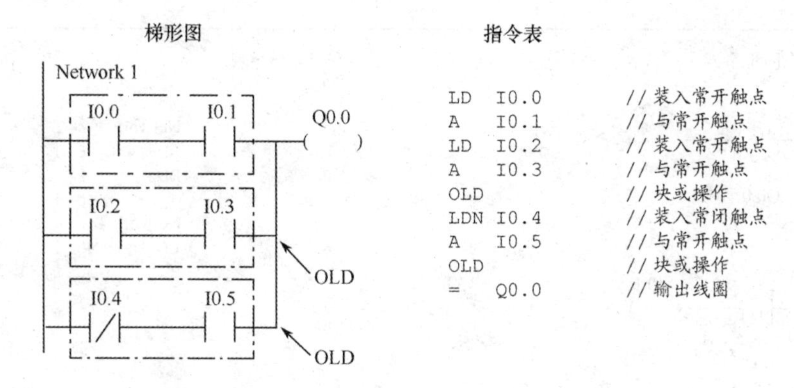

图 3-5　OLD 指令的使用

6. **置位/复位指令 S/R**

(1) 指令功能：

置位指令 S：使能输入有效后从起始位 S-bit 开始的 N 个位置“1”并保持。

复位指令 R：使能输入有效后从起始位 R-bit 开始的 N 个位清“0”并保持。

(2) 指令格式如表 3-1 所示，用法如图 3-6 所示。

表 3-1　S/R 指令格式

STL	LAD
S　S-bit，N	S-bit —(S) N
R　R-bit，N	R-bit —(R) N

梯形图

Network 1
I0.0　Q0.0
—| |—(S)
1

⋮

Network 4
I0.1　Q0.0
—| |—(R)
1

指令表

```
Network 1
LD      I0.0
S       Q0.0, 1

   ⋮

Network 4
LD      I0.1
R       Q0.0, 1
```

图 3-6　S/R 指令的使用

【例 3-1】 图 3-6 所示的置位、复位指令应用举例及时序分析，如图 3-7 所示。

7. **边沿触发指令 EU/ED**

(1) 指令功能：

EU 指令：在 EU 指令前有一个上升沿时（由 OFF→ON）产生一个宽度为一个扫描周期的脉冲，驱动其后输出线圈。

ED 指令：在 ED 指令前有一个下降沿时（由 ON→OFF）产生一个宽度为一个扫描周期的脉冲，驱动其后输出线圈。

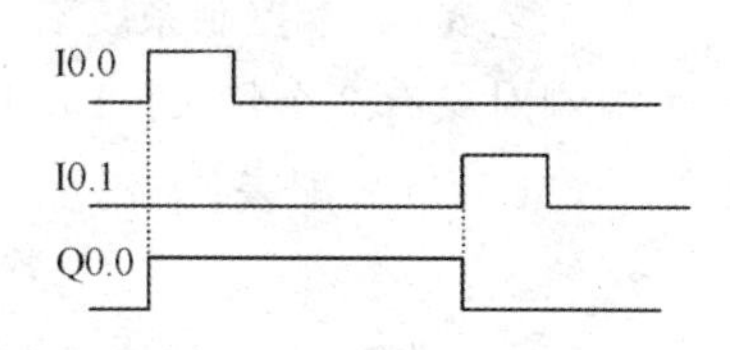

图 3-7　S/R 指令的时序图

(2) 指令格式如表 3-2 所示，用法如图 3-8 所示。

表 3-2　EU/ED 指令格式

STL	LAD	操　作　数
EU(Edge Up)	─┤P├─	无
ED(Edge Down)	─┤N├─	无

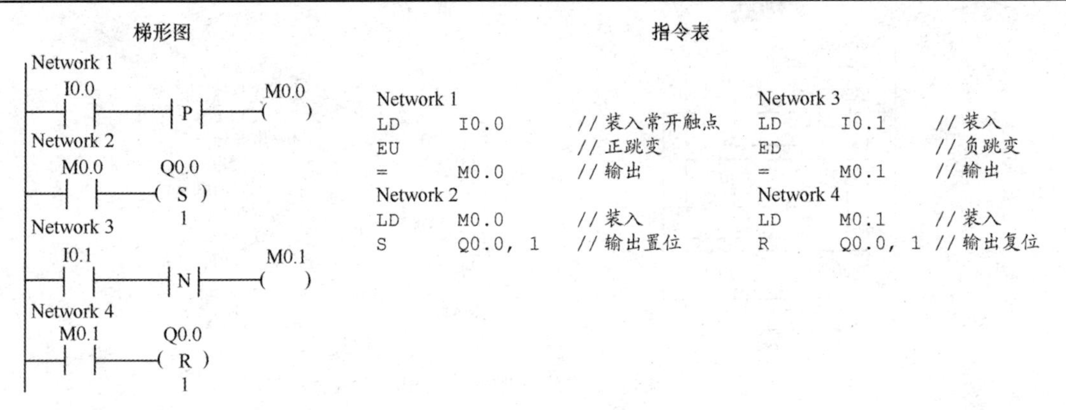

图 3-8　EU/ED 指令的使用

时序分析如图 3-9 所示。I0.0 的上升沿，经触点(EU)产生一个扫描周期的时钟脉冲，驱动输出线圈 M0.0 导通一个扫描周期，M0.0 的常开触点闭合一个扫描周期，使输出线圈 Q0.0 置位为 1，并保持。

I0.1 的下降沿，经触点(ED)产生一个扫描周期的时钟脉冲，驱动输出线圈 M0.1 导通一个扫描周期，M0.1 的常开触点闭合一个扫描周期，使输出线圈 Q0.0 复位为 0，并保持。

图 3-9　EU/ED 指令时序分析

(二) 指令应用举例

【例 3-2】 抢答器程序设计。

(1) 控制任务：有 3 个抢答席和 1 个主持人席，每个抢答席上各有 1 个抢答按钮和 1 盏抢答指示灯。参赛者在允许抢答时，第一个按下抢答按钮(常开按钮)的抢答席上的指示灯将会亮，且释放抢答按钮后，指示灯仍然亮；此后另外 2 个抢答席上即使再按各自的抢答按钮，其指示灯也不会亮。这样主持人就可以轻易地知道谁是第一个按下抢答器的。该题抢答结束后，主持人按下主持席上的复位按钮(常闭按钮)，则指示灯熄灭，又可以进行下一题的抢答比赛。

工艺要求：本控制系统有 4 个按钮，其中 3 个常开 SB1、SB2、SB3，1 个常闭 SB0。另外，作为控制对象有 3 个灯 L1、L2、L3。

(2) I/O 分配表。

输入：

I0.0　SB0 //主持席上的复位按钮(常闭)

I0.1　SB1 //抢答席 1 上的抢答按钮

I0.2　SB2 //抢答席 2 上的抢答按钮

I0.3　SB3 //抢答席 3 上的抢答按钮

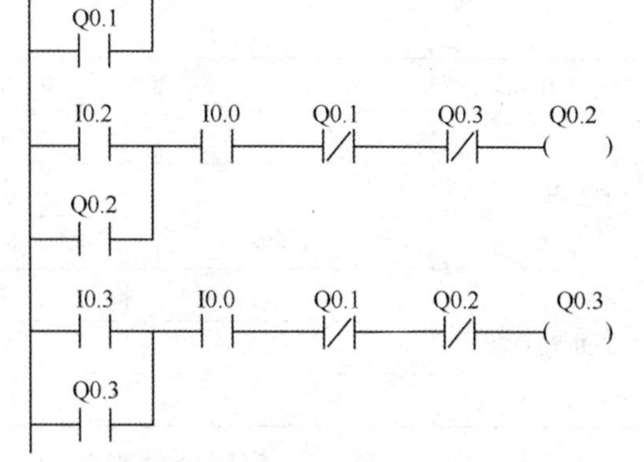

图 3-10　抢答器程序梯形图

输出：

Q0.1　L1 //抢答席 1 上的指示灯

Q0.2　L2 //抢答席 2 上的指示灯

Q0.3　L3 //抢答席 3 上的指示灯

(3) 程序设计。

抢答器的程序设计如图 3-10 所示。本例的要点是：如何实现抢答器指示灯的“自锁”功能，即当某一抢答席抢答成功后，即使释放其抢答按钮，其指示灯仍然亮，直至主持人进行复位才熄灭。若 I0.0 接常开按钮，将如何修改此程序呢？

二、定时器指令

(一) 定时器指令介绍

S7-200 系列 PLC 的定时器是对内部时钟累计时间增量计时的。每个定时器均有一个 16 位的当前值寄存器用以存放当前值(16 位符号整数)；一个 16 位的预置值寄存器用以存放时间的设定值；还有一位状态位，反映其触点的状态。

1. 工作方式

S7-200 系列 PLC 定时器按工作方式分 3 大类定时器。其指令格式如表 3-3 所示。

表 3-3　定时器的指令格式

LAD	STL	说　　明
???? IN TON ????-PT	TON　T××,PT	TON——通电延时定时器 TONR——记忆型通电延时定时器 TOF——失电延时型定时器 IN 是使能输入端，指令盒上方输入定时器的编号(T××)，范围为 T0～T255； PT 是预置值输入端，最大预置值为 32 767；PT 的数据类型：INT； PT 操作数有：IW，QW，MW，SMW，T，C，VW，SW，AC，常数
???? IN TONR ????-PT	TONR T××,PT	
???? IN TOF ????-PT	TOF　T××,PT	

2. 时基

按时基脉冲分，有 1 ms、10 ms、100 ms 这 3 种定时器。不同的时基标准，定时精度、定时范围和定时器刷新的方式不同。

定时器的工作原理是：使能输入有效后，当前值 PT 对 PLC 内部的时基脉冲增 1 计数，当计数值大于或等于定时器的预置值后，状态位置 1。其中，最小计时单位为时基脉冲的宽度，又为定时精度；从定时器输入有效，到状态位输出有效，经过的时间为定时时间，即定时时间＝

预置值×时基。当前值寄存器为 16 bit，最大计数值为 32 767，如表 3-4 所示。可见时基越大，定时时间越长，但精度越差。

表 3-4 定时器的类型

工作方式	时基/ms	最大定时范围/s	定 时 器 号
TONR	1	32.767	T0，T64
	10	327.67	T1～T4，T65～T68
	100	3 276.7	T5～T31，T69～T95
TON/TOF	1	32.767	T32，T96
	10	327.67	T33～T36，T97～T100
	100	3 276.7	T37～T63，T101～T255

1 ms、10 ms、100 ms 定时器的刷新方式如下：

（1）1 ms 定时器每隔 1 ms 刷新一次与扫描周期和程序处理无关，即采用中断刷新方式。因此当扫描周期较长时，在一个周期内可能被多次刷新，其当前值在一个扫描周期内不一定保持一致。

（2）10 ms 定时器则由系统在每个扫描周期开始自动刷新。由于每个扫描周期内只刷新一次，故而每次程序处理期间，其当前值为常数。

（3）100 ms 定时器则在该定时器指令执行时刷新。下一条执行的指令，即可使用刷新后的结果，符合正常的思路，使用方便可靠。应当注意，如果该定时器的指令不是每个周期都执行，定时器就不能及时刷新，可能导致出错。

3. 定时器指令工作原理

（1）通电延时定时器（TON）指令工作原理。程序及时序分析，如图 3-11 所示。当 I0.0 接通时即使能端（IN）输入有效时，驱动 T37 开始计时，当前值从 0 开始递增，计时到设定值 PT 时，T37 状态位置 1，其常开触点 T37 接通，驱动 Q0.0 输出，其后当前值仍增加，但不影响状态位，当前值的最大值为 32 767；当 I0.0 分断时，使能端无效时，T37 复位，当前值清 0，状态位也清 0，即回复原始状态；若 I0.0 接通时间未到设定值就断开，T37 则立即复位，Q0.0 不会有输出。

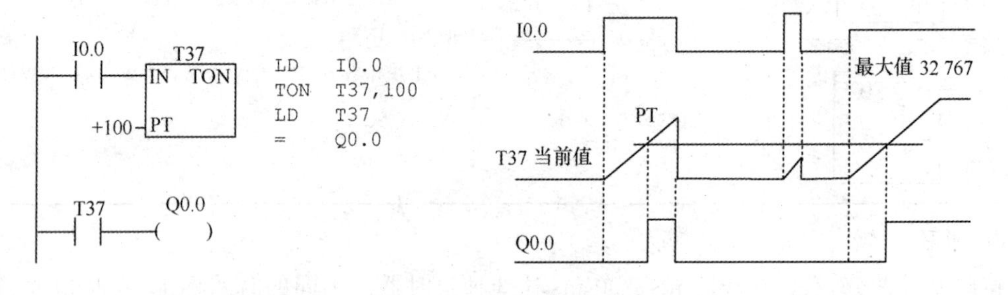

图 3-11 通电延时定时器工作原理分析

（2）记忆型通电延时定时器（TONR）指令工作原理。使能端（IN）输入有效时（接通），定时器开始计时，当前值递增，当前值大于或等于预置值（PT）时，输出状态位，置“1”。使能端输入无效（断开）时，当前值保持（记忆），使能端（IN）再次接通有效时，在原记忆值的基础上递增计时。

注意：TONR 记忆型通电延时型定时器采用线圈复位指令 R 进行复位操作，当复位线圈有效时，定时器当前位清零，输出状态位，置“0”。

程序分析，如图 3-12 所示。如 T3，当输入 IN 为“1”时，定时器计时；当 IN 为“0”时，其当前值保持并不复位；下次 IN 再为“1”时，T3 当前值从原保持值开始往上加，将当前值与设定值 PT 比较，当前值大于等于设定值时，T3 状态位，置“1”，驱动 Q0.0 有输出，以后即使 IN 再为“0”，也不会使 T3 复位，要使 T3 复位，必须使用复位指令。

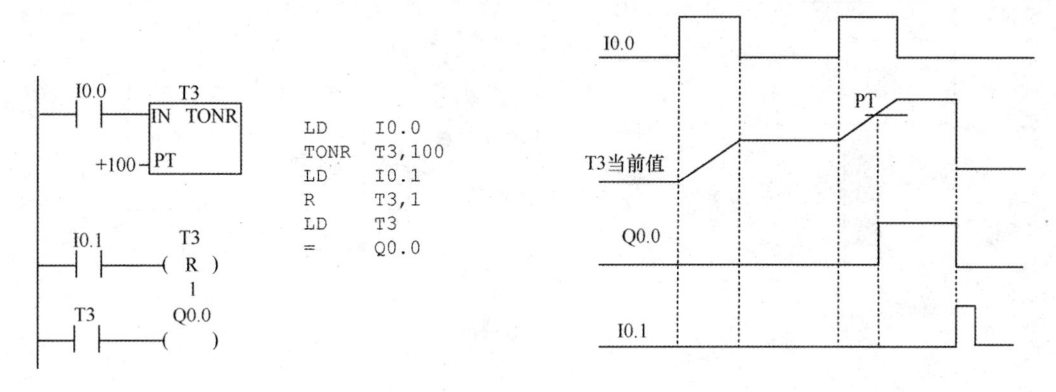

图 3-12　TONR 记忆型通电延时型定时器工作原理分析

(3) 失电延时型定时器(TOF)指令工作原理。失电延时型定时器用来在输入断开，延时一段时间后，才断开输出。使能端(IN)输入有效时，定时器输出状态位立即置“1”，当前值复位为“0”。使能端(IN)断开时，定时器开始计时，当前值从“0”递增，当前值达到预置值时，定时器状态位复位为“0”，并停止计时，当前值保持。

如果输入断开的时间小于预定时间，定时器仍保持接通。IN 再接通时，定时器当前值仍设为“0”。失电延时定时器的应用程序及时序分析如图 3-13 所示。

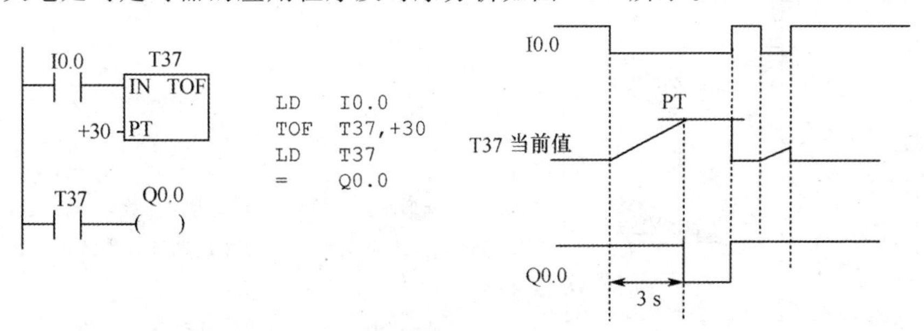

图 3-13　TOF 失电延时定时器的工作原理

(二) 定时器指令应用举例

【例 3-3】 用接在 I0.0 输入端的光电开关检测传送带上通过的产品，有产品通过时 I0.0 为 ON，如果在 10 s 内没有产品通过，由 Q0.0 发出报警信号，用 I0.1 输入端外接的开关解除报警信号。对应的梯形图如图 3-14 所示。

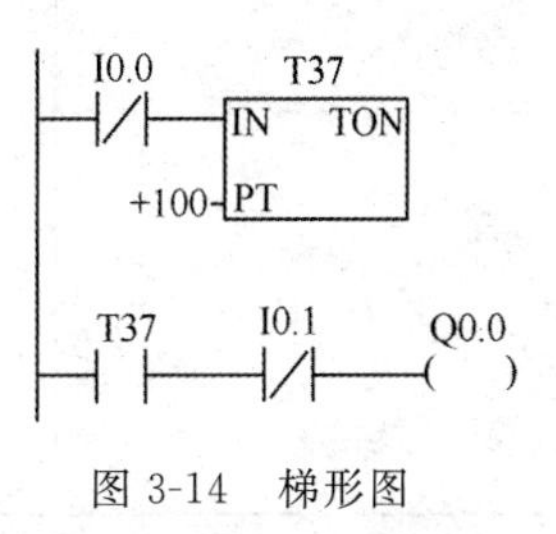

图 3-14　梯形图

【例 3-4】闪烁电路，图 3-15 中 I0.0 的常开触点接通后，T37 的 IN 输入端为“1”状态，T37 开始定时。2 s 后定时时间到，T37 的常开触点接通，使 Q0.0 变为 ON，同时 T38 开始计时。3 s 后 T38 的定时时间到，它的常闭触点断开，使 T37 的 IN 输入端变为“0”状态，T37 的常开触点断开，Q0.0 变为 OFF，同时使 T38 的 IN 输入端变为“0”状态，其常闭触点接通，T37 又开始定时，以后 Q0.0 的线圈将这样周期性地“通电”和“失电”，直到 I0.0 变为 OFF，Q0.0 线圈“通电” 时间等于 T38 的设定值，“失电”时间等于 T37 的设定值。

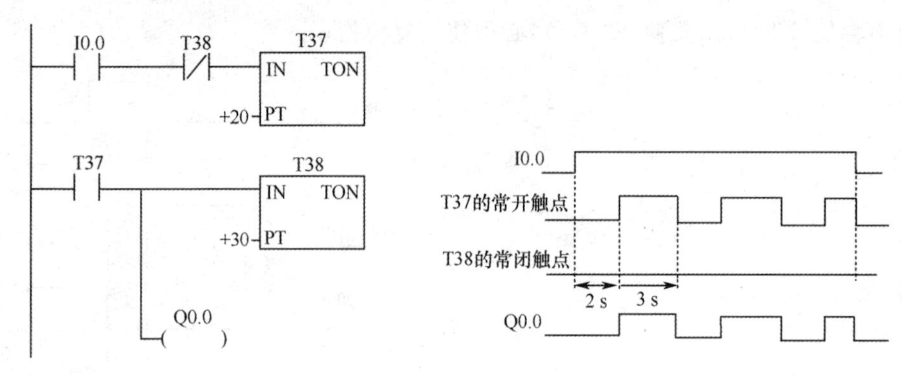

图 3-15　闪烁电路

三、计数器指令

1. 计数器指令介绍

计数器利用输入脉冲上升沿累计脉冲个数。计数器当前值大于或等于预置值时，状态位置“1”。

S7-200 系列 PLC 有 3 类计数器：CTU-加计数器、CTUD-加/减计数器、CTD-减计数。

(1) 计数器指令格式，如表 3-5 所示。

表 3-5　计数器的指令格式

<table>
<tr><th>STL</th><th>LAD</th><th>说　　明</th></tr>
<tr><td>CTU　Cxxx,PV</td><td>????
CU　CTU
R
????-PV</td><td rowspan="3">(1)梯形图指令符号中：CU 为加计数脉冲输入端；CD 为减计数脉冲输入端；R 为加计数复位端；LD 为减计数复位端；PV 为预置值
(2)Cxxx 为计数器的编号，范围为 C0～C255
(3)PV 预置值最大范围：32 767；PV 的数据类型：INT；PV 操作数为 VW，T，C，IW，QW，MW，SMW，AC，AIW，K
(4)CTU/CTUD/CD 指令使用要点：STL 形式中 CU，CD，R，LD 的顺序不能错；CU，CD，R，LD 信号可为复杂逻辑关系</td></tr>
<tr><td>CTD　Cxxx,PV</td><td>????
CD　CTD
LD
????-PV</td></tr>
<tr><td>CTUD　Cxxx,PV</td><td>????
CU　CTUD
CD
R
????-PV</td></tr>
</table>

(2) 计数器工作原理分析：

① 加计数器指令(CTU)。当 CU 端有上升沿输入时，计数器当前值加 1。当计数器当前值大于或等于设定值(PV)时，该计数器的状态位，置“1”，即其常开触点闭合。计数器仍计数，但不影响计数器的状态位。直至计数达到最大值(32 767)。当 R=1 时，计数器复位，即当前值清零，状态位也清零。

② 加/减计数指令(CTUD)。当 CU 端(CD 端)有上升沿输入时，计数器当前值加 1(减 1)。当计数器当前值大于或等于设定值时，状态位，置“1”，即其常开触点闭合。当 R=1 时，计数器复位，即当前值清零，状态位也清零。加/减计数器计数范围：−32 768～32 767。

③ 减计数指令(CTD)。当复位 LD 有效时，LD=1，计数器把设定值(PV)装入当前值存储器，计数器状态位复位(置“0”)。当 LD=0，即计数脉冲有效时，开始计数，CD 端每来一个输入脉冲上升沿，减计数的当前值从设定值开始递减计数，当前值等于“0”时，计数器状态位置位(置“1”)，停止计数。

2. 计数器指令举例

【例 3-5】加减计数器指令应用示例，程序及运行时序如图 3-16 所示。

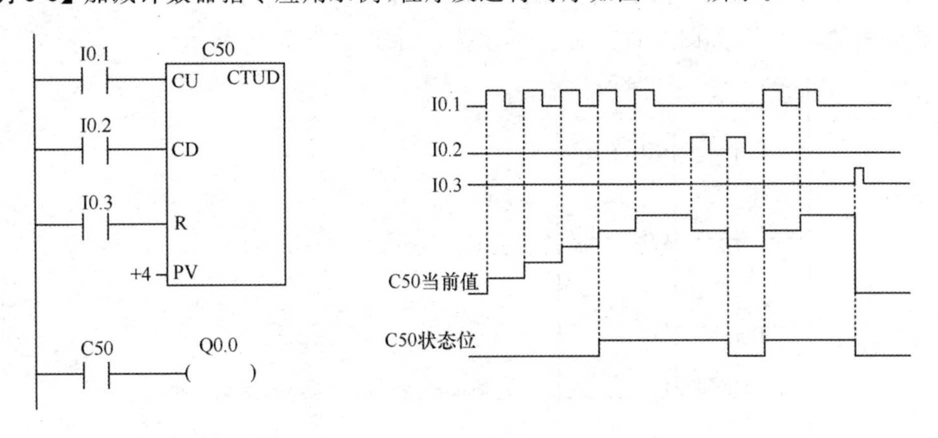

图 3-16　加/减计数器应用示例

四、比较指令

1. 比较指令介绍

比较指令是将两个操作数按指定的条件比较，在梯形图中用带参数和运算符的触点表示比较指令，比较条件成立时，触点就闭合，否则断开。指令格式如表 3-6 所示。

表 3-6　比较指令格式

STL	LAD	说　　明
LD□xx IN1 , IN2	IN1 xx□ IN2	比较触点接起始母线
LD N A□xx IN1 ,IN2	N IN1 xx□ IN2	比较触点的“与”

续表

STL	LAD	说　　明
LD　N O□xx IN1，IN2	N IN1 xx□ IN2	比较触点的“或”

说明：“xx”表示比较运算符：== 等于 、<小于、>大于、<= 小于等于、>= 大于等于、<>不等于。“□”表示操作数 N1，N2 的数据类型及范围。

比较指令分类为：字节比较 LDB、AB、OB；整数比较 LDW、AW、OW；双字整数比较 LDD、AD、OD；实数比较 LDR、AR、OR。

2. 指令应用举例

【例 3-6】控制要求：一自动仓库存放某种货物，最多 6 000 箱，需对所存的货物进出计数。货物多于 1 000 箱，灯 L1 亮；货物多于 5 000 箱，灯 L2 亮。其中，L1 和 L2 分别受 Q0.0 和 Q0.1 控制，数值 1 000 和 5 000 分别存储在 VW20 和 VW30 字存储单元中。

本控制系统的程序，如图 3-17 所示。程序执行时序，如图 3-18 所示。

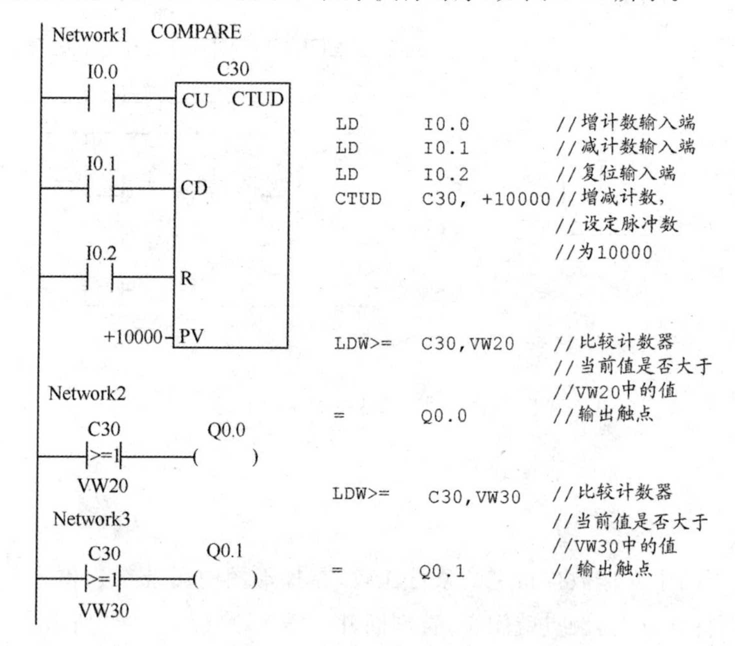

图 3-17　梯形图

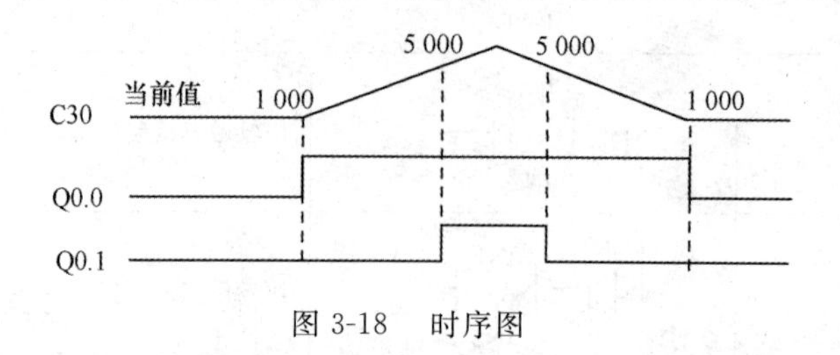

图 3-18　时序图

任务二　熟悉运算指令

一、算术运算指令

1. 整数与双整数加减法指令

整数加法(ADD_I)和减法(SUB_I)指令是:使能输入有效时,将两个 16 位符号整数相加或相减,并产生一个 16 位的结果输出到 OUT 端。

双整数加法(ADD_D)和减法(SUB_D)指令是:使能输入有效时,将两个 32 位符号整数相加或相减,并产生一个 32 位结果输出到 OUT 端。

整数与双整数加减法指令格式如表 3-7 所列。

表 3-7　整数与双整数加减法指令格式

LAD	ADD_I EN ENO IN1 OUT IN2	SUB_I EN ENO IN1 OUT IN2	ADD_DI EN ENO IN1 OUT IN2	SUB_DI EN ENO IN1 OUT IN2
功能	IN1+IN2=OUT	IN1−IN2=OUT	IN1+IN2=OUT	IN1−IN2=OUT
操作数及数据类型	IN1/IN2:VW, IW, QW, MW, SW, SMW, T, C, AC, LW, AIW, 常量, * VD, * LD, * AC OUT:VW, IW, QW, MW, SW, SMW, T, C, LW, AC, * VD, * LD, * AC IN/OUT 数据类型:整数		IN1/IN2:VD, ID, QD, MD, SMD, SD, LD, AC, HC, 常量, * VD, * LD, * AC OUT:VD, ID, QD, MD, SMD, SD, LD, AC, * VD, * LD, * AC IN/OUT 数据类型:双整数	

【例 3-7】求 5 000 加 400 的和,5 000 在数据存储器 VW200 中,结果放入 AC0。程序如图 3-19所示。

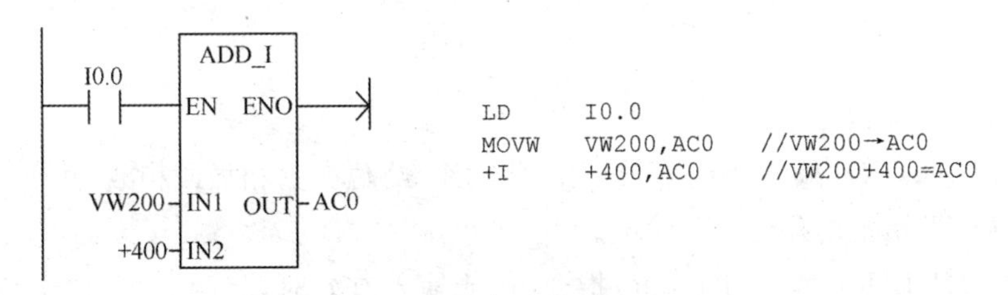

图 3-19　梯形图

2. 整数乘除法指令

整数乘法指令(MUL_I)是:使能输入有效时,将两个 16 位符号整数相乘,并产生一个 16 位积,从 OUT 指定的存储单元输出。

整数除法指令(DIV_I)是:使能输入有效时,将两个 16 位符号整数相除,并产生一个 16 位商,从 OUT 指定的存储单元输出,不保留余数。如果输出结果大于一个字,则溢出位 SM1.1 置位为 1。

双整数乘法指令(MUL_D):使能输入有效时,将两个 32 位符号整数相乘,并产生一个 32 位乘积,从 OUT 指定的存储单元输出。

双整数除法指令(DIV_D):使能输入有效时,将两个 32 位整数相除,并产生一个 32 位商,从 OUT 指定的存储单元输出,不保留余数。

整数乘法产生双整数指令(MUL):使能输入有效时,将两个 16 位整数相乘,得出一个 32 位乘积,从 OUT 指定的存储单元输出。

整数除法产生双整数指令(DIV):使能输入有效时,将两个 16 位整数相除,得出一个 32 位结果,从 OUT 指定的存储单元输出。其中高 16 位放余数,低 16 位放商。

整数乘除法指令格式,如表 3-8 所示。

表 3-8　整数乘除法指令格式

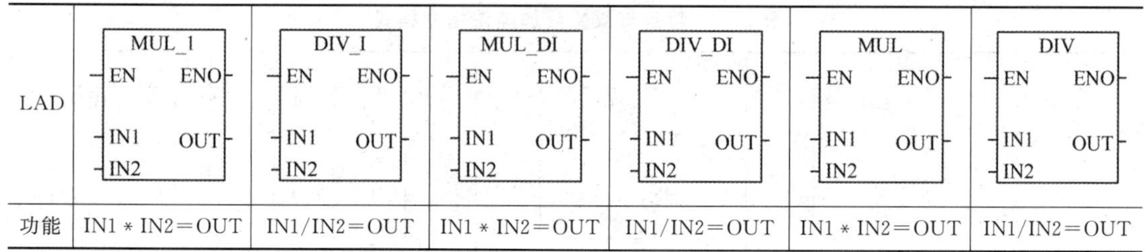

LAD	MUL_I EN ENO IN1 OUT IN2	DIV_I EN ENO IN1 OUT IN2	MUL_DI EN ENO IN1 OUT IN2	DIV_DI EN ENO IN1 OUT IN2	MUL EN ENO IN1 OUT IN2	DIV EN ENO IN1 OUT IN2
功能	IN1 * IN2=OUT	IN1/IN2=OUT	IN1 * IN2=OUT	IN1/IN2=OUT	IN1 * IN2=OUT	IN1/IN2=OUT

【例 3-8】乘除法指令应用举例,程序如图 3-20 所示。

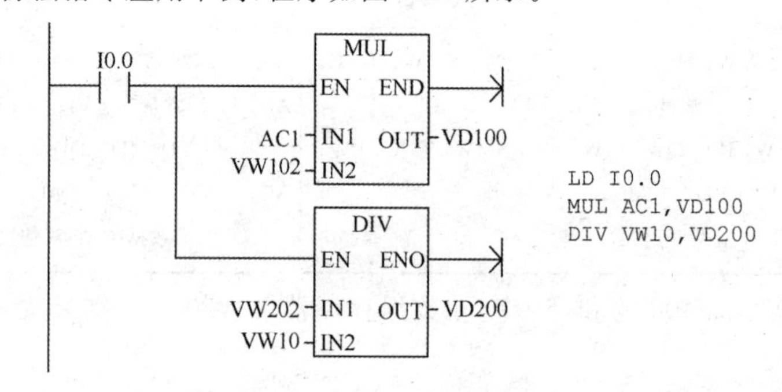

图 3-20　梯形图

3. 实数加减乘除指令

实数加法(ADD_R)、减法(SUB_R)指令:将两个 32 位实数相加或相减,并产生一个 32 位实数结果,从 OUT 指定的存储单元输出。

实数乘法(MUL_R)、除法(DIV_R)指令:使能输入有效时,将两个 32 位实数相乘(除),并产生一个 32 位积(商),从 OUT 指定的存储单元输出。

指令格式如表 3-9 所示。

4. 数学函数变换指令

(1) 平方根(SQRT)指令:对 32 位实数(IN)取平方根,并产生一个 32 位实数结果,从 OUT 指定的存储单元输出。

(2) 自然对数(LN)指令:对 IN 中的数值进行自然对数计算,并将结果置于 OUT 指定的存储单元中。

表 3-9　实数加减乘除指令

LAD	ADD_R: EN ENO, IN1 OUT, IN2	SUB_R: EN ENO, IN1 OUT, IN2	MUL_R: EN ENO, IN1 OUT, IN2	DIV_R: EN ENO, IN1 OUT, IN2
功能	IN1＋IN2＝OUT	IN1－IN2＝OUT	IN1 * IN2＝OUT	IN1/IN2＝OUT

(3) 自然指数(EXP)指令：将 IN 取以 e 为底的指数，并将结果置于 OUT 指定的存储单元中。

(4) 三角函数指令：将一个实数的弧度值 IN 分别求 SIN、COS、TAN，得到实数运算结果，从 OUT 指定的存储单元输出。

函数变换指令格式及功能，如表 3-10 所示。

表 3-10　函数变换指令格式及功能

LAD	SQRT: EN ENO, IN OUT	LN: EN ENO, IN OUT	EXP: EN ENO, IN OUT	SIN: EN ENO, IN OUT	COS: EN ENO, IN OUT	TAN: EN ENO, IN OUT
STL	SQRT IN,OUT	LN IN,OUT	EXP IN,OUT	SIN IN,OUT	COS IN,OUT	TAN IN,OUT
功能	SQRT(IN)＝OUT	LN(IN)＝OUT	EXP(IN)＝OUT	SIN(IN)＝OUT	COS(IN)＝OUT	TAN(IN)＝OUT

【例 3-9】求 45°正弦值。

分析：先将 45°转换为弧度：(3.141 59/180) * 45，再求正弦值。程序如图 3-21 所示。

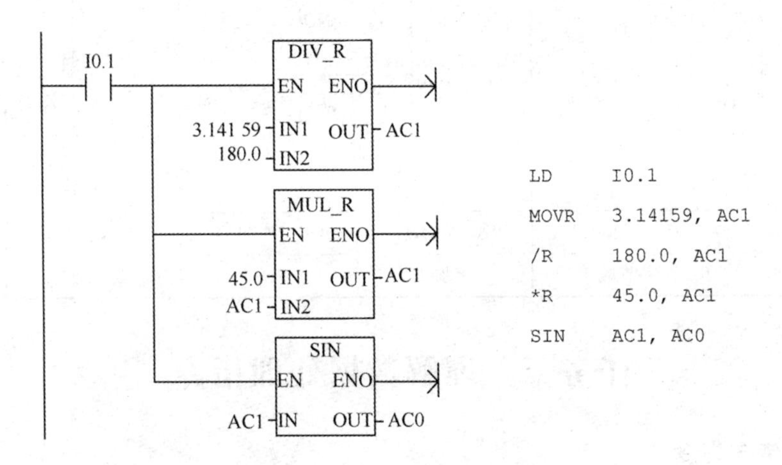


```
LD      I0.1
MOVR    3.14159, AC1
/R      180.0, AC1
*R      45.0, AC1
SIN     AC1, AC0
```

图 3-21　梯形图

二、逻辑运算指令

逻辑运算是对无符号数按位进行与、或、异或和取反等操作。操作数的长度有 B、W、DW。逻辑运算指令格式，如表 3-11 所示。

表 3-11　逻辑运算指令格式

LAD	WAND_B WAND_W WAND_DW	WOR_B WOR_W WOR_DW	WXOR_B WXOR_W WXOR_DW	INV_B INV_W INV_DW
STL	ANDB IN1,OUT ANDW IN1,OUT ANDD IN1,OUT	ORB IN1,OUT ORW IN1,OUT ORD IN1,OUT	XORB IN1,OUT XORW IN1,OUT XORD IN1,OUT	INVB OUT INVW OUT INVD OUT
功能	IN1,IN2 按位相与	IN1,IN2 按位相或	IN1,IN2 按位异或	对 IN 取反

三、递增、递减指令

递增、递减指令用于对输入无符号数字节、符号数字、符号数双字进行加 1 或减 1 的操作。递增、递减指令格式如表 3-12 所示。

表 3-12　递增、递减指令格式

LAD	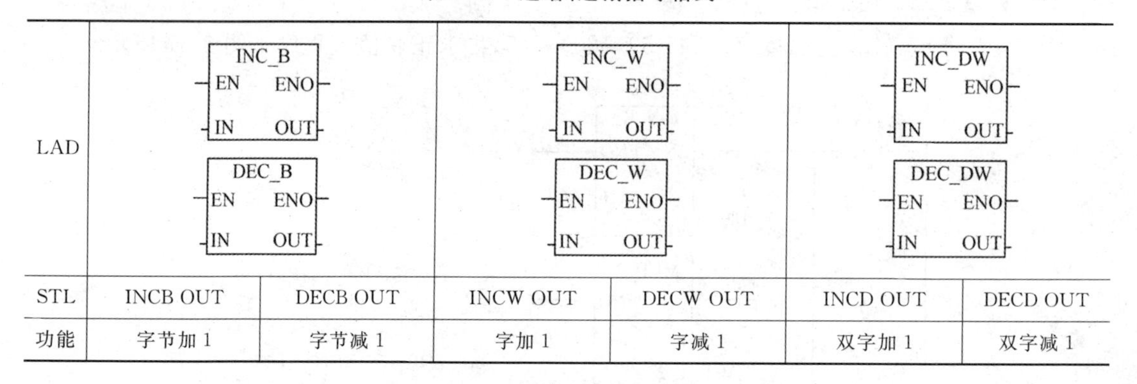					
STL	INCB OUT	DECB OUT	INCW OUT	DECW OUT	INCD OUT	DECD OUT
功能	字节加 1	字节减 1	字加 1	字减 1	双字加 1	双字减 1

任务三　理解数据处理指令

一、数据传送指令

数据传送指令 MOV,用来传送单个的字节、字、双字、实数。指令格式及功能,如表 3-13 所示。

数据块传送指令 BLKMOV,将从输入地址 IN 开始的 N 个数据传送到输出地址 OUT 开始的 N 个单元中,N 的范围为 1～255,N 的数据类型为:字节。指令格式及功能如表 3-14 所示。

表 3-13　单个数据传送指令 MOV 指令格式

LAD	MOV_B EN ENO ????-IN OUT-????	MOV_W EN ENO ????-IN OUT-????	MOV_D EN ENO ????-IN OUT-????	MOV_R EN ENO ????-IN OUT-????
STL	MOVB IN,OUT	MOVW IN,OUT	MOVD IN,OUT	MOVR IN,OUT
类型	字节	字、整数	双字、双整数	实数
功能	使能输入有效时，即 EN=1 时，将一个输入 IN 的字节、字/整数、双字/双整数或实数送到 OUT 指定的存储器输出。在传送过程中不改变数据的大小。传送后，输入存储器 IN 中的内容不变			

表 3-14　数据块传送指令格式及功能

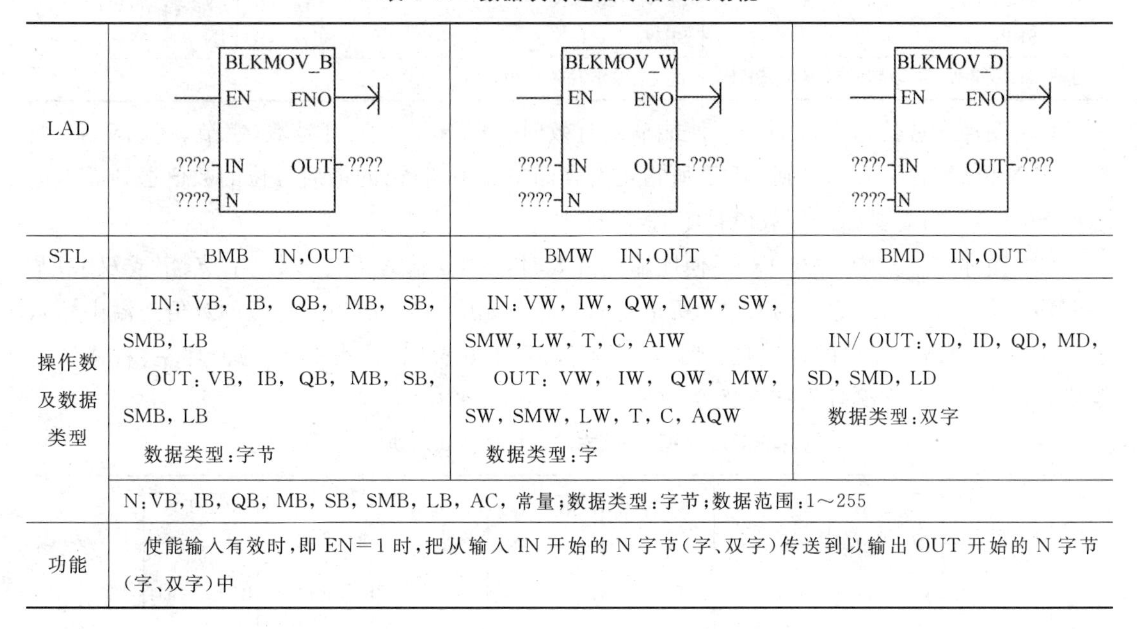

LAD	BLKMOV_B EN ENO ????-IN OUT-???? ????-N	BLKMOV_W EN ENO ????-IN OUT-???? ????-N	BLKMOV_D EN ENO ????-IN OUT-???? ????-N
STL	BMB　IN,OUT	BMW　IN,OUT	BMD　IN,OUT
操作数及数据类型	IN：VB，IB，QB，MB，SB，SMB，LB OUT：VB，IB，QB，MB，SB，SMB，LB 数据类型：字节	IN：VW，IW，QW，MW，SW，SMW，LW，T，C，AIW OUT：VW，IW，QW，MW，SW，SMW，LW，T，C，AQW 数据类型：字	IN/ OUT：VD，ID，QD，MD，SD，SMD，LD 数据类型：双字
	N：VB，IB，QB，MB，SB，SMB，LB，AC，常量；数据类型：字节；数据范围：1～255		
功能	使能输入有效时，即 EN=1 时，把从输入 IN 开始的 N 字节（字、双字）传送到以输出 OUT 开始的 N 字节（字、双字）中		

二、移位指令

移位指令分为左、右移位和循环左、右移位及寄存器移位指令 3 大类。前两类移位指令按移位数据的长度又分字节型、字型、双字型 3 种。

1. 左、右移位指令

（1）左移位指令（SHL）。使能输入有效时，将输入 IN 的无符号数字节、字或双字中的各位向左移 N 位后（右端补 0），将结果输出到 OUT 所指定的存储单元中，如果移位次数大于 0，最后一次移出位保存在 SM1.1 中。如果移位结果为 0，零标志位 SM1.0 置“1”。

（2）右移位指令（SHR）。使能输入有效时，将输入 IN 的无符号数字节、字或双字中的各位向右移 N 位后，将结果输出到 OUT 所指定的存储单元中，移出位补 0，最后一次移出位保存在 SM1.1 中。如果移位结果为 0，零标志位 SM1.0 置“1”。指令格式如表 3-15 所列。

2. 循环左、右移位指令

循环移位将移位数据存储单元的首尾相连，同时又与溢出标志 SM1.1 连接，SM1.1 用来存放被移出的位。

表 3-15　左、右移位指令格式

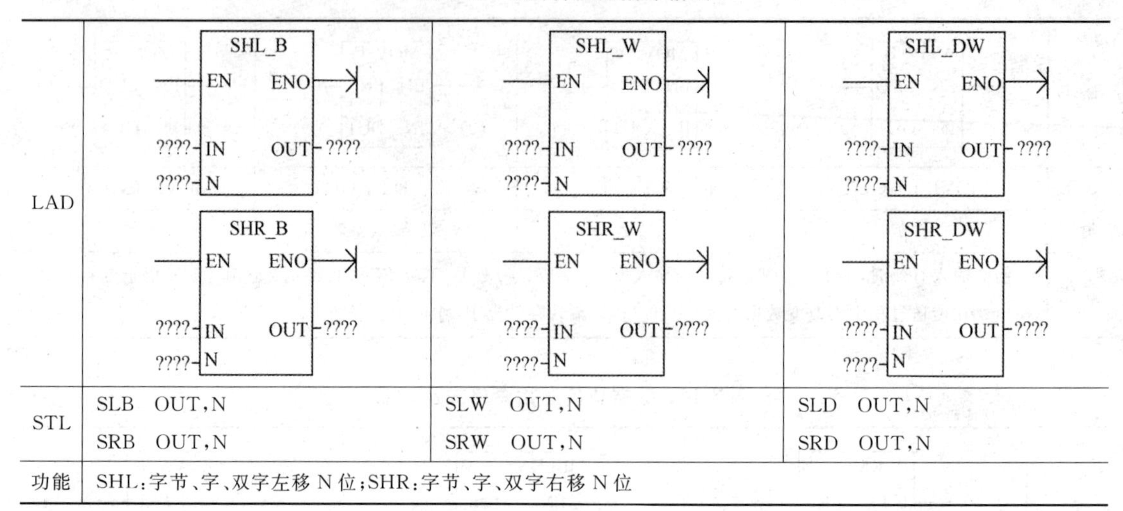

LAD	SHL_B（EN ENO IN OUT N） SHR_B（EN ENO IN OUT N）	SHL_W（EN ENO IN OUT N） SHR_W（EN ENO IN OUT N）	SHL_DW（EN ENO IN OUT N） SHR_DW（EN ENO IN OUT N）
STL	SLB　OUT,N SRB　OUT,N	SLW　OUT,N SRW　OUT,N	SLD　OUT,N SRD　OUT,N
功能	SHL:字节、字、双字左移 N 位;SHR:字节、字、双字右移 N 位		

(1) 循环左移位指令(ROL)。使能输入有效时,将 IN 输入无符号数(字节、字或双字)循环左移 N 位后,将结果输出到 OUT 所指定的存储单元中,移出的最后一位的数值送到溢出标志位 SM1.1。当需要移位的数值是零时,零标志位 SM1.0 置“1”。

(2) 循环右移位指令(ROR)。使能输入有效时,将 IN 输入无符号数(字节、字或双字)循环右移 N 位后,将结果输出到 OUT 所指定的存储单元中,移出的最后一位的数值送溢出标志位 SM1.1。当需要移位的数值是零时,零标志位 SM1.0 置“1”。表 3-16 为循环左、右移位指令格式,表 3-17 为字循环右移 3 次举例。

表 3-16　循环左、右移位指令格式及功能

LAD	ROL_B（EN ENO ????-IN OUT-???? ????-N） ROR_B（EN ENO ????-IN OUT-???? ????-N）	ROL_W（EN ENO ????-IN OUT-???? ????-N） ROR_W（EN ENO ????-IN OUT-???? ????-N）	ROL_DW（EN ENO ????-IN OUT-???? ????-N） ROR_DW（EN ENO ????-IN OUT-???? ????-N）
STL	RLB　OUT,N RRB　OUT,N	RLW　OUT,N RRW　OUT,N	RLD　OUT,N RRD　OUT,N
功能	ROL:字节、字、双字循环左移 N 位;ROR:字节、字、双字循环右移 N 位		

表 3-17　字循环右移 3 次举例

移位次数	地址	单元内容	位 SM1.1	说　明
0	LW0	1011010100110011	x	移位前
1	LW0	1101101010011001	1	右端 1 移入 SM1.1 和 LW0 左端
2	LW0	1110110101001100	1	右端 1 移入 SM1.1 和 LW0 左端
3	LW0	0111011010100110	0	右端 0 移入 SM1.1 和 LW0 左端

【例 3-10】用 I0.0 控制接在 Q0.0～Q0.7 上的 8 个彩灯循环移位，从左到右以 0.5 s 的速度依次点亮，保持任意时刻只有一个指示灯亮，到达最右端后，再从左到右依次点亮。

分析：8 个彩灯循环移位控制，可以用字节的循环移位指令。根据控制要求，首先应置彩灯的初始状态为 QB0＝1，即左边第一盏灯亮；接着灯从左到右以 0.5 s 的速度依次点亮，即要求字节 QB0 中的“1”用循环左移位指令每 0.5 s 移动一位，因此须在 ROL-B 指令的 EN 端接一个 0.5 s 的移位脉冲(可用定时器指令实现)。梯形图程序和语句表程序，如图 3-22 所示。

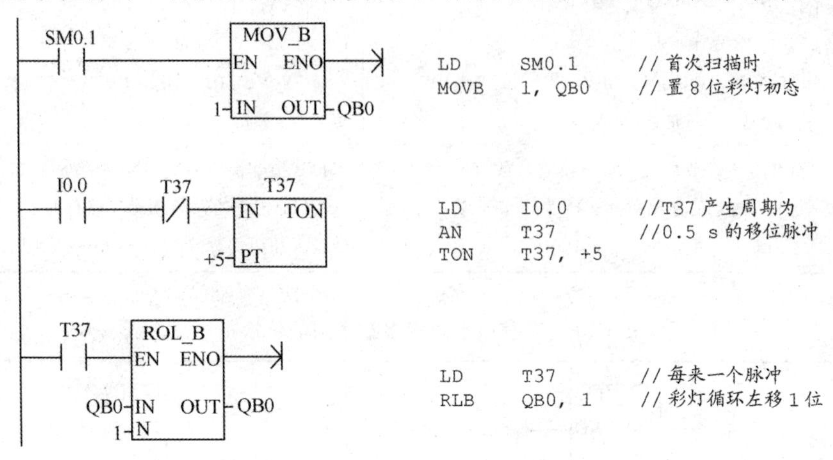

图 3-22　梯形图程序和语句表程序

3. **移位寄存器指令**(SHRB)

移位寄存器指令(SHRB)是可以指定移位寄存器的长度和移位方向的移位指令，实现将 DATA 数值移入移位寄存器。其指令格式，如图 3-23 所示。

EN 为使能输入端，连接移位脉冲信号，每次使能有效时，整个移位寄存器移动 1 位。DATA 为数据输入端，连接移入移位寄存器的二进制数值，执行指令时将该位的值移入 S_BIT 指定移位寄存器的最低位。N 指定移位寄存器的长度和移位方向，移位寄存器的最大长度为 64 位，N 为正值表示左移位，输入数据(DATA)移入移位寄存器的最低位(S_BIT)，并移出移位寄存器的最高位。N 为负值表示右移位，输入数据移入移位寄存器的最高位中，并移出最低位(S_BIT)。

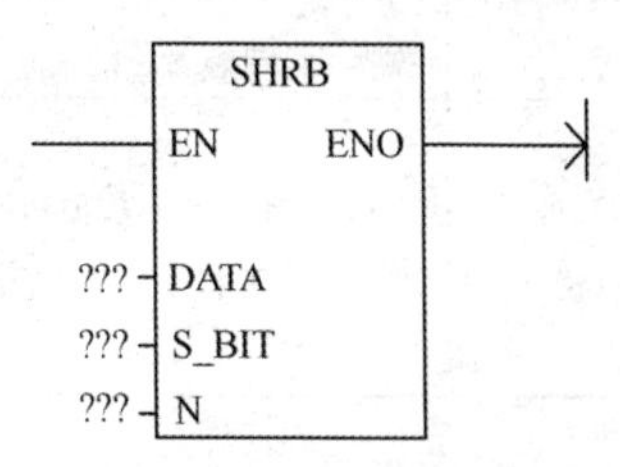

图 3-23　移位寄存器指令格式

任务四　了解转换指令

一、数据类型转换

(1) 字节型数据与字整数之间转换的指令格式，如表 3-18 所示。

(2) 字整数与双字整数之间的转换格式、功能及说明，如表 3-19 所示。

(3) BCD 码与整数之间的转换的指令格式、功能及说明，如表 3-20 所示。

表 3-18　字节型数据与字整数之间转换指令

LAD	B_I EN ENO ????- IN OUT -????	I_B EN ENO ????- IN OUT -????
STL	BTI　IN,OUT	ITB　IN,OUT
操作数及数据类型	IN:VB, IB, QB, MB, SB, SMB, LB, AC, 常量,数据类型:字节 OUT:VW, IW, QW, MW, SW, SMW, LW, T, C, AC,数据类型:整数	IN:VW, IW, QW, MW, SW, SMW, LW, T, C, AIW, AC, 常量,数据类型:整数 OUT:VB, IB, QB, MB, SB, SMB, LB, AC, 数据类型:字节
功能及说明	BTI 指令将字节数值(IN)转换成整数值,并将结果置入 OUT 指定的存储单元。因为字节不带符号,所以无符号扩展	ITB 指令将字整数(IN)转换成字节,并将结果置入 OUT 指定的存储单元。输入的字整数 0～255 被转换。超出部分导致溢出,SM1.1=1

表 3-19　字整数与双字整数之间的转换指令

LAD	I_DI EN ENO ????- IN OUT -????	DI_I EN ENO ????- IN OUT -????
STL	ITD　IN,OUT	DTI　IN,OUT
操作数及数据类型	IN:VW, IW, QW, MW, SW, SMW, LW, T, C, AIW, AC, 常量, 数据类型:整数 OUT:VD, ID, QD, MD, SD, SMD, LD, AC,数据类型:双整数	IN:VD, ID, QD, MD, SD, SMD, LD, HC, AC, 常量,数据类型:双整数 OUT:VW, IW, QW, MW, SW, SMW, LW, T, C, AC, 数据类型:整数
功能及说明	ITD 指令将整数值(IN)转换成双整数值,并将结果置入 OUT 指定的存储单元。符号被扩展	DTI 指令将双整数值(IN)转换成整数值,并将结果置入 OUT 指定的存储单元。如果转换的数值过大,则无法在输出中表示,产生溢出 SM1.1=1,输出不受影响

表 3-20　BCD 码与整数之间的转换的指令

LAD	BCD_I EN ENO ????- IN OUT -????	I_BCD EN ENO ????- IN OUT -????
STL	BCDI　OUT	IBCD　OUT
操作数及数据类型	IN :VW, IW, QW, MW, SW, SMW, LW, T, C, AIW, AC, 常量 OUT:VW, IW, QW, MW, SW, SMW, LW, T, C, AC IN/OUT 数据类型:字	
功能及说明	BCD_I 指令将二进制编码的十进制数 IN 转换成整数,并将结果送入 OUT 指定的存储单元。IN 的有效范围是 BCD 码 0～9 999	I_BCD 指令将输入整数 IN 转换成二进制编码的十进制数,并将结果送入 OUT 指定的存储单元。IN 的有效范围是 0～9 999

二、译码与编码指令

译码和编码指令的格式和功能，如表 3-21 所示。

表 3-21 译码和编码指令的格式和功能

LAD	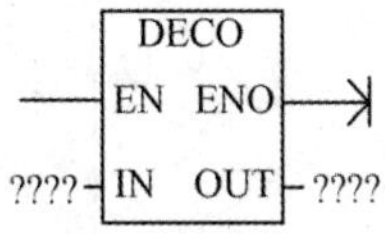 DECO EN ENO ????-IN OUT-????	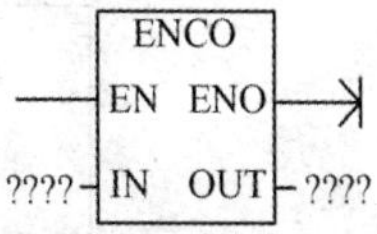 ENCO EN ENO ????-IN OUT-????
STL	DECO IN,OUT	ENCO IN,OUT
操作数及数据类型	IN:VB, IB, QB, MB, SMB, LB, SB, AC, 常量。数据类型:字节 OUT:VW, IW, QW, MW, SMW, LW, SW, AQW, T, C, AC。数据类型:字	IN:VW, IW, QW, MW, SMW, LW, SW, AIW, T, C, AC, 常量。数据类型:字 OUT:VB, IB, QB, MB, SMB, LB, SB, AC。数据类型:字节
功能及说明	译码指令根据输入字节(IN)的低 4 位表示的输出字的位号，将输出字的相对应的位，置位为 1，输出字的其他位均置位为 0	编码指令将输入字(IN)最低有效位(其值为 1)的位号写入输出字节(OUT)的低 4 位中

【例 3-11】 译码编码指令应用举例，如图 3-24 所示。

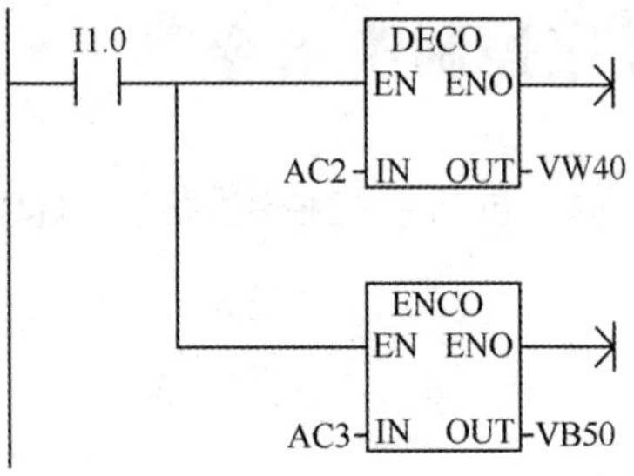

```
LD      I1.0
DECO    AC2, VW40    //译码
ENCO    AC3, VB50    //编码
```

图 3-24 译码编码指令应用举例

若(AC2)=2，执行译码指令，则将输出字 VW40 的第二位置 1，VW40 中的二进制数为 2#0000 0000 0000 0100；若(AC3)=2#0000 0000 0000 0100，执行编码指令，则输出字节 VB50 中的位码为 2。

三、七段译码指令 SEG

七段译码指令使能输入有效时，将字节型输入数据 IN 的低 4 位有效数字产生相应的七段码，并将其输出到 OUT 所指定的字节单元。

七段译码指令 SEG 将输入字节 16#0～F 转换成七段显示码。指令格式，如表 3-22 所示。

表 3-22 七段显示译码指令

LAD	STL	功能及操作数
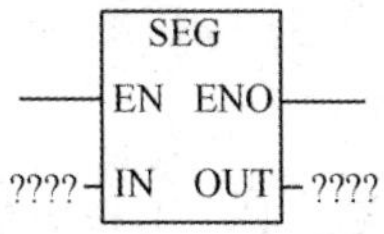 SEG EN ENO ????-IN OUT-????	SEG IN,OUT	功能:将输入字节(IN)的低四位确定的 16 进制数(16#0～F)，产生相应的七段显示码，送入输出字节 OUT IN:VB, IB, QB, MB, SB, SMB, LB, AC, 常量 OUT:VB, IB, QB, MB, SMB, LB, AC。IN/OUT 的数据类型:字节

四、字符串转换指令

ASCII码与十六进制数之间的转换指令格式和功能，如表3-23所示。

表3-23 ASCII码与十六进制数之间转换指令

LAD	ATH EN ENO ????-IN OUT-???? ????-LEN	HTA EN ENO ????-IN OUT-???? ????-LEN
STL	ATH IN,OUT,LEN	HTA IN,OUT,LEN
操作数及数据类型	IN/ OUT:VB, IB, QB, MB, SB, SMB, LB。数据类型:字节 LEN:VB, IB, QB, MB, SB, SMB, LB, AC，常量。数据类型:字节。最大值为255	
功能及说明	ASCII至HEX(ATH)指令将从IN开始的长度为LEN的ASCII字符转换成十六进制数，放入从OUT开始的存储单元	HEX至ASCII (HTA)指令将从输入字节(IN)开始的长度为LEN的十六进制数转换成ASCII字符，放入从OUT开始的存储单元

任务五　了解程序控制类指令

程序控制类指令用于程序运行状态的控制，主要包括系统控制、跳转、循环、子程序调用，顺序控制等指令。

一、系统控制类指令

1. 结束指令(END/ MEND)

(1) END:条件结束指令。条件结束指令在使能输入有效时，终止用户程序的执行返回主程序的第一条指令行。在梯形图中该指令不连在左侧母线，END指令只能用于主程序，不能在子程序和中断程序中使用。指令格式如图3-25(a)所示。

(2) MEND:无条件结束指令。无条件结束指令在执行时，终止用户程序的执行返回主程序的第一条指令行。在梯形图中无条件结束指令直接连接左侧母线。用户必须以无条件结束指令，结束主程序。指令格式如图3-25(b)所示。

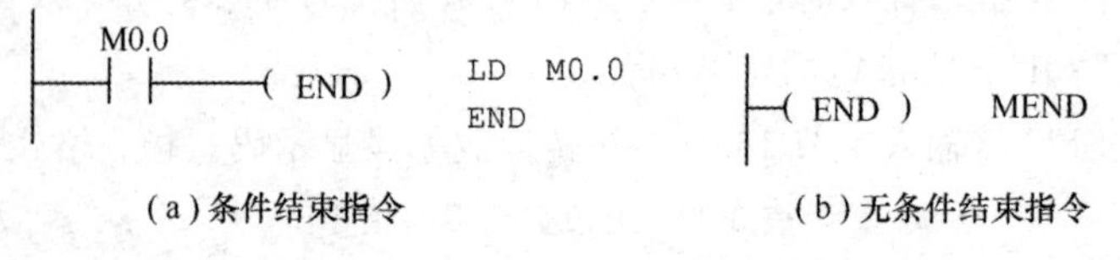

图3-25 END/MEND指令格式

必须指出STEP7-Micro/WIN32编程软件，在主程序的结尾自动生成无条件结束指令(MEND)用户不得输入，否则编译出错。

2. 停止指令(STOP)

TOP:停止指令。停止指令在使能输入有效时，立即终止程序的执行，令CPU工作方式换到STOP。在中断程序中执行STOP指令，该中断立即终止，并且忽略所有挂起的中断，继续扫描程序的剩余部分，在本次扫描的最后，将 CPU 由 RUN 切换到 STOP。指令格式，如图 3-26 所示。

```
LD SM5.0      //SM5.0 为检测到 I/O 错误时置“1”
STOP          //强制转换至 STOP（停止）模式
```

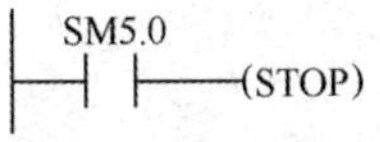

SM5.0
(STOP)

图 3-26　STOP 指令格式

3. 看门狗复位指令（WDR）

看门狗复位指令也称警惕时钟刷新指令。警戒时钟的定时时间为 300 ms，每次扫描它都被自动复位一次，正常工作时，如果扫描周期小于 300 ms，警戒时钟不起作用。若程序扫描的时间超过 300 ms，为了防止在正常的情况下警戒时钟动作，可将警戒时钟刷新指令（WDR）插入到程序中适当的地方，使警戒时钟复位。这样可以增加一次扫描时间。指令格式如图 3-27 所示。

```
LD  M2.5      // M2.5 接通
WDR           //重新触发 WDR，允许扩展扫描时间
```

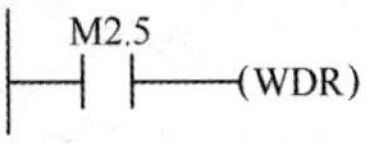

M2.5
(WDR)

图 3-27　WDR 指令格式

工作原理：当使能输入有效时，看门狗定时器复位，可以增加一次扫描时间；若使能输入无效，看门狗定时器定时时间到，程序将终止当前指令的执行，重新启动，返回到第一条指令重新执行。

二、跳转、循环指令

1. 跳转指令（JMP）

JMP：跳转指令。跳转指令在使能输入有效时，把程序的执行跳转到同一程序指定的标号（n）处执行；使能输入无效时，程序顺序执行。JMP 与 LBL（跳转的目标标号）配合实现程序的跳转，跳转标号 n：0～255。指令格式，如图 3-28 所示。

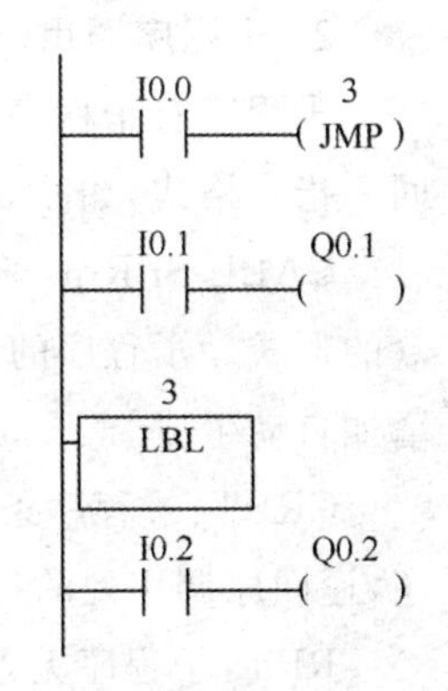

图 3-28　跳转指令示例

必须强调的是：跳转指令及标号必须同在主程序内或在同一子程序内，同一中断服务程序内，不可由主程序跳转到中断服务程序或子程序，也不可由中断服务程序或子程序跳转到主程序。

2. 循环指令（FOR）

程序循环结构用于描述一段程序的重复循环执行。由 FOR 和 NEXT 指令构成程序的循环体。FOR 指令标记循环的开始，NEXT 指令为循环体的结束指令。指令格式，如图 3-29 所示。

FOR 指令为指令盒格式，EN 为使能输入端，INDX 为当前值计数器，INIT 为循环次数初始值，FINAL 为循环计数终止值。

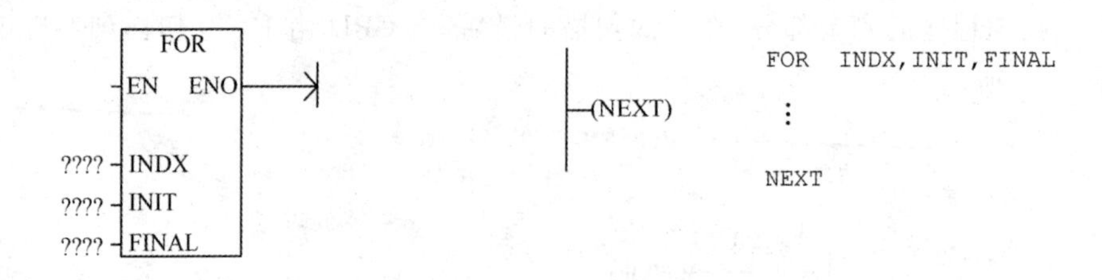

图 3-29 循环指令格式

工作原理：使能输入有效，循环体开始执行，执行到 NEXT 指令时返回，每执行一次循环体，当前值计数器 INDX 增 1，达到终止值 FINAL 时，循环结束；使能输入无效时，循环体程序不执行。每次使能输入有效，指令自动将各参数复位。

FOR/NEXT 指令必须成对使用，循环可以嵌套，最多为 8 层。

三、子程序调用指令

在程序设计中，通常将具有特定功能，并且多次使用的程序段作为子程序。主程序中用指令决定具体子程序的执行状况，当主程序调用子程序并执行时，子程序执行全部指令直至结束，然后系统将返回至调用子程序的主程序。

1. 建立子程序

系统默认 SBR_0 为子程序，当然可采用下列一种方法建立子程序：

(1) 从“编辑”菜单，选择“插入”→“子程序”；

(2) 从“指令树”，右击“程序块”图标，并从弹出菜单选择“插入”→“子程序”；

(3) 从“程序编辑器”窗口，右击，并从弹出菜单选择“插入”→“子程序”。

程序编辑器从先前的 POU 显示更改为新的子程序。程序编辑器底部会出现一个新标签(SBR_1)，代表新的子程序。此时，可以对新的子程序编程。

2. 子程序调用(SBR)

子程序有子程序调用和子程序返回两大类指令，子程序返回又分为条件返回和无条件返回。指令格式，如图 3-30 所示。

CALL SBR n：子程序调用指令。在梯形图中为指令盒的形式。子程序的编号 n 从 0 开始，随着子程序个数的增加自动生成。

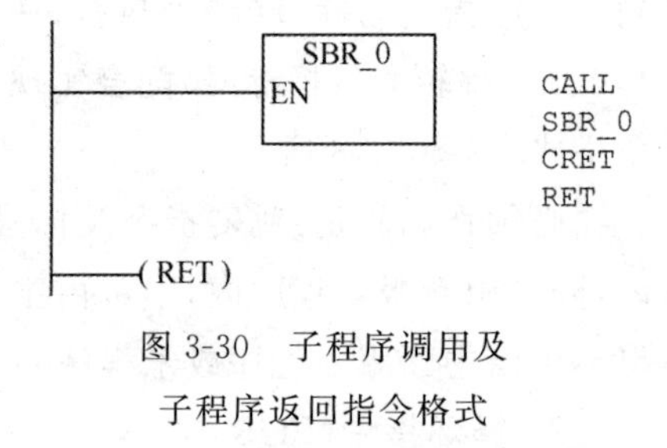

图 3-30 子程序调用及子程序返回指令格式

CRET：子程序条件返回指令，条件成立时结束该子程序，返回原调用处的指令 CALL 的下一条指令。

RET：子程序无条件返回指令，子程序必须以本指令作结束，返回原调用处的指令 CALL 的下一条指令。

3. 带参数的子程序调用

(1) 子程序的参数。子程序可能有要传递的参数(变量和数据)，这时可以在子程序调用指令中包含相应参数，它可以在子程序与调用程序之间传送。子程序中的参数必须有一个符号名、一个变量类型和一个数据类型。子程序最多可传递 16 个参数，传递的参数在子程序局部变量表中定义，如表 3-24 所示。

表 3-24　局部变量表

	符号	变量类型	数据类型	注　　解
L0.0	EN	IN	BOOL	
L0.1	IN1	IN	BOOL	
LB1	IN2	IN	BYTE	
L2.0	IN3	IN	BOOL	
LD3	IN4	IN	DWORD	
LW7	INOUT1	IN_OUT	WORD	

(2) 局部变量的类型。局部变量表中的变量有 IN、OUT、IN_OUT 和 TEMP 等 4 种类型：

IN(输入)型：将指定位置的参数传入子程序。参数的寻址方式可以是直接寻址（例如 VB10），间接寻址（例如 * AC1），数据常量（16＃1234）或地址（&VB100），传入子程序。

IN_OUT(输入/输出)型：将指定参数位置的数值传入子程序，并将子程序的执行结果的数值返回至同样的地址。输入/输出型的参数不允许使用常量（例如 16＃1234）和地址（例如 &VB100）。

OUT(输出)型：将子程序的结果数值返回至指定的参数位置。常量（例如 16＃1234）和地址（例如 &VB100）不允许用作输出参数。

TEMP 型：是局部存储变量，只能用于子程序内部暂时存储中间运算结果，不能用来传递参数。

在子程序中可以使用 IN，IN_OUT，OUT 类型的变量和调用子程序 POU 之间传递参数。

(3) 数据类型。局部变量表中的数据类型包括：能流、布尔（位）、字节、字、双字、整数、双整数和实数型。其中能流仅用于位（布尔）输入，在梯形图中表达形式为用触点（位输入）将左侧母线和子程序的指令盒连接起来。

(4) 建立带参数子程序的局部变量表。

局部变量表隐藏在程序显示区，将梯形图显示区向下拖动，可以露出局部变量表，在局部变量表输入变量名称、变量类型、数据类型等参数以后，双击指令树中子程序（或选择按方框快捷按钮 F9，在弹出的菜单中选择子程序项），在梯形图显示区显示出带参数的子程序调用指令盒。

局部变量表变量类型的修改方法：选中变量类型区，右击得到一个下拉菜单，单击选中的类型，在变量类型区光标所在处可以得到选中的类型。

(5) 带参数子程序调用指令。

带参数子程序调用的 LAD 指令格式如图 3-31 所示。注意：系统保留局部变量存储器 L 内存的 4 字节（LB60～LB63），用于调用参数。

需要说明的是：该程序只能在 STL 编辑器中显示，因为用作能流输入的布尔参数，未在 L 内存中保存。子程序调用时，输入参数被复制到局部存储器。子程序完成时，从局部存储器复制输出参数到指令的输出参数地址。

四、顺序控制指令

在运用 PLC 进行顺序控制中常采用顺序控制指令，顺序控制指令可以将程序功能流程图转换成梯形图程序，功能流程图是设计梯形图程序设计的基础。首先用程序流程图来描述程序的设计思想，然后再用指令编写出符合程序设计思想的程序。使用功能流程图可以描述程

LAD 主程序

Network1
I0.0 — SBR_0 EN
I0.1 — IN1
VB10-IN2 OUT-VD200
I1.0-IN3
&VB100-IN4
*AC1-INOUT

STL 主程序

```
LD   I0.0
=    L60.0
LD   I0.1
=    L63.7
LD   L60.0
CALL   SBR_0, L63.7, VB10, I1.0,
       VB100, *AC1 ,VD200
```

图 3-31　带参数子程序调用

序的顺序执行、循环、条件分支，程序的合并等功能流程概念。

1. 功能流程图

功能流程图是按照顺序控制的思想，根据工艺过程，将程序的执行分成各个程序步，通常用顺序控制继电器的位 S0.0～S31.7 代表程序的状态步，每一步有进入条件、程序处理、转换条件和程序结束等 4 部分组成。图 3-32 为一个 3 步循环步进的功能流程图，图中的每个方框代表一个状态步，1、2、3 分别代表程序 3 步状态，程序执行到某步时，该步状态位，置“1”，其余为“0”，步进条件又称转换条件。状态步之间用有向连线连接，表示状态步转移的方向，有向连线上没有箭头标注时，方向为自上而下，自左而右。有向连线上的短线表示状态步的转换条件。

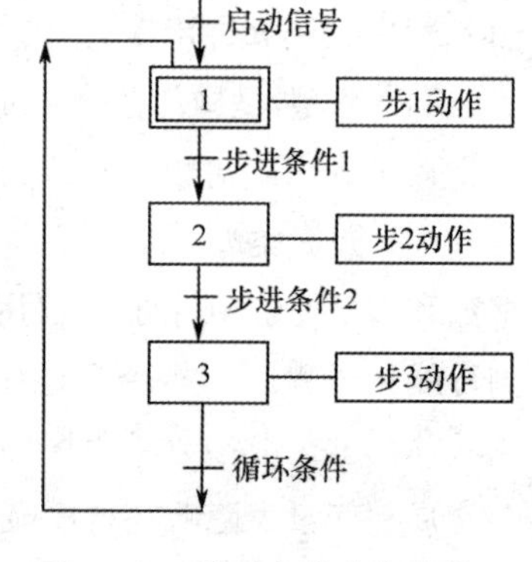

图 3-32　循环步进功能流程

2. 顺序控制指令

顺序控制指令有 3 条，描述了程序的顺序控制步进状态，指令格式，如表 3-25 所示。

(1) 顺序步开始指令(LSCR)。LSCR 为步开始指令，当顺序控制继电器位 $S_{X,Y}$=1 时，该程序步执行。

(2) 顺序步结束指令(SCRE)。SCRE 为顺序步结束指令，顺序步的处理程序在 LSCR 和 SCRE 之间。

(3) 顺序步转移指令(SCRT)。SCRT 为步转移指令，使能输入有效时，将本顺序步的顺序控制继电器位清零，下一步顺序控制继电器位置 1。

表 3-25　顺序控制指令格式

LAD	STL	功　能
??.? LSCR	LSCR　n	步开始指令，为步开始的标志该步的状态元件的位，置“1”时，执行该步
??.? —(SCRT)	SCRT　n	步转移指令，使能有效时，关断本步，进入下一步。该指令由转换条件的接点启动，*n* 为下一步的顺序控制状态元件
—(SCRE)	SCRE	步结束指令，为步结束的标志

【例 3-12】使用顺序控制结构,编写出实现红、绿灯循环显示的程序(要求循环间隔时间为 1 s)。

根据控制要求首先画出红绿灯顺序显示的功能流程图,如图 3-33 所示。启动条件为按钮 I0.0,步进条件为时间,状态步的动作为点红灯,熄绿灯,同时启动定时器,步进条件满足时,关断本步,进入下一步。梯形图程序如图 3-34 所示。

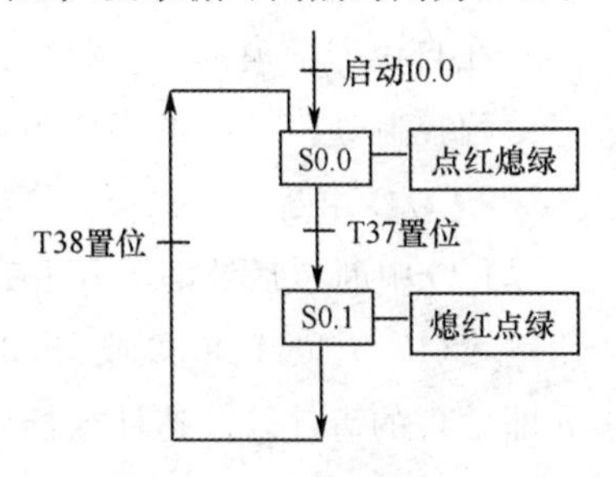

图 3-33　功能流程图

分析:当 I0.0 输入有效时,启动 S0.0,执行程序的第一步,输出 Q0.0 置"1"(点亮红灯),Q0.1 置"0"(熄灭绿灯),同时启动定时器 T37,经过 1 s,步进转移指令使得 S0.1 置"1",S0.0 置"0",程序进入第二步,输出点 Q0.1 置"1"(点亮绿灯),输出点 Q0.0 置"0"(熄灭红灯),同时启动定时器 T38,经过 1 s,步进转移指令使得 S0.0 置"1",S0.1 置"0",程序进入第一步执行。如此周而复始,循环工作。

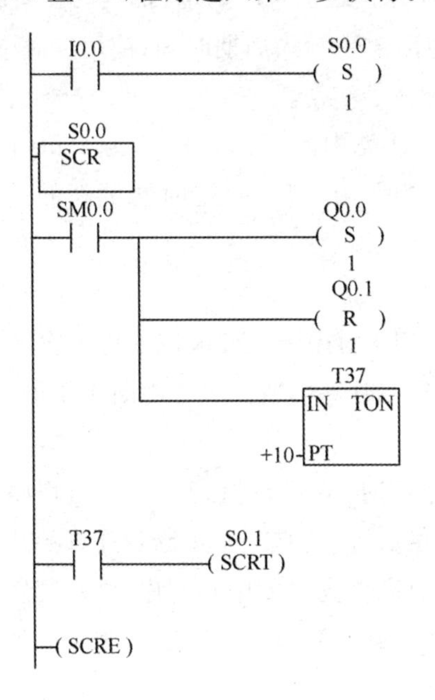

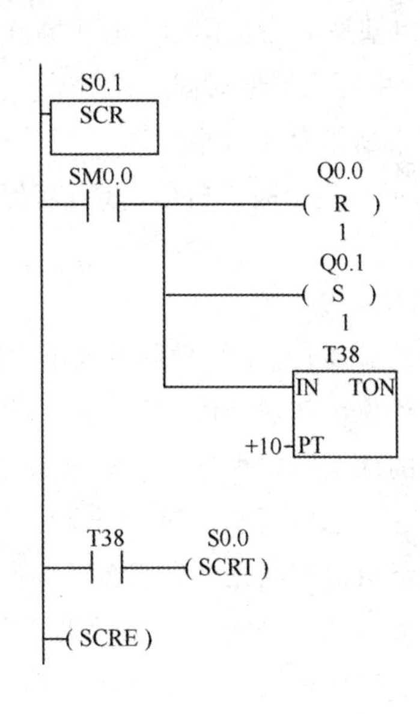

图 3-34　梯形图

任务六　了解中断指令

S7-200 设置了中断功能,用于实时控制、高速处理、通信和网络等复杂和特殊的控制任务。中断就是终止当前正在运行的程序,去执行为立即响应的信号而编制的中断服务程序,执行完毕再返回原先终止的程序并继续执行。

一、中断源

中断源是指发出中断请求的事件,又称中断事件。为了便于识别,系统给每个中断源都分配一个编号,称为中断事件号。S7-200 系列可编程序控制器最多有 34 个中断源,分为 3 大类:通信中断、输入/输出(I/O)中断和时基中断。

1. 通信中断

在自由通信模式下，用户可通过编程来设置波特率、奇偶检验和通信协议等参数。用户通过编程控制通信端口的事件为通信中断。

2. I/O 中断

I/O 中断包括外部输入上升/下降沿中断、高速计数器中断和高速脉冲输出中断。S7-200 用输入(I0.0、I0.1、I0.2 或 I0.3)上升/下降沿产生中断。这些输入点用于捕获在发生时必须立即处理的事件。高速计数器中断指对高速计数器运行时产生的事件实时响应，包括当前值等于预设值时产生的中断、计数方向改变时产生的中断或计数器外部复位产生的中断。脉冲输出中断是指预定数目脉冲输出完成而产生的中断。

3. 时基中断

时基中断包括定时中断和定时器中断。定时中断用于支持一个周期性的活动。周期时间从 1～255 ms，时基是 1 ms。使用定时中断 0，必须在 SMB34 中写入周期时间；使用定时中断 1，必须在 SMB35 中写入周期时间。

定时器中断指允许对指定时间间隔产生中断。这类中断只能用时基为 1 ms 的定时器 T32/T96 构成。当中断被启用后，当前值等于预置值时，在 S7-200 定时器更新的过程中，执行中断程序。

4. 中断优先级

优先级是指多个中断事件同时发出中断请求时，CPU 对中断事件响应的优先次序。S7-200 规定的中断优先由高到低依次是：通信中断、I/O 中断和时基中断。每类中断中不同的中断事件又有不同的优先级。优先级见附录 B。

一个程序中总共可有 128 个中断。S7-200 在任何时刻，只能执行一个中断程序；在中断各自的优先级组内按照先来先服务的原则为中断提供服务，一旦一个中断程序开始执行，则一直执行至完成，不能被另一个中断程序打断，即使是更高优先级的中断程序；中断程序执行中，新的中断请求按优先级排队等候，中断队列能保存的中断个数有限，若超出，则会产生溢出。

二、中断指令

中断指令有 4 条，包括开、关中断指令，中断连接、分离指令。指令格式如表 3-26 所示。

表 3-26　中断指令格式

指令名称	开中断指令	关中断指令	中断连接指令	中断分离指令
梯形图	-(ENI)-	-(DISI)-	ATCH EN ENO ????-INT ????-EVNT	DTCH EN ENO ????-EVNT
语句表	ENI	DISI	ATCH　INT　EVNT	DTCH　EVNT
操作数及数据类型	无	无	INT：常量，0～127 EVNT：常量，CPU226：0～33 INT/EVNT 数据类型：字节	EVNT：常量 CPU226：0～33 数据类型：字节

1. 开、关中断指令

开中断(ENI)指令全局性允许所有中断事件。关中断(DISI)指令全局性禁止所有中断事件,中断事件的每次出现均被排队等候,直至使用全局开中断指令重新启用中断。

PLC 转换到 RUN(运行)模式时,中断开始时被禁用,可以通过执行开中断指令,允许所有中断事件。执行关中断指令会禁止处理中断,但是现用中断事件将继续排队等候。

2. 中断连接、分离指令

中断连接(ATCH)指令将中断事件(EVNT)与中断程序号码(INT)相连接,并启用中断事件。

中断分离(DTCH)指令取消某中断事件(EVNT)与所有中断程序之间的连接,并禁用该中断事件。

注意:一个中断事件只能连接一个中断程序,但多个中断事件可以调用一个中断程序。

三、中断程序

中断程序是为处理中断事件而事先编好的程序。中断程序不是由程序调用,而是在中断事件发生时由操作系统调用。在中断程序中不能改写其他程序使用的存储器,最好使用局部变量。

在中断程序中禁止使用 DISI、ENI、HDEF、LSCR、END 指令。

【例 3-13】 编写由 I0.1 的上升沿产生的中断事件的初始化程序。

分析:查附录可知,I0.1 上升沿产生的中断事件号为 2。所以在主程序中用 ATCH 指令将事件号 2 和中断程序 0 连接起来,并全局开中断。程序如图 3-35 所示。

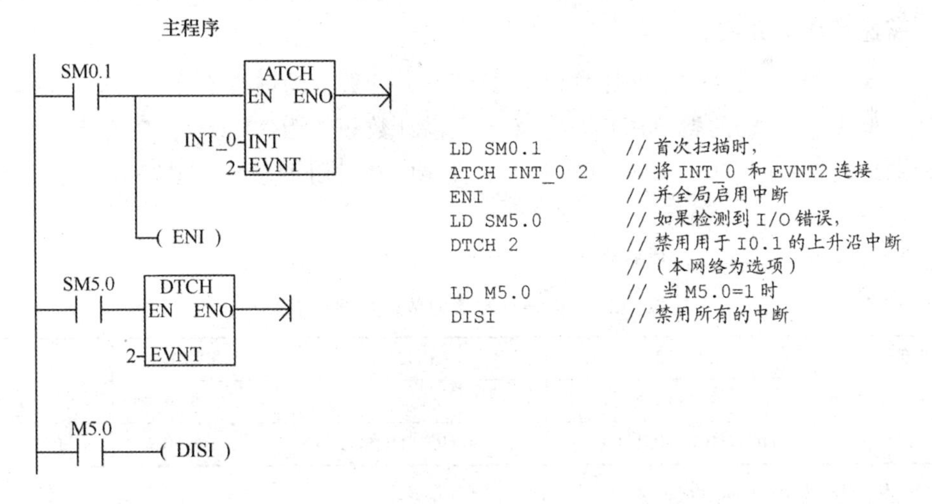

图 3-35 程序图

【例 3-14】 编程完成采样工作,要求每 10 ms 采样一次。

分析:完成每 10 ms 采样一次,需用定时中断,查附录可知,定时中断 0 的中断事件号为 10。因此在主程序中将采样周期(10 ms)即定时中断的时间间隔写入定时中断 0 的特殊存储器 SMB34,并将中断事件 10 和 INT_0 连接,全局开中断。在中断程序 0 中,将模拟量输入信号读入,程序如图 3-36 所示。

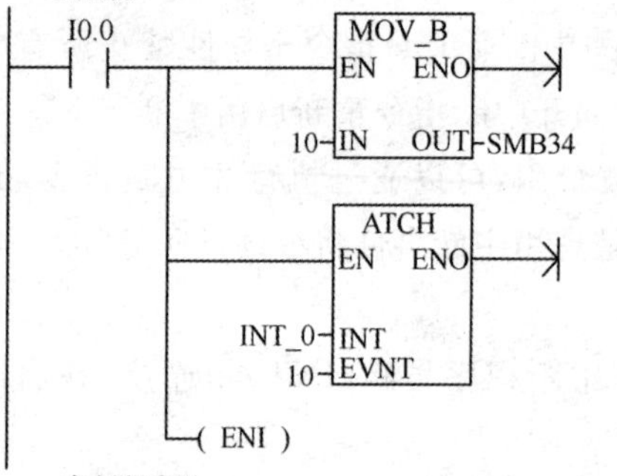

主程序

```
LD      I0.0
MOVB    10, SMB34      // 将采样周期设为 10 ms
ATCH    INT_0, 10      // 将事件 10 连接 INT_0
ENI                    // 全局开中断
```

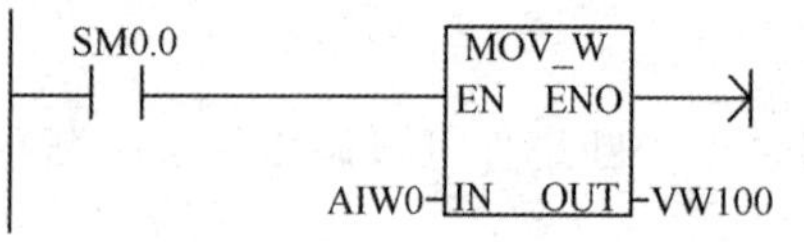

中断程序 0

```
LD      SM0.0
MOVW    AIW0, VW100   // 读入模拟量 AIW0
```

图 3-36　程序图

任务七　理解高速计数器

前面讲的计数器指令的计数速度受扫描周期的影响，对比 CPU 扫描频率高的脉冲输入，就不能满足控制要求了。高速计数器 HSC 用来累计比 PLC 扫描频率高得多的脉冲输入，利用产生的中断事件完成预定的操作。

一、高速计数器介绍

S7-200 系列 PLC 设计了高速计数功能(HSC)，其计数自动进行不受扫描周期的影响，最高计数频率取决于 CPU 的类型，CPU22x 系列最高计数频率为 30 kHz。高速计数器在程序中使用时的地址编号用 HCn 来表示(在非正式程序中有时用 HSCn)，HC(HSC)表示编程元件名称为高速计数器，n 为编号。

不同型号的 PLC 主机，高速计数器的数量对应如表 3-27 所示。

表 3-27　高速计数器的数量与编号表

主机型号	CPU221	CPU222	CPU224	CPU226
可用 HSC 数量	4	4	6	6
HSC 编号范围	HC0,HC3,HC4,HC5	HC0,HC3,HC4,HC5	HC0～HC5	HC0～HC5

1. 高速计数器输入端的连接

每个高速计数器对它所支持的时钟、方向控制、复位和启动都有专用的输入点，通过中断控制完成预定的操作。每个高速计数器专用输入点，如表 3-28 所示。

表 3-28　高速计数器专用的输入点

高速计数器	使用的输入端子
HSC0	I0.0, I0.1, I0.2
HSC1	I0.6, I0.7, I1.0, I1.1

续表

高速计数器	使用的输入端子
HSC2	I1.2，I1.3，I1.4，I1.5
HSC3	I0.1
HSC4	I0.3，I0.4，I0.5
HSC5	I0.4

注意:同一个输入端不能用于两种不同功能的情况,但是高速计数器当前模式未使用的输入端均可用于其他用途,如作为中断输入端或作为数字量输入端。每个高速计数器的 3 种中断的优先级由高到低,各个高速计数器引起的中断事件,如表 3-29 所示。

表 3-29　高速计数器中断事件

高速计数器	当前值等于预设值		计数方向改变中断		外部信号复位中断	
	事件号	优先级	事件号	优先级	事件号	优先级
HSC0	12	10	27	11	28	12
HSC1	13	13	14	14	15	15
HSC2	16	16	17	17	18	18
HSC3	32	19	无	无	无	无
HSC4	29	20	30	21	31	22
HSC5	33	23	无	无	无	无

2. 高速计数器的工作模式

高速计数器有 12 种工作模式,模式 0～模式 2 采用单路脉冲输入的内部方向控制加/减计数;模式 3～模式 5 采用单路脉冲输入的外部方向控制加/减计数;模式 6～模式 8 采用两路脉冲输入的加/减计数;模式 9～模式 11 采用两路脉冲输入的双相正交计数。

每个高速计数器有多种不同的工作模式。HSC0 和 HSC4 有模式 0、1、3、4、6、7、8、9、10;HSC1 和 HSC2 有模式 0、1、2、3、4、5、6、7、8、9、10、11;HSC3 和 HSC5 只有模式 0。高速计数器的工作模式和输入端子数有关,如表 3-30 所示。

表 3-30　高速计数器的工作模式和输入端子的关系

HSC 编号及其对应的输入端子 / HSC 模式	功能及说明	占用的输入端子及其功能			
	HSC0	I0.0	I0.1	I0.2	×
	HSC4	I0.3	I0.4	I0.5	×
	HSC1	I0.6	I0.7	I1.0	I1.1
	HSC2	I1.2	I1.3	I1.4	I1.5
	HSC3	I0.1	×	×	×
	HSC5	I0.4	×	×	×
0	单路脉冲输入的内部方向控制加/减计数。控制字 SM37.3=0,减计数;SM37.3=1,加计数	脉冲输入端	×	×	×
1			×	复位端	×
2			×	复位端	启动

续表

HSC编号及其对应的输入端子 HSC模式	功能及说明	占用的输入端子及其功能			
	HSC0	I0.0	I0.1	I0.2	×
	HSC4	I0.3	I0.4	I0.5	×
	HSC1	I0.6	I0.7	I1.0	I1.1
	HSC2	I1.2	I1.3	I1.4	I1.5
	HSC3	I0.1	×	×	×
	HSC5	I0.4	×	×	×
3	单路脉冲输入的外部方向控制加/减计数。方向控制端=0，减计数； 方向控制端=1，加计数	脉冲输入端	方向控制端	×	×
4				复位端	×
5				复位端	启动
6	两路脉冲输入的单相加/减计数。加计数有脉冲输入，加计数；减计数端脉冲输入，减计数	加计数脉冲输入端	减计数脉冲输入端	×	×
7				复位端	×
8				复位端	启动
9	两路脉冲输入的双相正交计数。 A相脉冲超前B相脉冲，加计数； A相脉冲滞后B相脉冲，减计数	A相脉冲输入端	B相脉冲输入端	×	×
10				复位端	
11				复位端	启动

说明：表中×表示没有

3. 高速计数器的控制字和状态字

定义了计数器和工作模式之后，还要设置高速计数器的有关控制字节。每个高速计数器均有一个控制字节，它决定了计数器的计数允许或禁用，方向控制（仅限模式0、1和2）或对所有其他模式的初始化计数方向，装入当前值和预置值。控制字节每个控制位的说明，如表3-31所示。

表3-31　高速计数器的控制字节

HSC0	HSC1	HSC2	HSC3	HSC4	HSC5	说　明
SM37.0	SM47.0	SM57.0	—	SM147.0	—	复位有效电平控制： 0=高电平有效 1=低电平有效
—	SM47.1	SM57.1	—	—	—	启动有效电平控制： 0=高电平有效 1=低电平有效
SM37.2	SM47.2	SM57.2	—	SM147.2	—	正交计数器计数速率选择： 0=4×计数速率；1=1×计数速率
SM37.3	SM47.3	SM57.3	SM137.3	SM147.3	SM157.3	计数方向控制位： 0 = 减计数；1 = 加计数
SM37.4	SM47.4	SM57.4	SM137.4	SM147.4	SM157.4	向HSC写入计数方向： 0 = 无更新；1 = 更新计数方向
SM37.5	SM47.5	SM57.5	SM137.5	SM147.5	SM157.5	向HSC写入新预置值： 0 = 无更新；1 = 更新预置值
SM37.6	SM47.6	SM57.6	SM137.6	SM147.6	SM157.6	向HSC写入新当前值： 0 = 无更新；1 = 更新当前值
SM37.7	SM47.7	SM57.7	SM137.7	SM147.7	SM157.7	HSC允许： 0 = 禁用HSC；1 = 启用HSC

每个高速计数器都有一个状态字节，状态位表示当前计数方向以及当前值是否大于或等于预置值。每个高速计数器状态字节的状态位说明，如表 3-32 所示。

表 3-32　高速计数器状态字节的状态位

HSC0	HSC1	HSC2	HSC3	HSC4	HSC5	说　明
SM36.5	SM46.5	SM56.5	SM136.5	SM146.5	SM156.5	当前计数方向状态位： 0 = 减计数；1 = 加计数
SM36.6	SM46.6	SM56.6	SM136.6	SM146.6	SM156.6	当前值等于预设值状态位： 0 = 不相等；1 = 等于
SM36.7	SM46.7	SM56.7	SM136.7	SM146.7	SM156.7	当前值大于预设值状态位： 0 = 小于或等于；1 = 大于

二、高速计数器指令及应用

1. 高速计数器指令

高速计数器指令有两条：高速计数器定义指令 HDEF 和高速计数器指令 HSC。其格式，如表 3-33 所示。

(1) 高速计数器定义指令 HDEF。指令指定高速计数器(HSC x)的工作模式，工作模式的选择即选择了高速计数器的输入脉冲、计数方向、复位和启动功能。每个高速计数器只能用一条"高速计数器定义"指令。

(2) 高速计数器使用指令 HSC。根据高速计数器控制位的状态和按照 HDEF 指令指定的工作模式，控制高速计数器。参数 N 指定高速计数器的编号。

表 3-33　高速计数器指令格式

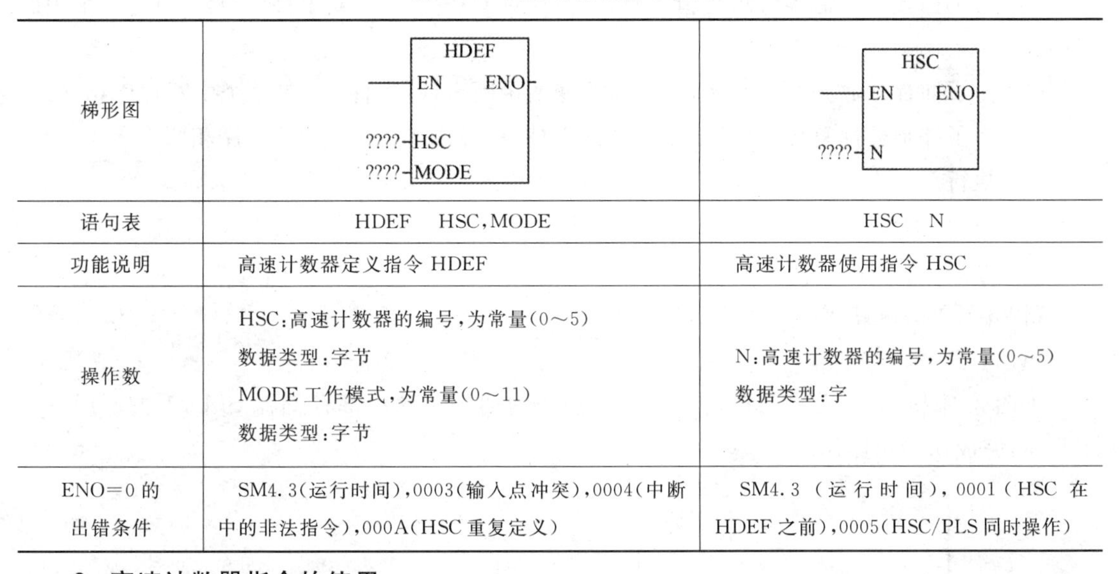

梯形图	HDEF：EN ENO；????-HSC；????-MODE	HSC：EN ENO；????-N
语句表	HDEF　HSC，MODE	HSC　N
功能说明	高速计数器定义指令 HDEF	高速计数器使用指令 HSC
操作数	HSC：高速计数器的编号，为常量(0～5) 数据类型：字节 MODE 工作模式，为常量(0～11) 数据类型：字节	N：高速计数器的编号，为常量(0～5) 数据类型：字
ENO=0 的出错条件	SM4.3(运行时间)，0003(输入点冲突)，0004(中断中的非法指令)，000A(HSC 重复定义)	SM4.3（运行时间），0001（HSC 在 HDEF 之前)，0005(HSC/PLS 同时操作)

2. 高速计数器指令的使用

(1) 每个高速计数器都有一个 32 位当前值和一个 32 位预置值，当前值和预设值均为带符号的整数值。要设置高速计数器的新当前值和新预置值，必须设置控制字节，令其第五位和第六位为 1，允许更新预置值和当前值，新当前值和新预置值写入特殊内部标志位存储区。然后执行 HSC 指令，将新数值传输到高速计数器。

(2) 执行 HDEF 指令之前,必须将高速计数器控制字节的位设置成需要的状态,否则将采用默认设置。默认设置为:复位和启动输入高电平有效,正交计数速率选择 4×模式。执行 HDEF 指令后,就不能再改变计数器的设置,除非 CPU 进入停止模式。

(3) 执行 HSC 指令时,CPU 检查控制字节和有关的当前值和预置值。

3. 高速计数器指令的初始化

高速计数器指令初始化的步骤如下:

(1) 用首次扫描时接通一个扫描周期的特殊内部存储器 SM0.1 去调用一个子程序,完成初始化操作。因为采用了子程序,在随后的扫描中,不必再调用这个子程序,以减少扫描时间,使程序结构更好。

(2) 在初始化的子程序中,根据希望的控制,设置控制字(SMB37、SMB47、SMB57、SMB137、SMB147、SMB157),如设置 SMB47=16#F8,则为:允许计数,写入新当前值,写入新预置值,更新计数方向为加计数,若为正交计数设为 4×,复位和启动设置为高电平有效。

(3) 执行 HDEF 指令,设置 HSC 的编号(0~5),设置工作模式(0~11)。如 HSC 的编号设置为 1,工作模式输入设置为 11,则为既有复位又有启动的正交计数工作模式。

(4) 用新的当前值写入 32 位当前值寄存器(SMD38、SMD48、SMD58、SMD138、SMD148、SMD158)。如写入 0,则清除当前值,用指令 MOVD 0,SMD48 实现。

(5) 用新的预置值写入 32 位预置值寄存器(SMD42、SMD52、SMD62、SMD142、SMD152、SMD162)。如执行指令 MOVD 1000,SMD52,则设置预置值为 1000。若写入预置值为 16#00,则高速计数器处于不工作状态。

(6) 为了捕捉当前值等于预置值的事件,将条件 CV=PV 中断事件(事件 13)与一个中断程序相联系。

(7) 为了捕捉计数方向的改变,将方向改变的中断事件(事件 14)与一个中断程序相联系。

(8) 为了捕捉外部复位,将外部复位中断事件(事件 15)与一个中断程序相联系。

(9) 执行全局中断允许指令(ENI)允许 HSC 中断。

(10) 执行 HSC 指令使 S7-200 对高速计数器进行编程。

(11) 结束子程序。

【例 3-15】高速计数器的应用举例。

(1) 主程序。

如图 3-37 所示,用首次扫描时接通一个扫描周期的特殊内部存储器 SM0.1 去调用一个子程序,完成初始化操作。

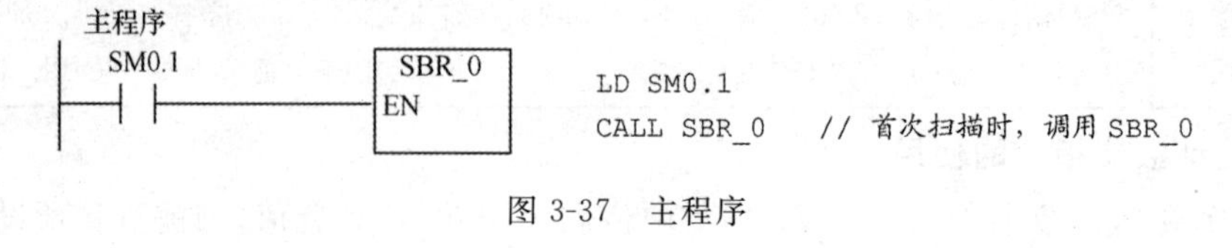

图 3-37 主程序

(2) 初始化的子程序。

如图 3-38 所示,定义 HSC1 的工作模式为模式 11(两路脉冲输入的双相正交计数,具有复位和启动输入功能),设置 SMB47=16#F8(允许计数,更新当前值,更新预置值,更新计数方向为加计数,若为正交计数设为 4×,复位和启动设置为高电平有效)。HSC1 的当前值 SMD48 清零,预置值 SMD52=50,当前值 = 预设值,产生中断,中断事件 13 连接中断程序 INT_0。

子程序 0(配置 HSC1)

SM0.1
MOV_B
EN ENO
16#F8 IN OUT SMB47
HDEF
EN ENO
1 HSC
11 MODE
MOV_DW
EN ENO
+0 IN OUT SMD48
MOV_DW
EN ENO
+50 IN OUT SMD52
ATCH
EN ENO
INT_0 INT
13 EVNT
(ENI)
HSC
EN ENO
1 N

子程序 0(配置 HSC1)

```
LD    SM0.1                  // 首次扫描时
MOVB  16#F8,  SMB47          // 设置 HSC1 控制字

HDEF  1  11                  // 将 HSC1 设置为模式 11

MOVD  +0 , SMD48             // HSC1 的当前值清 0

MOVD  +50 , SMD52            // 将 HSC1 预设值设为 50

ATCH  INT_0 , 13             //CV=PV ( 中断事件 13),
                               调用中断程序 INT_0
ENI                          // 允许全局中断

HSC 1                        // 执行 HSC1 指令
```

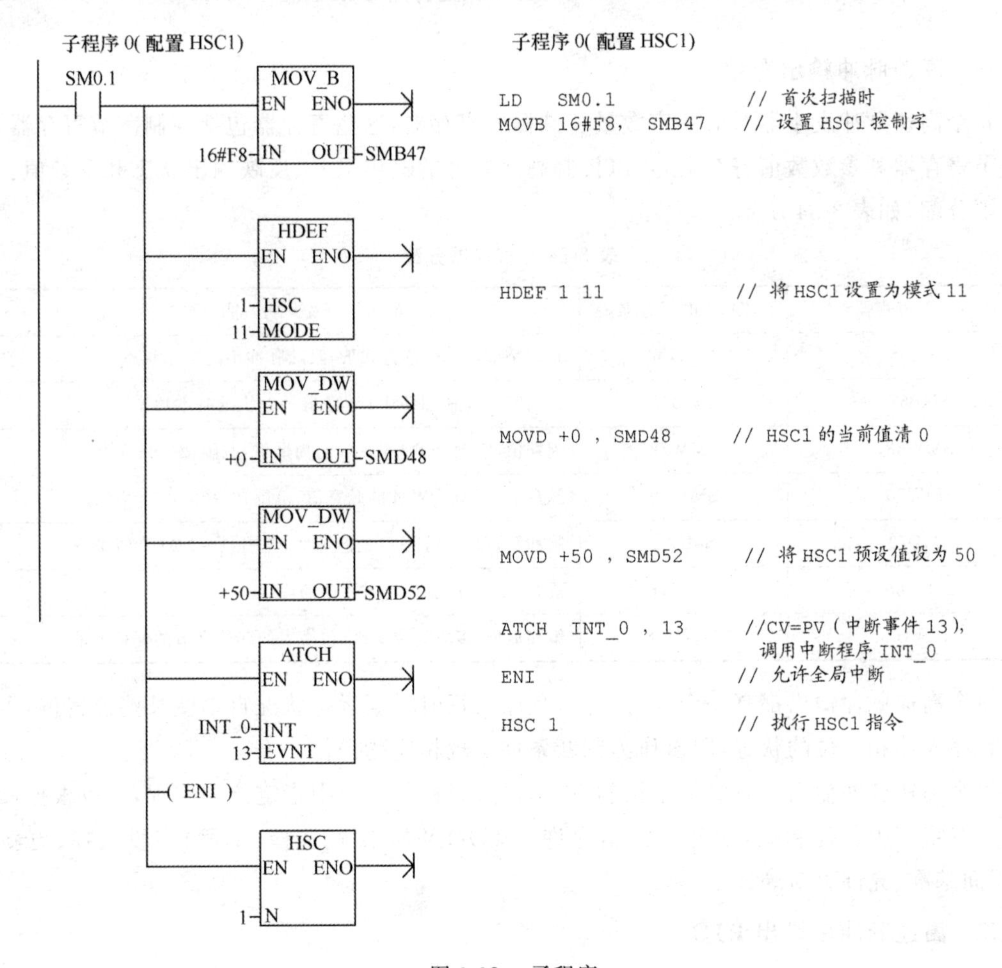

图 3-38 子程序

(3) 中断程序 INT_0,如图 3-39 所示。

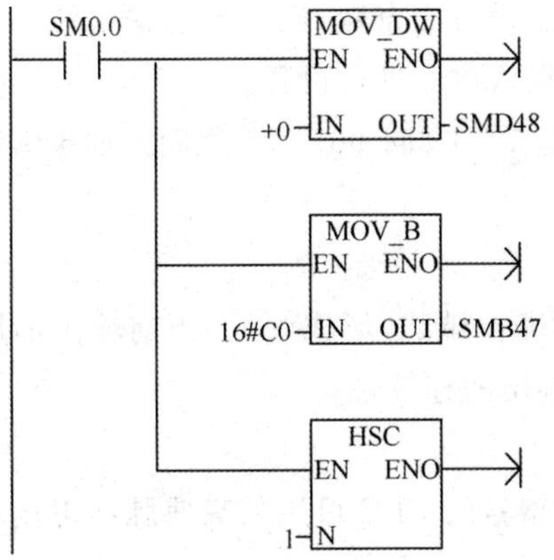

SM0.0
MOV_DW
EN ENO
+0 IN OUT SMD48
MOV_B
EN ENO
16#C0 IN OUT SMB47
HSC
EN ENO
1 N

```
LD SM0.0
MOVD +0 SMD48           // HSC1 的当前值清 0

MOVB 16#C0 SMB47        // 只写入一个新当前值,预置值不变,
                           计数方向不变,HSC1 允许计数
HSC 1                   // 执行 HSC1 指令
```

图 3-39 中断程序

任务八　了解高速脉冲输出

一、高速脉冲输出介绍

每个高速脉冲发生器对应一定数量特殊标志寄存器，这些寄存器包括控制字节寄存器、状态字节寄存器和参数数值寄存器，用以控制高速脉冲的输出形式、反映输出状态和参数值。各寄存器分配，如表3-34所示。

表3-34　寄存器分配

Q0.0的寄存器	Q0.1的寄存器	名称及功能描述
SMB66	SMB76	状态字节，在PTO方式下，跟踪脉冲串的输出状态
SMB67	SMB77	控制字节，控制PTO/PWM脉冲输出的基本功能
SMW68	SMW78	周期值，字型，PTO/PWM的周期值，范围：2～65 535
SMW70	SMW80	脉宽值，字型，PWM的脉宽值，范围：0～65 535
SMD72	SMD82	脉冲数，双字型，PTO的脉冲数，范围：1～4 294 967 295
SMB166	SMB176	段数，多段管线PTO进行中的段数
SMW168	SMW178	偏移地址，多段管线PTO包络表的起始字节的偏移地址

每个高速脉冲输出都有一个状态字节，程序运行时根据运行状况自动使某些位置位，可以通过程序来读相关位的状态，用以作为判断条件实现相应的操作。

每个高速脉冲输出都对应一个控制字节，通过对控制字节中指定位的编程，可以根据操作要求设置字节中各控制位，如脉冲输出允许、PTO/PWM模式选择、单段/多段选择、更新方式、时间基准、允许更新等。

二、高速脉冲串输出PTO

1. 周期和脉冲数

周期：单位可以是微秒（μs）或毫秒（ms）；为16位无符号数据，周期变化范围是50～65 535 μs或2～65 535 ms，通常应设定周期值为偶数，若设置为奇数，则会引起输出波形占空比的轻微失真。如果编程时设定周期单位小于2，系统默认按2进行设置。

脉冲数：用双字长无符号数表示，脉冲数取值范围是1～4 294 967 295之间。如果编程时指定脉冲数为0，则系统默认脉冲数为1个。

2. PTO的种类

PTO方式中，如果要输出多个脉冲串，允许脉冲串进行排队，形成管线，当前输出的脉冲串完成之后，立即输出新脉冲串，这保证了脉冲串顺序输出的连续性。

3. 中断事件类型

高速脉冲串输出可以采用中断方式进行控制，各种型号的PLC可用的高速脉冲串输出的中断事件有两个，如表3-35所示。

表 3-35　中断事件

中断事件号	事 件 描 述	优先级(在 I/O 中断中的次序)
19	PTO0 高速脉冲串输出完成中断	0
20	PTO1 高速脉冲串输出完成中断	1

4. PTO 的使用

使用高速脉冲串输出时，要按以下步骤进行：

(1) 确定脉冲发生器及工作模式；

(2) 设置控制字节；

(3) 写入周期值、周期增量值和脉冲数；

(4) 装入包络的首地址；

(5) 设置中断事件并全局开中断；

(6) 执行 PLS 指令。

三、应用实例

1. 控制要求

步进电动机转动过程中，要从 A 点加速到 B 点后恒速运行，又从 C 点开始减速到 D 点，完成这一过程时用指示灯显示。电动机的转动受脉冲控制，A 点和 D 点的脉冲频率为 2 kHz，B 点和 C 点的频率为 10 kHz，加速过程的脉冲数为 400 个，恒速转动的脉冲数为 4 000 个，减速过程脉冲数为 200 个。

工作过程如图 3-40 所示。

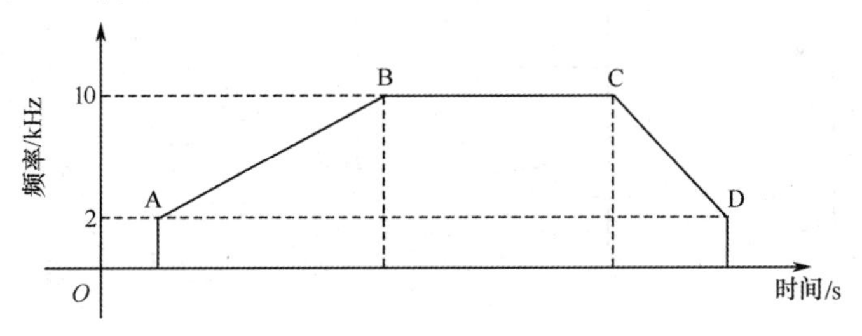

图 3-40　步进电动机工作过程

2. 分析

(1) 确定脉冲发生器及工作模式。

(2) 设置控制字节。

(3) 写入周期值、周期增量值和脉冲数。

(4) 装入包络表首地址。

(5) 中断调用。

(6) 执行 PLS 指令。

3. 程序实现

本控制系统主程序，如图 3-41 所示；初始化子程序 SBR_1，如图 3-42 所示；包络表子程序，如图 3-43 所示；中断程序，如图 3-44 所示。

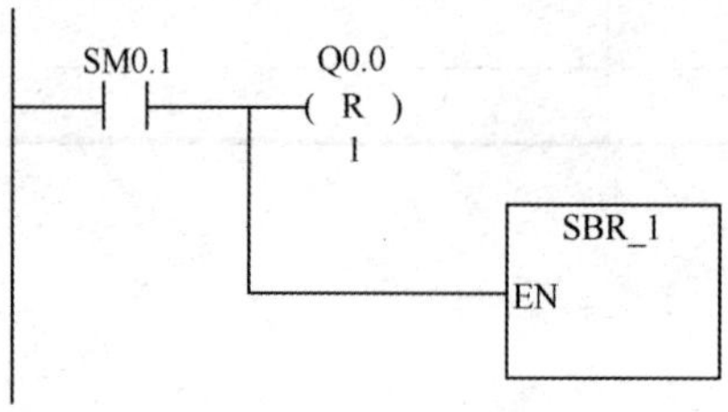

SM0.1　Q0.0
(R)
1
SBR_1
EN

```
LD      SM0.1      //初次扫描
R       Q0.0,1     //复位高速
                   //脉冲，使初值
                   //为低电位
CALL    SBR_1      //调用初始
                   //化子程序 SBR_1
```

图 3-41　主程序

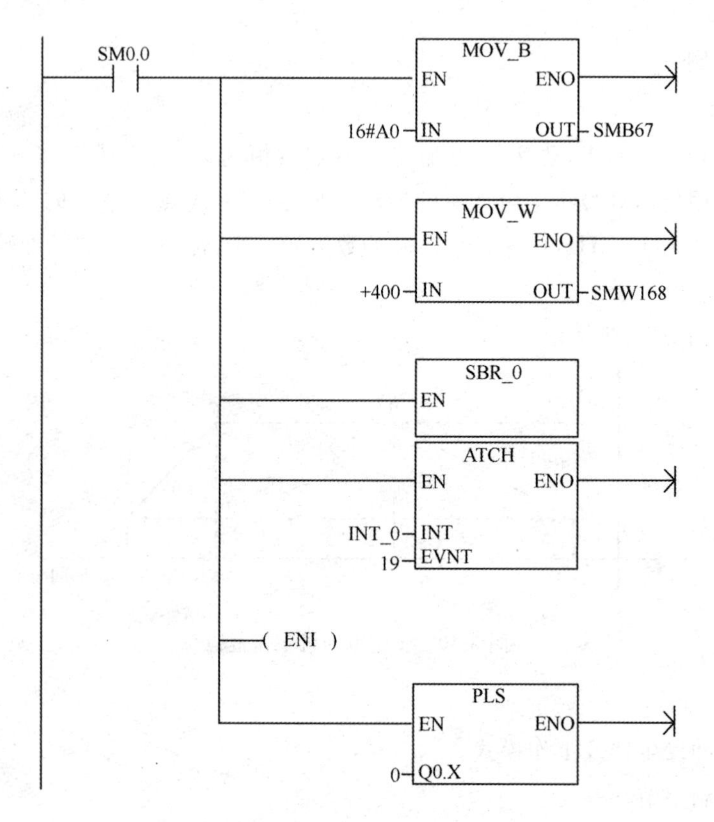

图 3-42　子程序 SBR_1

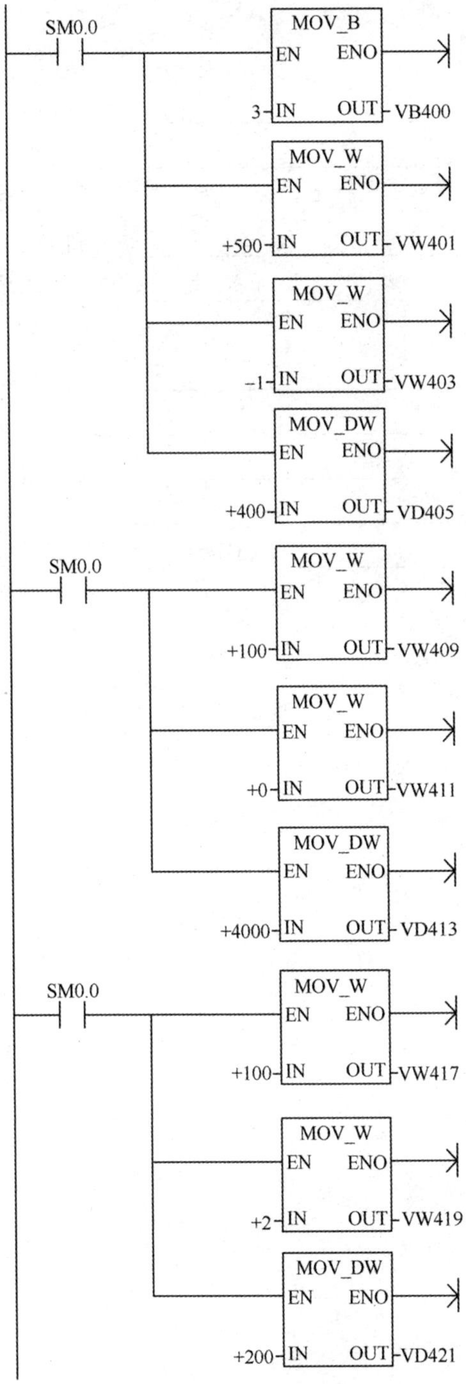

```
LD    SM0.0           //运行脉冲
MOVB  3,VB400         //定义开始字节为 VB400 装入段数 3
MOVW  +500,VW401      //第 1 段周期初值为 500 ms
MOVW  -1,VW403        //第 1 段周期增量为 -1
MOVD  +400,VD405      //第 1 段脉冲数为 400 个
MOVW  +100,VW409      //第 2 段周期初值为 100 ms
MOVW  0,VW411         //第 2 段周期增量为 0
MOVD  +4000,VD413     //第 2 段脉冲数为 4 000 个
MOVW  +100,VW417      //第 3 段周期初值为 100 ms
MOVW  +2,VW419        //第 3 段周期增量为 +2 ms
MOVD  +200,VD421      //第 3 段脉冲数为 200 个
```

图 3-43　包络表子程序

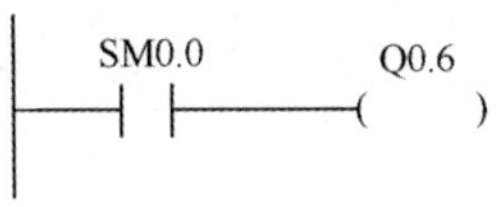

```
LD  SM0.0    //运行脉冲
=   Q0.6     //脉冲串全部输出
             //完成后将 Q0.6 置“1”
```

图 3-44　中断程序

习　题

1. 可编程序控制器系统由________、________、________组成。

2. PLC 输出电路结构形式分为________、________、________。

3. 可编程序控制器采用____________的工作方式。

4. PLC 一个扫描周期需经过________、________、________阶段。

5. S7-200 系列 PLC 的 SIMATIC 指令有________、________、________编程语言。

6. SHRB I1.0，M1.0，+10 是实现________________。

7. SWAP QW0 是实现________________。

8. SM0.0 是________________。

9. TON T37，+300 延时时间是________________。

10. 执行 MOV_W 16#0F3D，VW0 后，VB0＝________，VB1＝________，VB2＝________。

模块四 编写可编程序控制器程序

任务一 掌握编程原则

学习了 PLC 的指令系统之后，就可以根据系统的控制要求编制程序，下面进一步说明编制程序的基本原则。

(1) 输入/输出继电器，内部辅助继电器、定时器、计数器等器件的触点可多次重复使用，无须用复杂的程序结构来减少触点的使用次数。

(2) 梯形图每一行都是从左母线开始，线圈接在最右边，触点不能放在线圈的右边，如图 4-1所示。

(3) 线圈不能直接与左母线相连。如果需要，可以通过一个没有使用过的内部辅助继电器的常闭触点或者特殊功能继电器 SM0.0(常开)来连接，如图 4-2 所示。

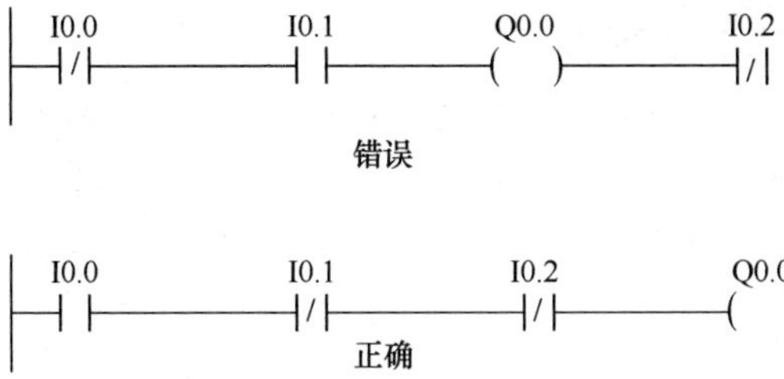

I0.0
I0.1
Q0.0
I0.2
错误
I0.0
I0.1
I0.2
Q0.0
正确

图 4-1 线圈接在最右边

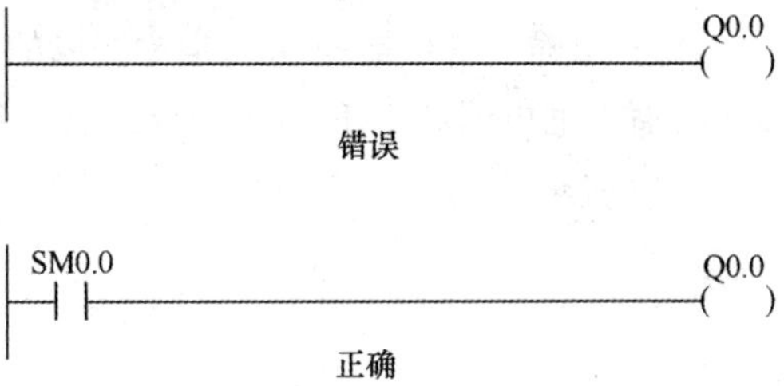

Q0.0
错误
SM0.0
Q0.0
正确

图 4-2 线圈不能直接与左母线相连

(4) 同一编号的继电器线圈在一个程序中不得重复使用，如图 4-3 所示。

(5) 在梯形图中串联触点使用的次数没有限制，可无限次的使用，如图 4-4 所示。

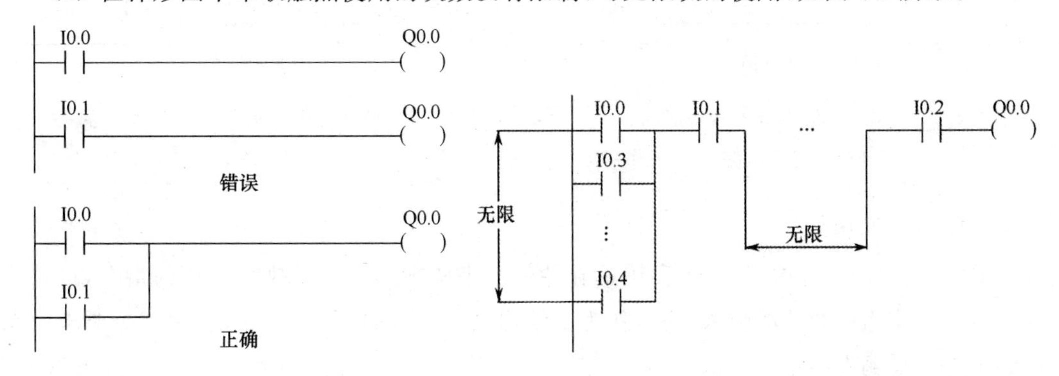

I0.0
Q0.0
I0.1
Q0.0
错误
I0.0
Q0.0
I0.1
正确

图 4-3 同一线圈不得重复使用

I0.0
I0.1
…
I0.2
Q0.0
I0.3
无限
无限
I0.4

图 4-4 串联触点使用的次数没有限制

(6) 把串联触点多的电路写在梯形图上方，如图 4-5 所示。

(7) 把并联触点多的电路写在梯形图左方,如图 4-6 所示。

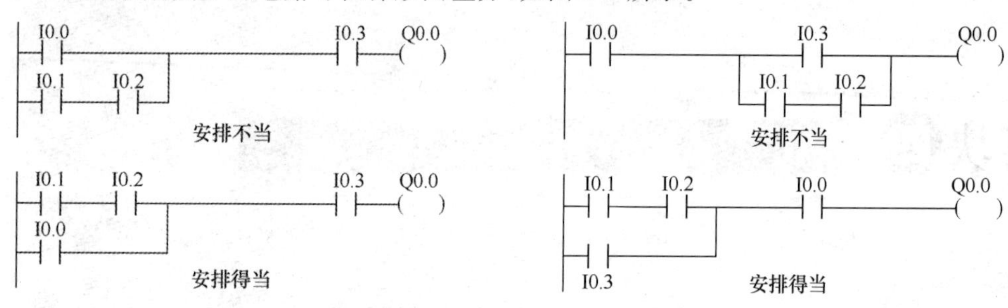

图 4-5　串联触点多的电路写在梯形图上方　　图 4-6　并联触点多的电路写在梯形图左方

任务二　掌握基本电路

一、启动和复位电路

在 PLC 的程序设计中,启动和复位电路是构成梯形图的最基本的也是最常用的电路。

(一) 输入和输出继电器构成的启动和复位电路

由输入/输出继电器构成的启动和复位电路。梯形图,如图 4-7(a)所示;时序图,如图 4-7(b)所示。

(二) 由输入继电器和 S、R 指令构成的启动和复位电路

由输入继电器和 S、R 指令构成的启动和复位电路。梯形图,如图 4-8(a)所示;时序图,如图 4-8(b)所示。

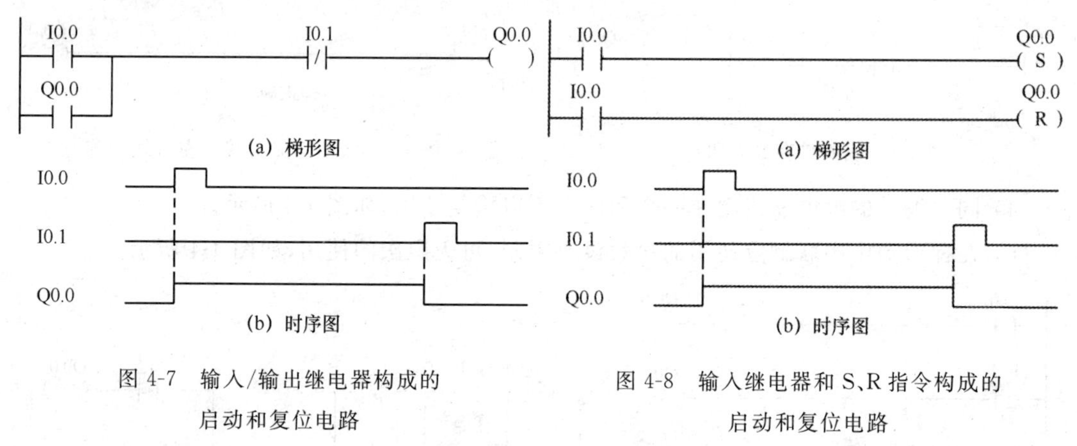

图 4-7　输入/输出继电器构成的启动和复位电路　　图 4-8　输入继电器和 S、R 指令构成的启动和复位电路

二、边沿触发电路

在 PLC 的程序设计中,经常需要用单脉冲信号来实现一些只需执行一次的指令,这些单脉冲信号又可作为计数器的输入,还可作为系统启动、停止的信号。还有,逻辑指令要求前端电路必须是边沿触发指令。

(一) 上升沿触发指令

上升沿触发指令电路。梯形图,如图 4-9(a)所示;时序图,如图 4-9(b)所示。

（二）下降沿触发指令

下降沿触发指令电路。梯形图，如图 4-10(a)所示；时序图，如图 4-10(b)所示。

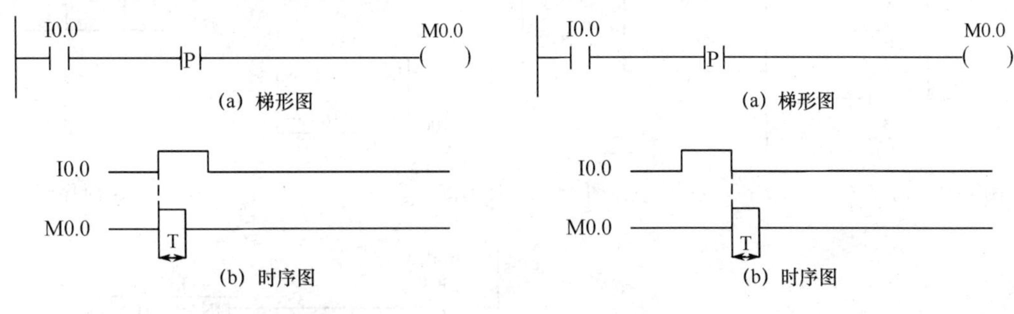

图 4-9　上升沿触发指令电路　　　　图 4-10　下降沿触发指令电路

三、延时电路

延时电路是 PLC 控制中经常用到的一种基本电路，它有着很广泛的用途。除了定时的功能以外，还可以实现一些复杂问题的简单化。

根据定时器的分类延时电路分为延时导通电路和延时关断电路。

（一）延时导通电路

上一章讲到延时导通定时器，原理如图 3-11所示，前面已经讲到图是为了讲原理，但是到了实际中不可以用，因为 TON 要想正常工作，其前端电路导通时间必须大于其定时时间，图 3-11 所示梯形图不可以用。应该用图 4-11 所示电路。

（二）延时关断电路

现场定时有延时导通电路，也有延时关断电路，其时序图，如图 4-12 所示。

欲实现上述时序图，可以利用图 4-13 方式实现。

实现图 4-14 的时序，还可以利用 TOF(图 4-15)实现。

图 4-13 和图 4-15 的梯形图的执行是有区别的，其执行时序分别如图 4-12 和图 4-14 所示。

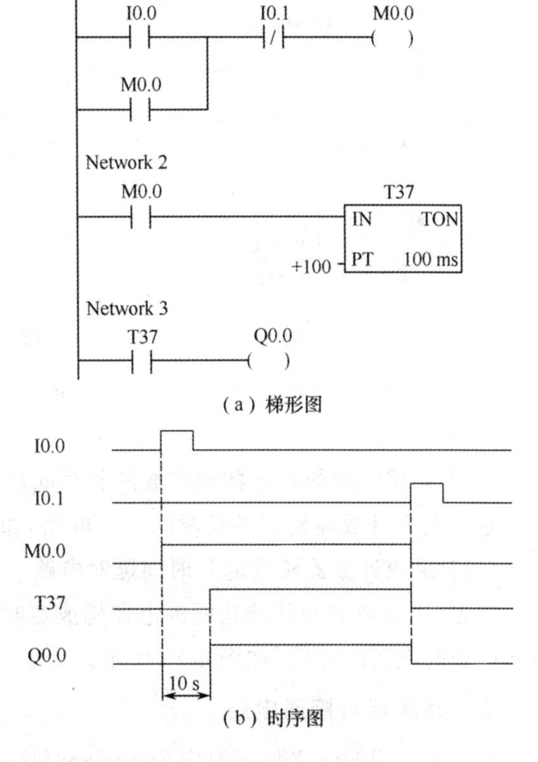

图 4-11　延时导通电路

四、长时间延时电路

定时器的定时时间范围：0～3 276.7 s，如果需要定时时间比这个时间长，那么就需要用长时间延时电路来解决问题。

（一）采用两个或两个以上定时器构成的长时间延时电路

两个或两个以上定时器构成的长时间延时电路，如图 4-16 所示。

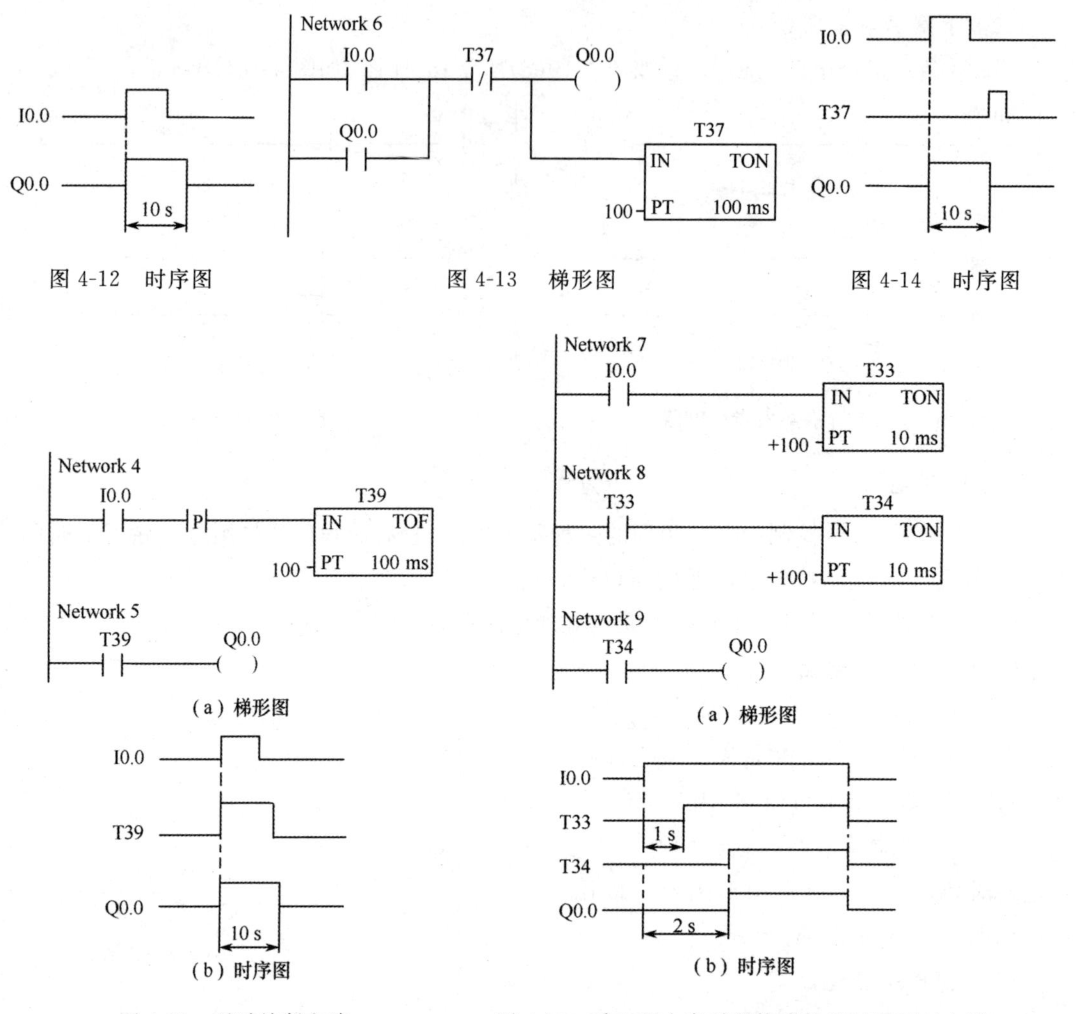

图 4-12　时序图

图 4-13　梯形图

图 4-14　时序图

图 4-15　延时关断电路

图 4-16　采用两个定时器构成的长时间延时电路

当用两个定时器时这种方法可将定时时间扩展至一个定时器的两倍，如采用 n 个定时器，则可扩展至 n 倍。

(二) 采用定时器和计数器构成的长时间延时电路

定时器和计数器构成的长时间延时电路，如图 4-17 所示。

(三) 采用计数器构成的长时间延时电路

首先，用计数器和特殊功能继电器构成定时器，其次类似(二)的方式连接，就构成了这种形式的长时间延时电路，如图 4-18 所示。

五、顺序延时接通电路

为了便于说明定义如下时序为顺序延时接通电路，如图 4-19 所示。

(一) 采用定时器并联的电路

采用定时器并联电路梯形图，如图 4-20 所示。

(二) 采用定时器首尾相接的电路

采用定时器首尾相接电路的梯形图，如图 4-21 所示。

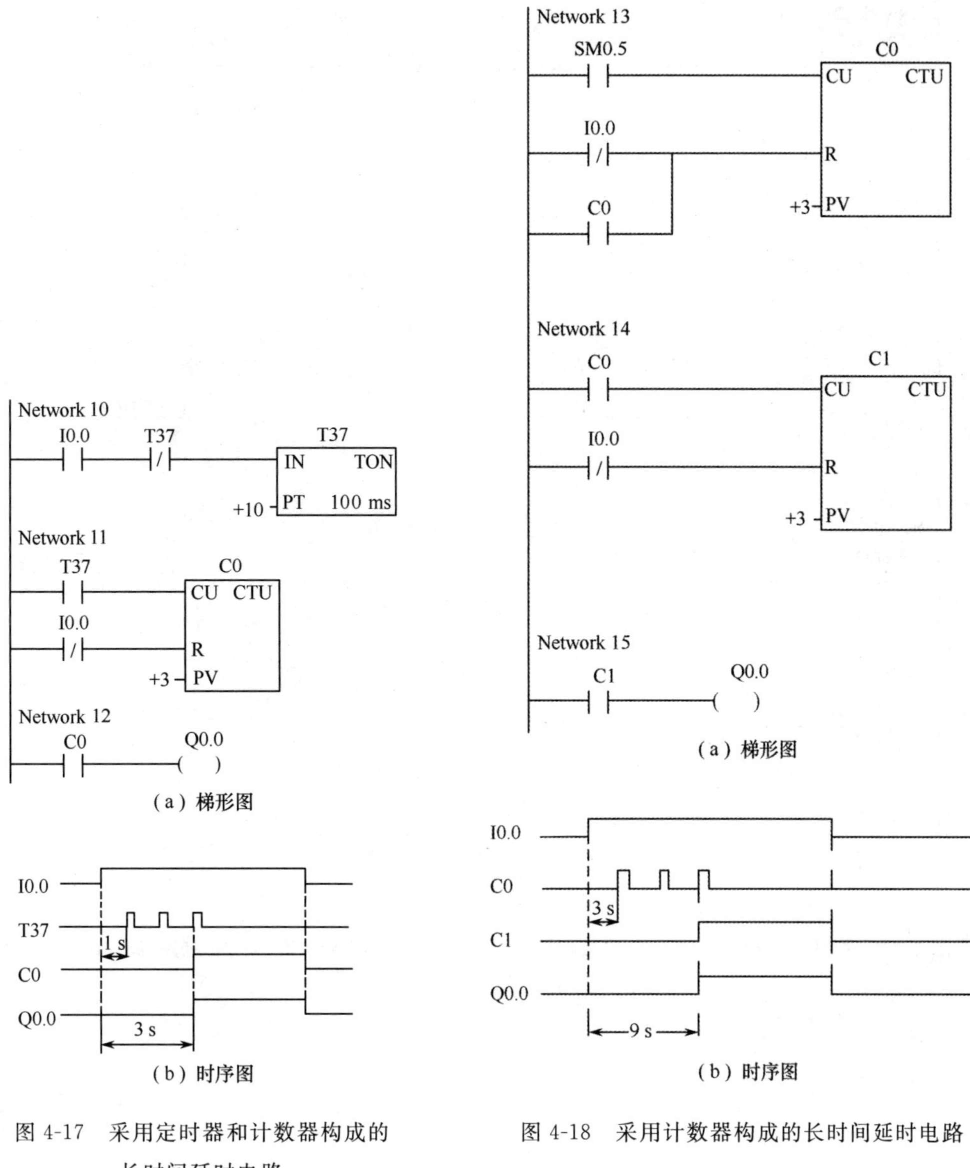

图 4-17 采用定时器和计数器构成的长时间延时电路

图 4-18 采用计数器构成的长时间延时电路

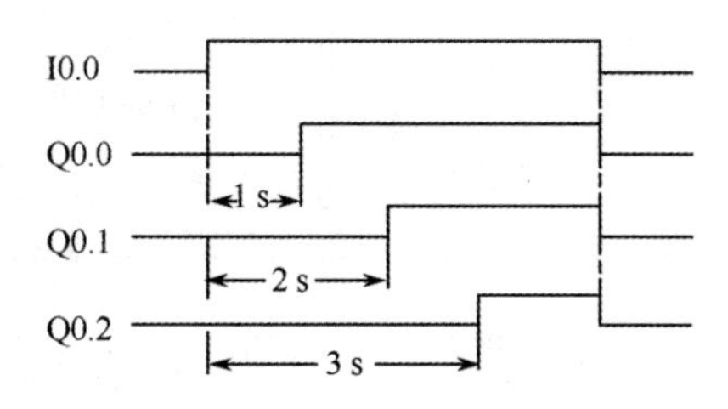

图 4-19 顺序延时接通时序图

六、顺序循环执行电路

(一) 采用逻辑指令构成的顺序循环执行电路

采用逻辑指令构成的顺序循环执行电路,如图 4-22 所示。

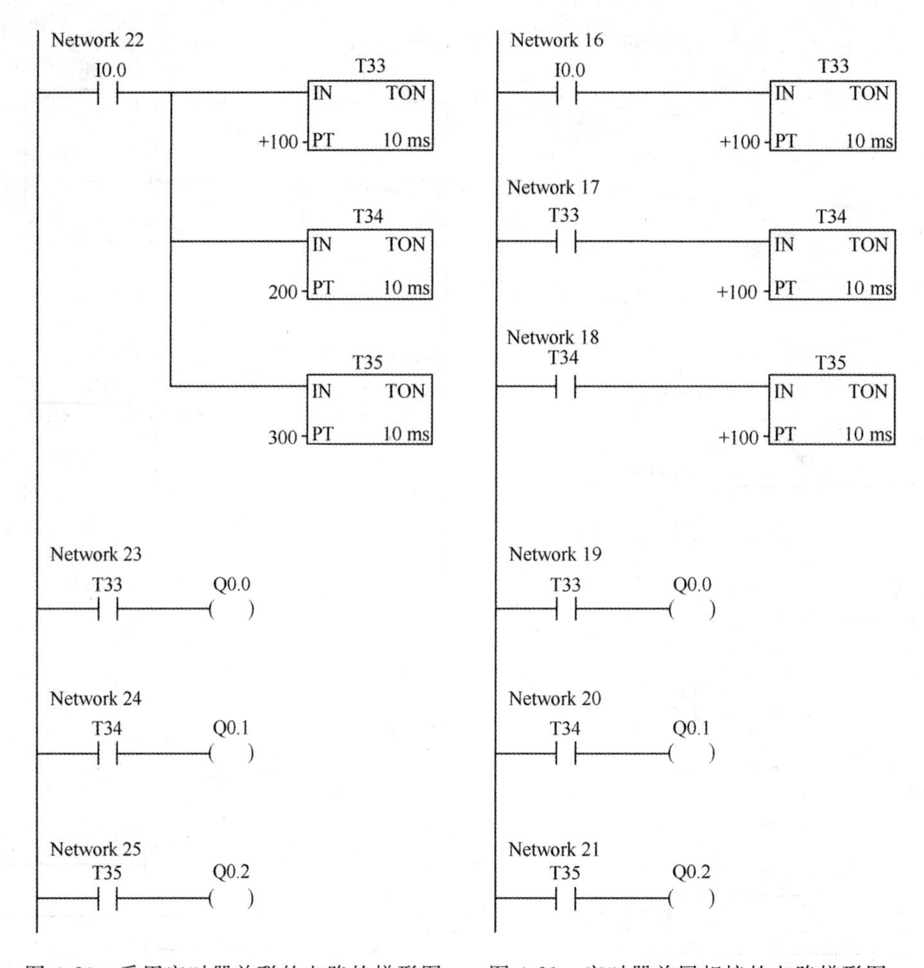

图 4-20 采用定时器并联的电路的梯形图　　图 4-21 定时器首尾相接的电路梯形图

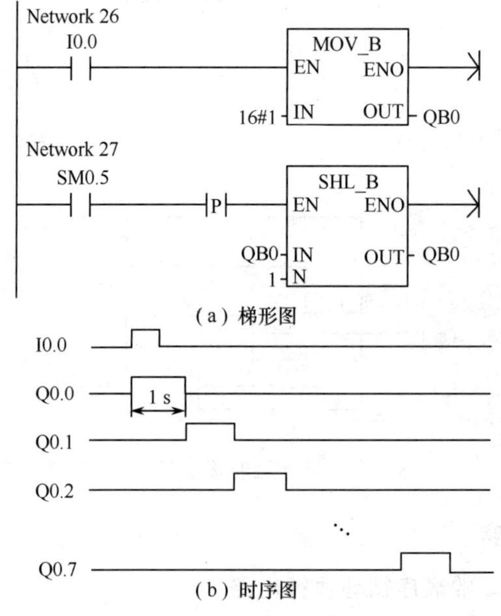

图 4-22 逻辑指令构成的顺序循环执行电路

（二）采用定时器构成的顺序循环执行电路

采用定时器构成的顺序循环执行电路，如图 4-23 所示。

七、优先电路

当有多个输入时，电路仅接收第一个输入的信号，而对以后的信号不予接收，即输入优先。其电路梯形图，如图 4-24 所示。

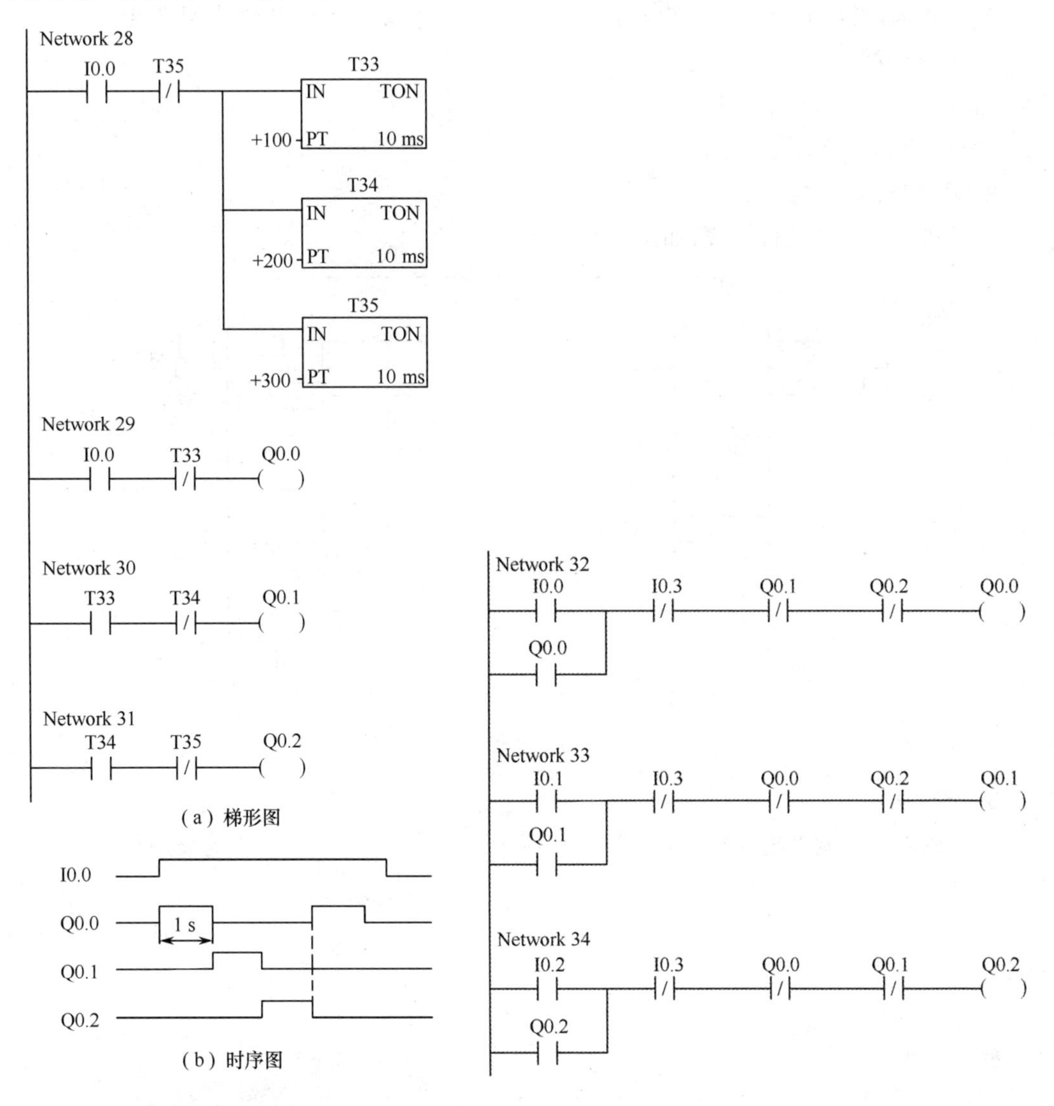

图 4-23　定时器构成的顺序循环执行电路　　　　图 4-24　优先电路梯形图

任务三　编写 S7-200 实例程序

PLC 程序有两种形式，梯形图程序和指令程序，分别对应梯形图符号和助记符指令。编程时通常是用梯形图符号写梯形图程序，再转化成助记符指令程序。在编程以前，必须解决一些环境问题，这就需要 I/O 分配和硬件连线。所以做一个题目，或者完成一个 PLC 控制系统，共分四步:I/O分配、硬件连线、梯形图、STL指令。

在本节中,以例题为核心,以编程为主线,在按照步骤解决例题的过程中来熟悉PLC的相关知识。

【例4-1】电动机启停控制系统。

用按钮QA、TA控制电动机M。

控制要求:当按下按钮QA,电动机M得电;当按下按钮TA,电动机M失电。

1. I/O分配

输入。S0:I0.0;R1:I0.1。

输出。Y:Q0.0。

2. 硬件连线

电动机启停控制硬件连线,如图4-25所示。

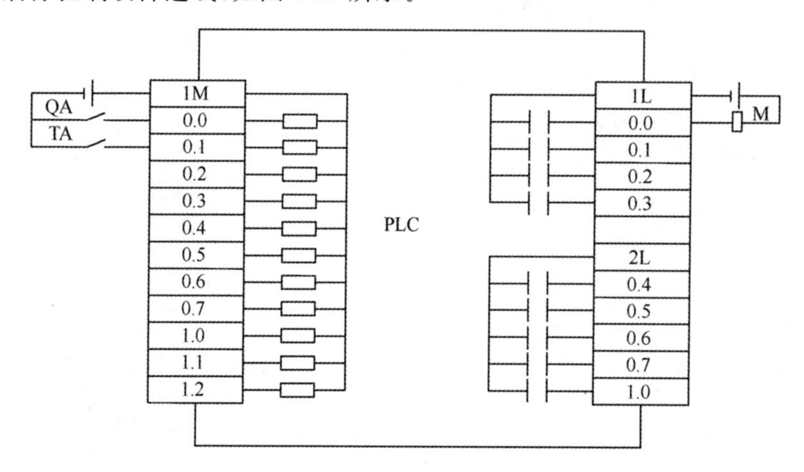

图4-25 电动机启停控制系统硬件连线图

3. 梯形图

电动机启停控制系统梯形图,如图4-26所示。

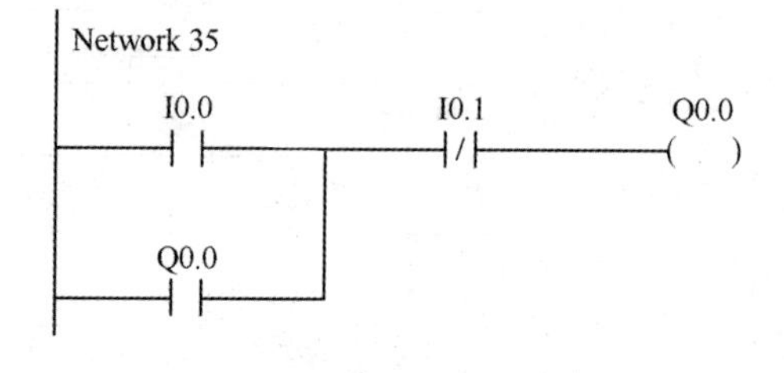

图4-26 电动机启停控制系统梯形图

4. 指令表

```
Network 35
LD    I0.0
O     Q0.0
AN    I0.1
=     Q0.0
```

【例4-2】延时开灯电路。

用按钮Q1、Q2控制灯L。

控制要求:Q1↓ $\xrightarrow{3\ s}$ L亮,Q2↓L灭。

1. I/O分配

输入。Q1:I0.0;Q2:I0.1。

输出。L:Q0.0。

2. 硬件连线

延时开灯电路硬件连线，如图 4-27 所示。

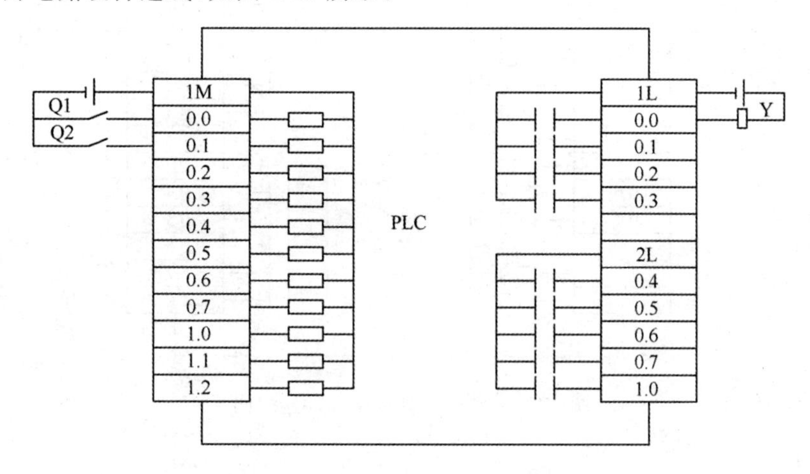

图 4-27　延时开灯电路硬件连线图

3. 梯形图

延时开灯电路梯形图，如图 4-28 所示。

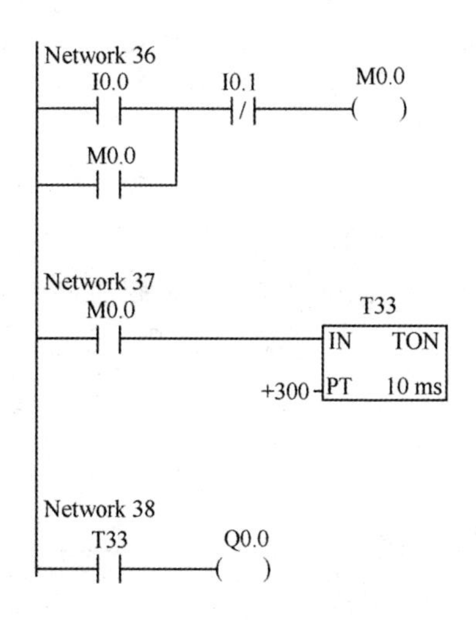

图 4-28　延时开灯电路梯形图

4. 指令表

```
Network 36
LD      I0.0
O       M0.0
AN      I0.1
=        M0.0
Network 37
LD      M0.0
TON     T33, +300
Network 38
LD      T33
=        Q0.0
```

【例 4-3】延时关灯电路，用按钮 Q 控制灯 L。

控制要求：当 Q↓L 亮 $\xrightarrow{2\ s}$ L 灭。

1. I/O 分配

输入。Q：I0.0。

输出。L：Q0.0。

2. 硬件连线

延时关灯电路硬件连线，如图 4-29 所示。

3. 梯形图和指令表

(1) 方法一：

① 延时关灯电路梯形图，如图 4-30 所示。

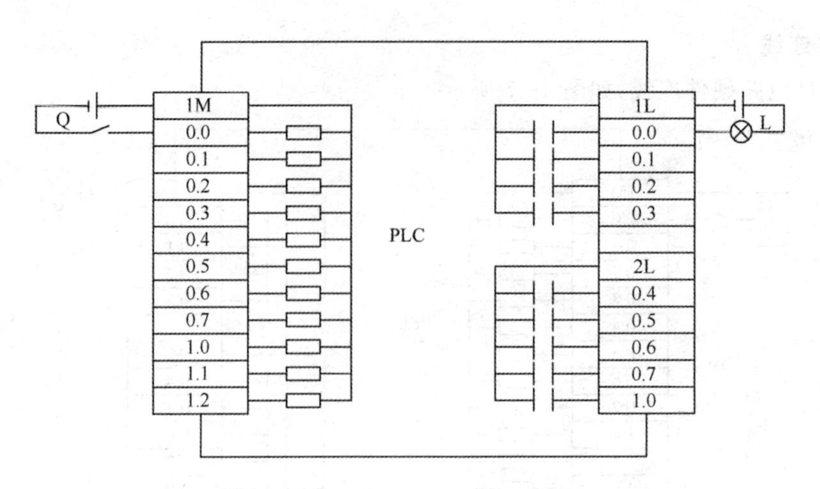

图 4-29　延时关灯电路硬件连线图

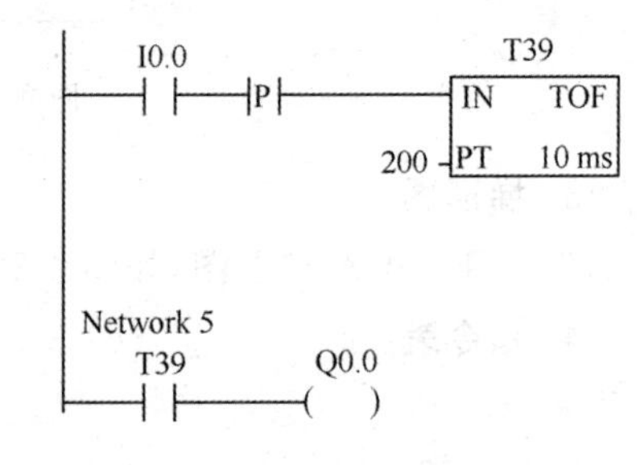

图 4-30　延时关灯电路梯形图

② 指令表：

```
Network 4
LD      I0.0
EU
TOF     T39, 200
Network 5
LD      T39
=       Q0.0
```

(2) 方法二：

① 延时关灯梯形图如图 4-31 所示。

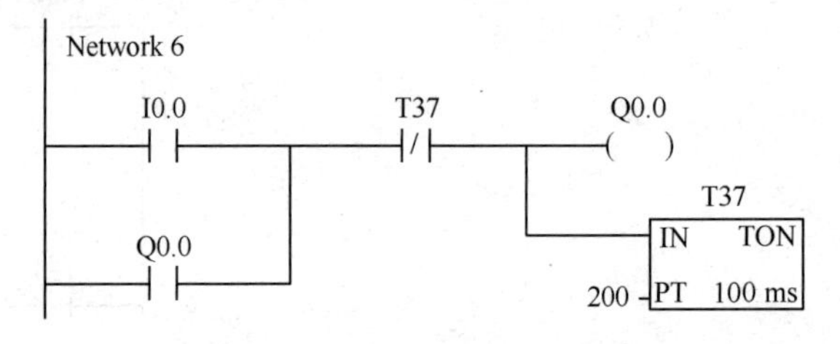

图 4-31　延时关灯电路梯形图

② 指令表：

```
Network 6
LD      I0.0
O       Q0.0
AN      T37
=       Q0.0
TON     T37, 100
```

【例 4-4】自动开关门电路，示意图如图 4-32 所示。

控制要求：

当车到来（传感器 S 为 ON）时，ZC 得电开门；门到上限（上限开关 S 上为 ON）时，ZC 失

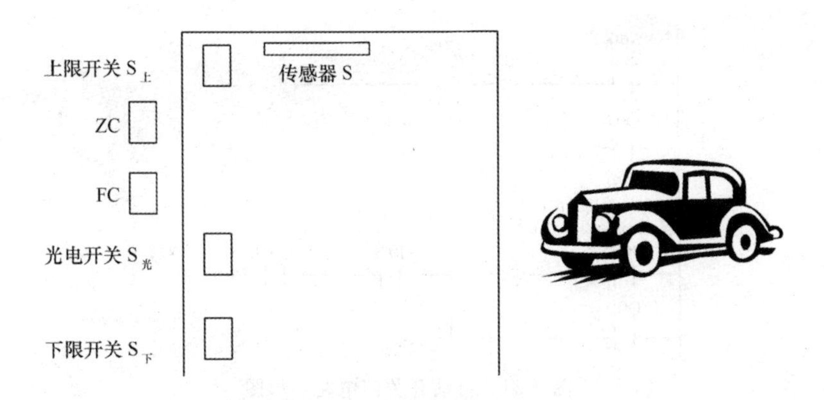

图 4-32　自动开关门电路示意图

电，停止开门。

当车进门后（光电开关 $S_{光}$ 有动作）时，FC 得电关门；门到下限（下限开关 $S_{下}$ 为 ON）时，FC 失电，停止关门。

1. **I/O 分配**

输入。S：I0.0；$S_{上}$：I0.1；$S_{光}$：I0.2；$S_{下}$：I0.3。

输出。ZC：Q0.0；FC：Q0.1。

2. **硬件连线**

自动开关门硬件连线，如图 4-33 所示。

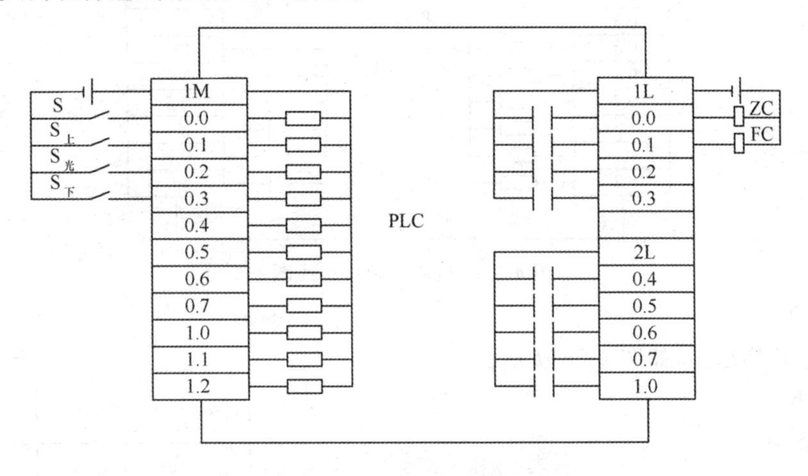

图 4-33　自动开关门硬件连线图

3. **梯形图**

自动开关门电路梯形图，如图 4-34 所示。

4. **指令表**

留作作业（注意下降沿）。

【例 4-5】包装机。

一台包装机，用光电开关 S 对生产线进行检测计数，当计到第 5 个产品时，驱动线圈 C 工作 2 s。

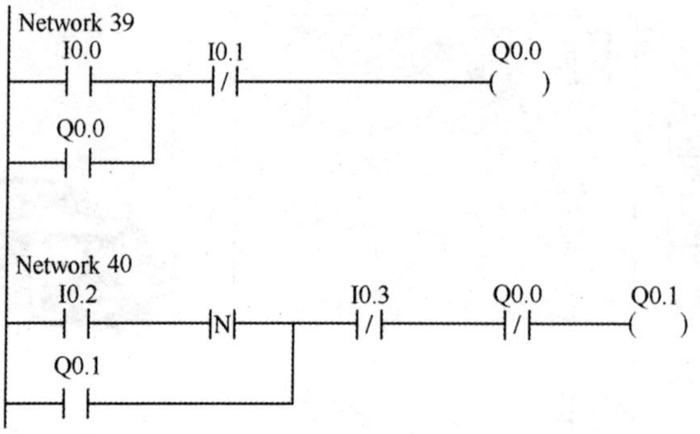

图 4-34　自动开关门电路梯形图

1. I/O 分配

输入。S：I0.0。

输出。C：Q0.0。

2. 硬件连线

包装机硬件连线图，如图 4-35 所示。

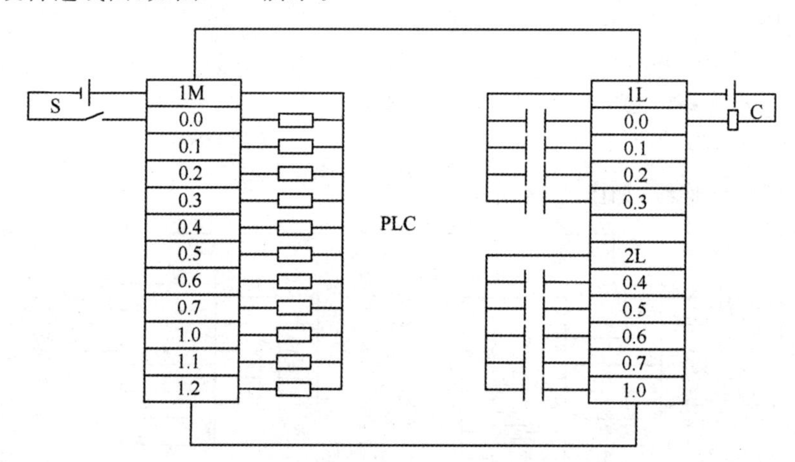

图 4-35　包装机硬件连线图

3. 梯形图

包装机电路梯形图，如图 4-36 所示。

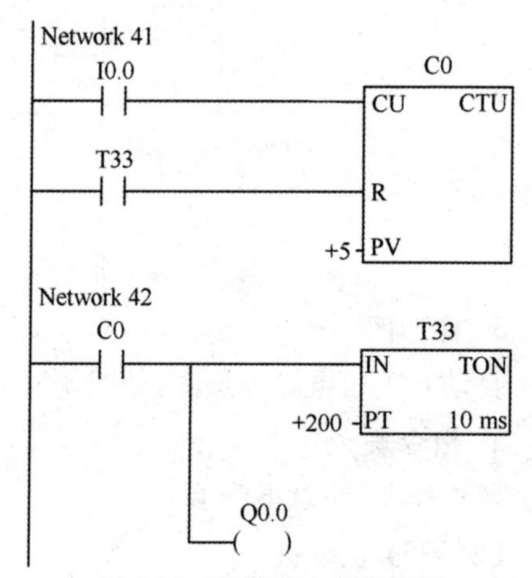

图 4-36　包装机电路梯形图

4. 指令表

```
Network 41
LD      I0.0
LD      T33
CTU     C0, +5
Network 42
LD      C0
TON     T33, +200
=       Q0.0
```

【例 4-6】用按钮 QA、TA 控制 8 个灯 L0、L1、L2、L3、L4、L5、L6、L7。

控制要求：QA↓仅 L0 亮$\xrightarrow{1\,s}$仅 L1 亮…仅 L7 亮$\xrightarrow{1\,s}$仅 L0 亮循环；TA↓全灭。

1. I/O 分配

输入。QA：I0.0；TA：I0.1

输出。L0：Q0.0；L1：Q0.1；L2：Q0.2；L3：Q0.3；

L4：Q0.4；L5：Q0.5；L6：Q0.6；L7：Q0.7

2. 硬件连线

按钮 QA、TA 控制 8 个灯的硬件连线，如图 4-37 所示。

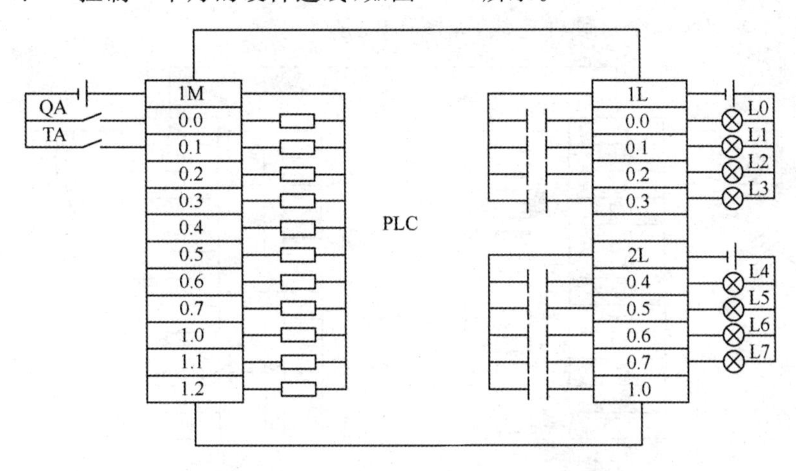

图 4-37　按钮 QA、TA 控制 8 灯的硬件连线图

3. 梯形图

按钮 QA、TA 控制 8 个灯的电路梯形图，如图 4-38 所示。

4. 指令表

```
Network 43
LD      I0.0
O       M0.0
AN      I0.1
=       M0.0
Network 44
LD      I0.0
EU
MOVB    1, QB0
Network 45
LD      M0.0
A       SM0.5
EU
RLB     QB0, 1
Network 46
LD      I0.1
EU
```

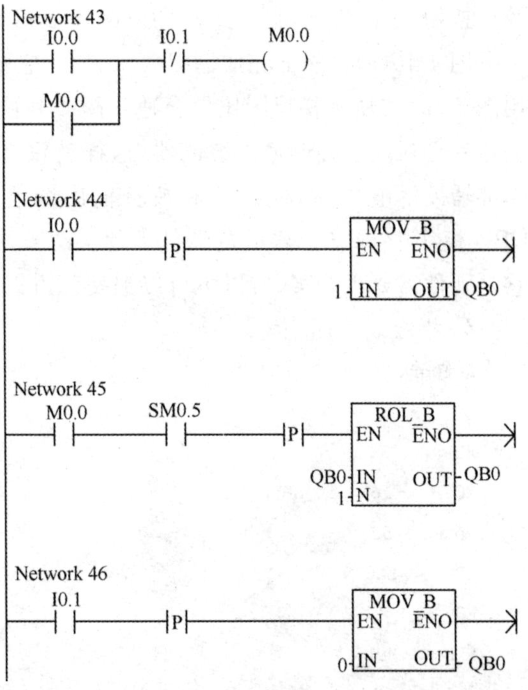

图 4-38　按钮 QA、TA 控制 8 个灯的电路梯形图

```
MOVB    0,QB0
```

【例 4-7】用按钮 QA、TA 控制 4 个灯 L0、L1、L2、L3。

控制要求：QA↓仅 L0、L2 亮 —1 s→ 仅 L1、L3 亮 —1 s→ 仅 L0 L2 亮循环；TA↓全灭。

1. **I/O 分配**

输入。QA：I0.0；TA：I0.1。

输出。L0：Q0.0；L1：Q0.1；L2：Q0.2；L3：Q0.3。

2. **硬件连线**

按钮 QA、TA 控制 4 个灯硬件连线，如图 4-39 所示。

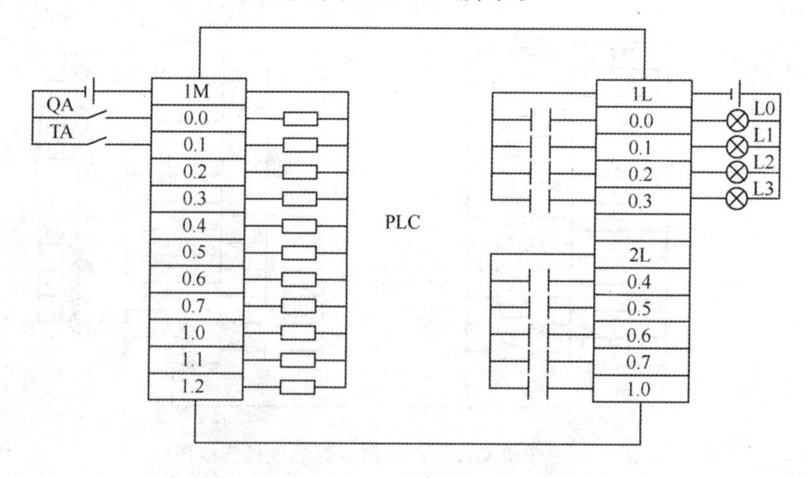

图 4-39　按钮 QA、TA 控制 4 个灯硬件连线图

3. **梯形图**

按钮 QA、TA 控制 4 个灯的电路梯形图如图 4-40(a)。

图 4-40(a)虽然能完成题目要求，但是它浪费了 4 个输出点，这在工程上是不允许的，应该用图 4-40(b)所示梯形图比较合适。图 4-40(b)用了 M 字节作为操作模块，再用 M 字节的继电器一一对应地控制输出继电器，这样就没有浪费输出继电器。虽然在图 4-40(b)中浪费了内部辅助继电器 M，但是这和浪费输出继电器是不一样的。因为内部辅助继电器 M 含在 CPU 模块中，属于已经有的器件无须再购买，浪费它无关紧要。浪费输出继电器是不一样了，它是硬件需要再购买，所以不可以浪费。可以将图 4-40(a)改进为图 4-40(b)。

4. **指令表**

```
Network 52
LD     I0.0
EU
MOVB    16#55, MB1
Network 53
LD     SM0.5
EU
RLB    MB1, 1
Network 54
```

```
LD      I0.1
EU
MOVB    0, MB1
Network 55
LD      M1.0
=       Q0.0
Network 56
LD      M1.1
=       Q0.1
Network 57
LD      M1.2
=       Q0.2
Network 58
LD      M1.3
=       Q0.3
```

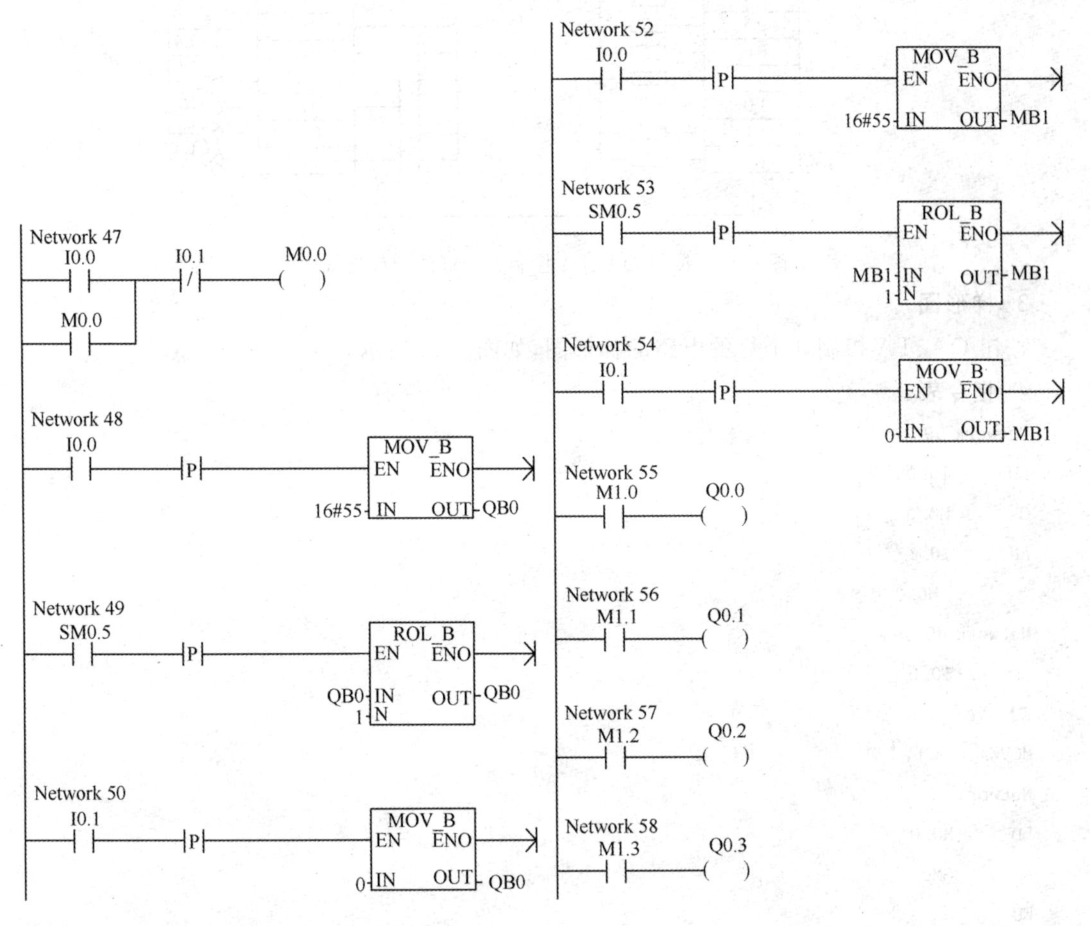

(a)按钮 QA、TA 控制 4 个灯的电路梯形图　　(b)改进后的梯形图

图 4-40　按钮 QA、TA 控制 4 个灯

【例 4-8】用按钮 QA、TA 控制 9 个灯 L0、L1、L2、L3、L4、L5、L6、L7、L8。

控制要求：QA↓仅 L0 亮 $\xrightarrow{1\ s}$ 仅 L1 亮…仅 L7 亮 $\xrightarrow{1\ s}$ 仅 L8 亮 $\xrightarrow{1\ s}$ 仅 L0 亮循环；TA↓全灭。

1. I/O 分配

输入。QA：I0.0；TA：I0.1。

输出。L0：Q0.0；L1：Q0.1；L2：Q0.2；L3：Q0.3；

L4：Q0.4；L5：Q0.5；L6：Q0.6；L7：Q0.7；L8：Q1.0。

2. 硬件连线

按钮 QA、TA 控制 9 个灯的硬件连线，如图 4-41 所示。

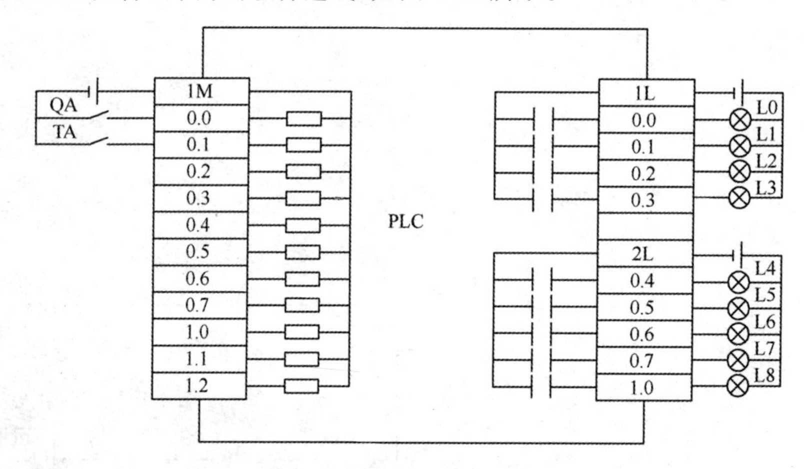

图 4-41　按钮 QA、TA 控制 9 个灯的硬件连线图

3. 梯形图

按钮 QA、TA 控制 9 个灯的电路的梯形图，如图 4-42 所示。

4. 指令表

```
Network 59
LD      I0.0
O       M0.0
AN      I0.1
=       M0.0
Network 60
LD      I0.0
EU
MOVW    +1, MW1
Network 61
LD      M0.0
A       SM0.5
EU
SHRB    M2.0, M1.0, +9
Network 62
```

```
LD      I0.1
EU
MOVW     +0, MW1
Network 63
LD      SM0.0
MOVB    MB1, QB0
Network 64
LD      M2.0
=        Q1.0
```

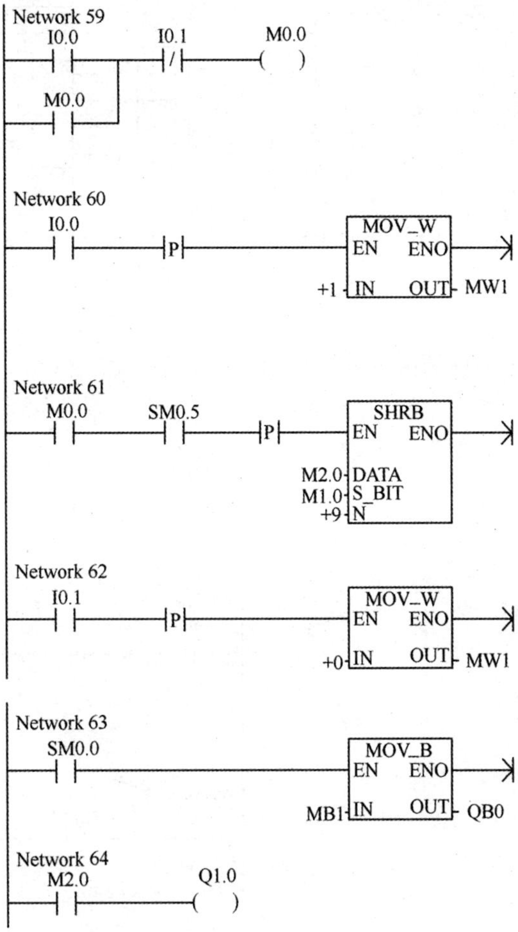

图 4-42　梯形图

【例 4-9】用按钮 QA、TA 控制 8 个灯 L0、L1、L2、L3、L4、L5、L6、L7。

控制要求：QA↓仅 L0 亮 $\xrightarrow{1\ s}$ 仅 L1 亮…仅 L7 亮 $\xrightarrow{1\ s}$ 全灭 $\xrightarrow{1\ s}$ 仅 L0 亮循环；TA↓全灭。

1. **I/O 分配**

输入。QA：I0.0；TA：I0.1。

输出。L0:Q0.0;L1:Q0.1;L2:Q0.2;L3:Q0.3;
L4:Q0.4;L5:Q0.5;L6:Q0.6;L7:Q0.7。

2. 硬件连线

按钮 QA、TA 控制 8 个灯硬件连线,如图 4-43 所示。

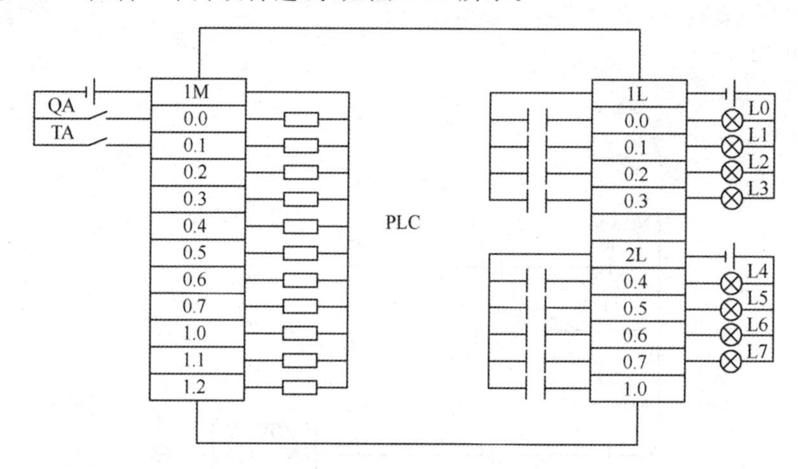

图 4-43 硬件连线图

3. 梯形图

按钮 QA、TA 控制 8 个灯的电路的梯形图,如图 4-44 所示。

4. 指令表

```
Network 59
LD      I0.0
O       M0.0
AN      I0.1
=       M0.0
Network 60
LD      I0.0
EU
MOVW    +1, MW1
Network 61
LD      M0.0
A       SM0.5
EU
SHRB    M2.0, M1.0, +9
Network 62
LD      I0.1
EU
MOVW    +0, MW1
Network 63
LD      SM0.0
```

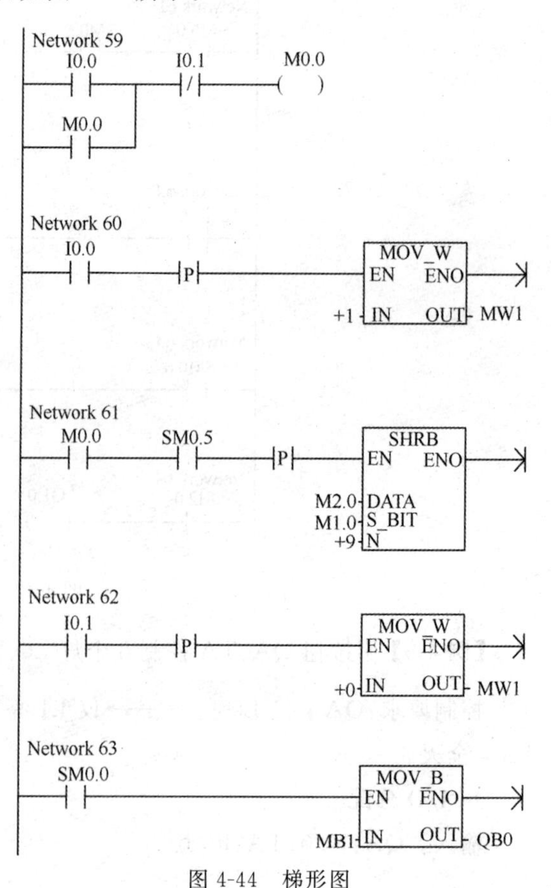

图 4-44 梯形图

```
MOVB    MB1, QB0
```

【例 4-10】用按钮 QA、TA 控制灯 L。

控制要求：QA↓L 亮$\xrightarrow{1\ s}$L 灭$\xrightarrow{7\ s}$L 亮循环；TA↓全灭。

1. **I/O 分配**

输入。QA：I0.0；TA：I0.1。

输出。L：Q0.0。

2. **硬件连线**

按钮 QA、TA 控制灯 L 硬件连线，如图 4-45 所示。

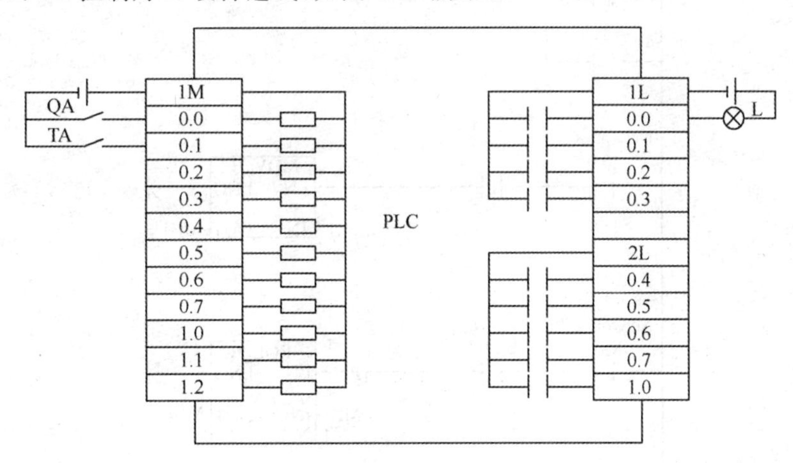

图 4-45　按钮 QA、TA 控制灯 L 的硬件连线图

3. **梯形图**

按钮 QA、TA 控制灯 L 的电路的梯形图，如图 4-46 所示。

4. **指令表**

```
Network 65
LD      I0.0
O       M0.0
AN      I0.1
=       M0.0
Network 66
LD      I0.0
EU
MOVB    1, MB1
Network 67
LD      M0.0
A       SM0.5
EU
RLB     M1.7, M1.0, +8
Network 68
```

```
LD      I0.1
EU
MOVB    0, MB1
Network 69
LD      M1.0
=       Q0.0
```

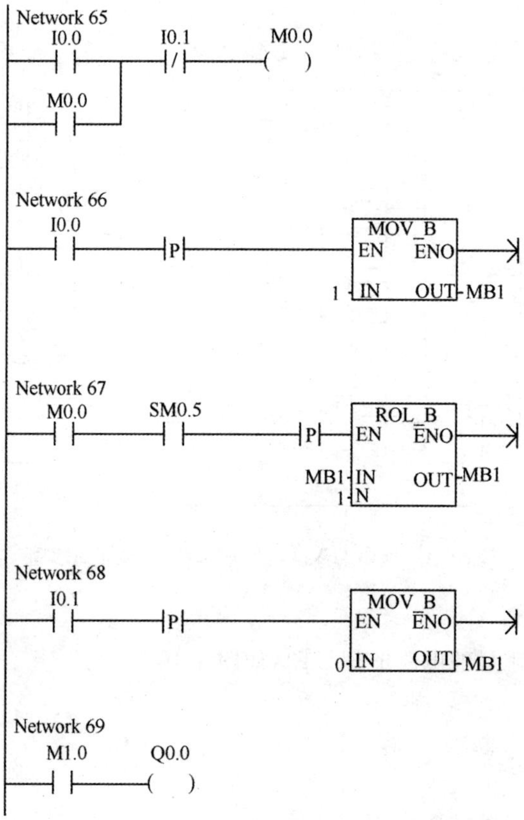

图 4-46　按钮 QA、TA 控制灯 L 的电路的梯形图

【例 4-11】用按钮 QA、TA 控制灯 L。

控制要求:QA↓L亮$\xrightarrow{1\ s}$L灭$\xrightarrow{8\ s}$L亮循环;TA↓全灭。

1. I/O 分配

输入。QA:I0.0;TA:I0.1。

输出。L:Q0.0。

2. 硬件连线

按钮 QA、TA 控制灯 L 硬件连线,如图 4-47 所示。

3. 梯形图

按钮 QA、TA 控制灯 L 的电路的梯形图,如图 4-48 所示。

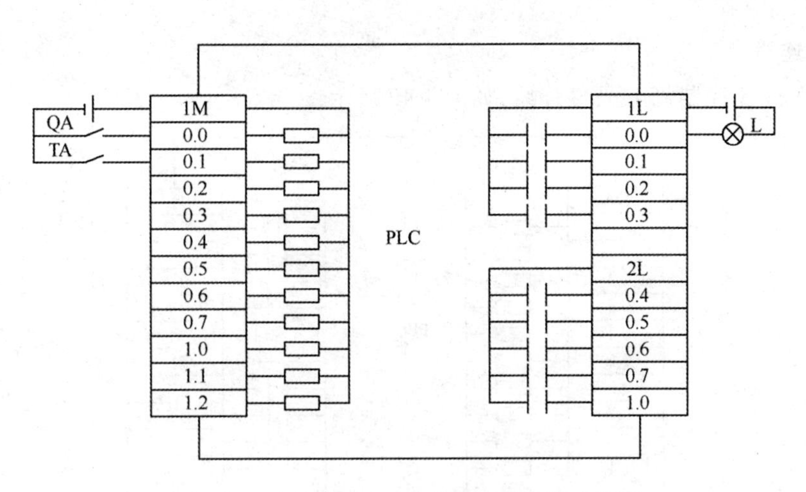

图 4-47　按钮 QA、TA 控制灯 L 的硬件连线图

4. 指令表

```
Network 70
LD      I0.0
O       M0.0
AN      I0.1
=        M0.0
Network 71
LD      I0.0
EU
MOVW    +1, MW1
Network 72
LD      M0.0
A       SM0.5
EU
SHRB    M2.0, M1.0, +9
Network 73
LD      I0.1
EU
MOVW    +0, MW1
Network 74
LD      M2.0
=        Q0.0
```

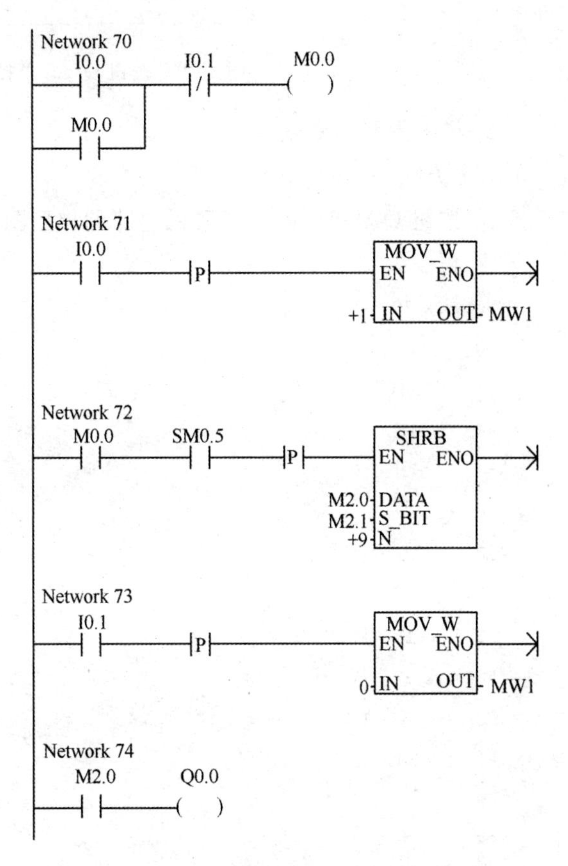

图 4-48　按钮 QA、TA 控制灯 L 的电路的梯形图

【例 4-12】用按钮 QA、TA 控制灯 L。

控制要求：QA↓L 亮 $\xrightarrow{7\ s}$ L 灭 $\xrightarrow{9\ s}$ L 亮循环；TA↓全灭。

1. I/O 分配

输入。QA：I0.0；TA：I0.1。

输出。L：Q0.0。

2. 硬件连线

按钮 QA、TA 控制灯 L 硬件连线,如图 4-49 所示。

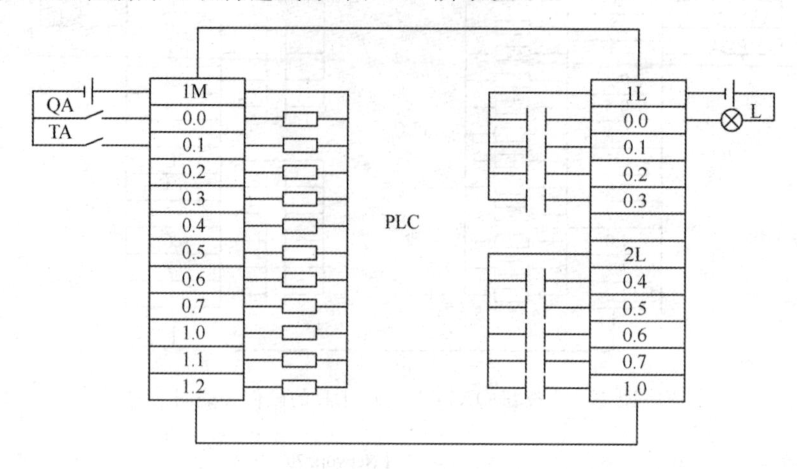

图 4-49　按钮 QA、TA 控制灯 L 的硬件连线图

3. 梯形图和指令表

(1) 方法一:

① 按钮 QA、TA 控制灯 L 的电路的梯形图,如图 4-50 所示。

② 指令表。

```
Network 70
LD      I0.0
O       M10.0
AN      I0.1
=        M10.0
Network 71
LD      I0.0
EU
MOVW     16#FE, MW0
Network 72
LD      M10.0
A       SM0.5
EU
SHRB    M1.7, M0.0, +16
Network 73
LD      I0.1
EU
MOVW     +0, MW0
Network 74
LD      M0.0
=        Q0.0
```

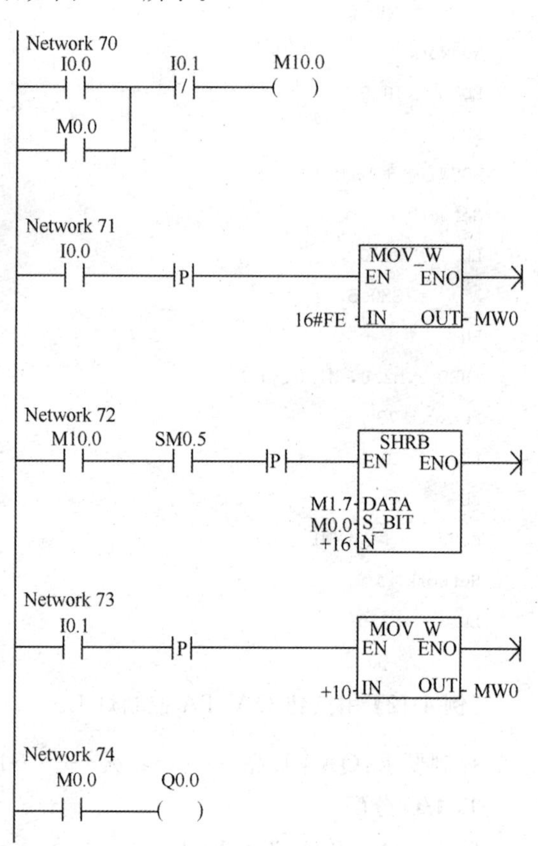

图 4-50　按钮 QA、TA 控制灯 L 的电路的梯形图

(2) 方法二：

① 梯形图如图 4-51 所示。

② 指令表。

```
Network 80
LD      I0.0
O       M0.0
AN      I0.1
=       M0.0
Network 81
LD      M0.0
AN      T34
TON     T33, +700
TON     T34, +1600
Network 82
LD      M0.0
AN      T33
=       Q0.0
```

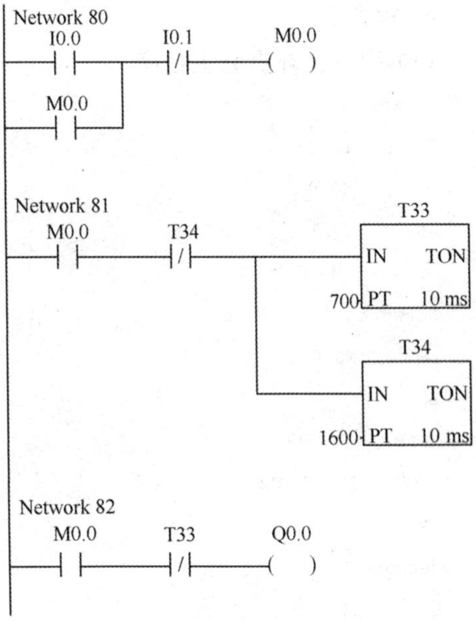

图 4-51　梯形图

【例 4-13】 彩灯循环点亮控制。

控制要求：用 QA 和 TA 控制 8 个灯 L0～L7，采用定时器中断的方式实现 L0～L7 输出的依次移位（间隔时间 1 s）。按下启动按钮 QA，移位从 L0 开始；按下停止按钮 TA，移位停止并清 0。

1. I/O 分配

输入。QA：I0.0；TA：I0.1。

输出。L0：Q0.0；L1：Q0.1；L2：Q0.2；L3：Q0.3；L4：Q0.4；L5：Q0.5；L6：Q0.6；L7：Q0.7。

2. 硬件连线

彩灯循环点亮控制硬件连线，如图 4-52 所示。

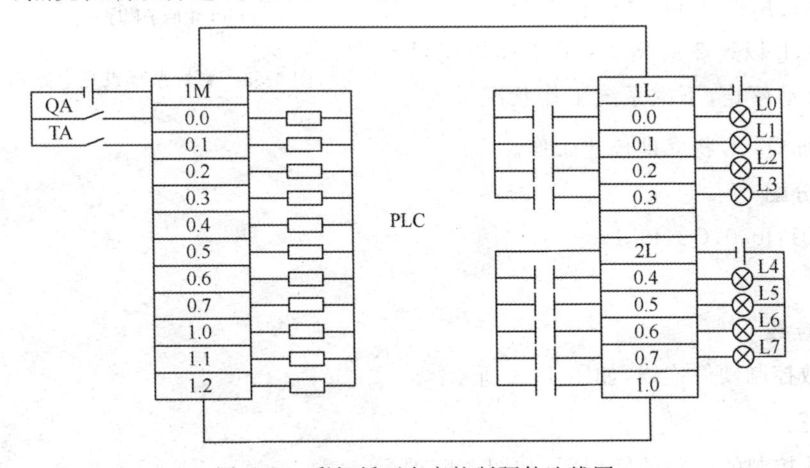

图 4-52　彩灯循环点亮控制硬件连线图

3. **梯形图**

彩灯循环点亮控制电路梯形图,如图 4-53 所示。

4. **指令表**

(1) 彩灯循环点亮主程序

```
Network 1
LD      I0.0
O       M0.0
AN      I0.1
=       M0.0
Network 2
LD      M0.0
EU
MOVB    1, QB0
ATCH    INT_0, 22
ENI
Network 3
LD      I0.1
R       Q0.0, 8
Network 4
LD      M0.0
AN      T96
TON     T96, 1000
```

(2) 彩灯循环点亮中断子程序 0

```
Network 1
LD      SM0.0
RLB     QB0, 1
```

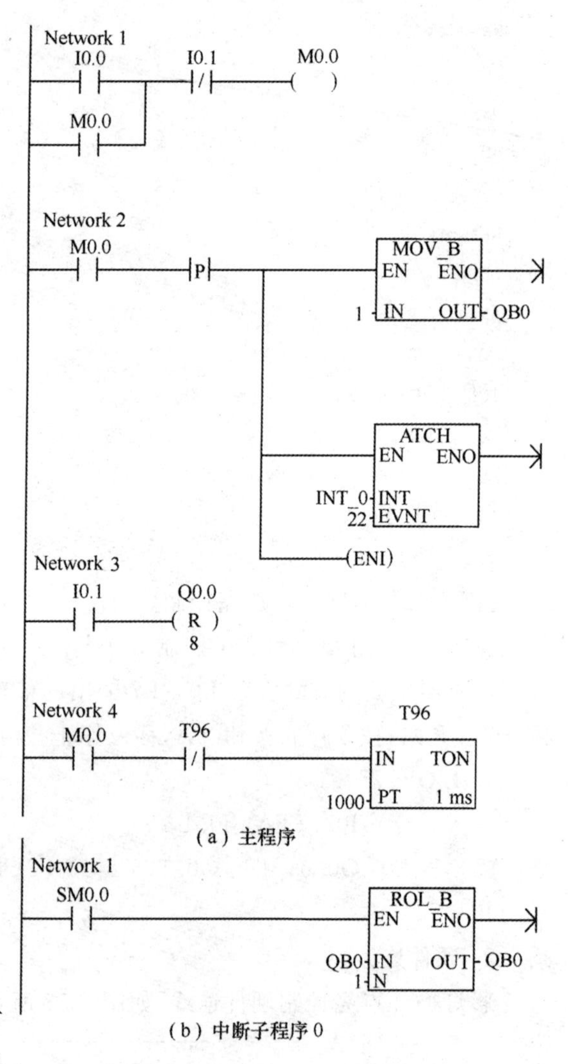

(a) 主程序

(b) 中断子程序 0

图 4-53 彩灯循环点亮电路梯形图

【例 4-14】闪烁计数控制。

控制要求:用按钮 Q1、Q2 控制灯 L,按下启动按钮 Q1,L 以灭 2 s、亮 4 s 的工作周期得电 20 次后自动停止;不论系统工作状况如何,按下停止按钮 Q2,L 将立即停止工作。

1. **I/O 分配**

输入。Q1:I0.0;Q2:I0.1。

输出。L:Q0.0。

2. **硬件连线**

闪烁计数控制硬件连线,如图 4-54 所示。

3. **梯形图**

闪烁计数控制的电路的梯形图,如图 4-55 所示。

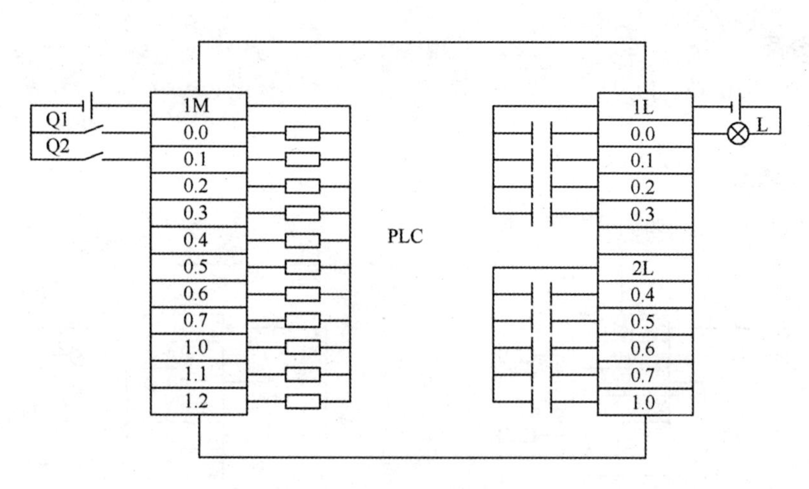

图 4-54　闪烁计数控制硬件连线图

4. 指令表

```
Network 1
LD      I0.0
O       M0.0
AN      I0.1
AN      C10
=       M0.0
Network 2
LD      M0.0
AN      T38
TON     T37, 20
Network 3
LD      T37
TON     T38, 40
=       Q0.0
Network 4
LD      Q0.0
LDN     M0.0
CTU     C10, 21
```

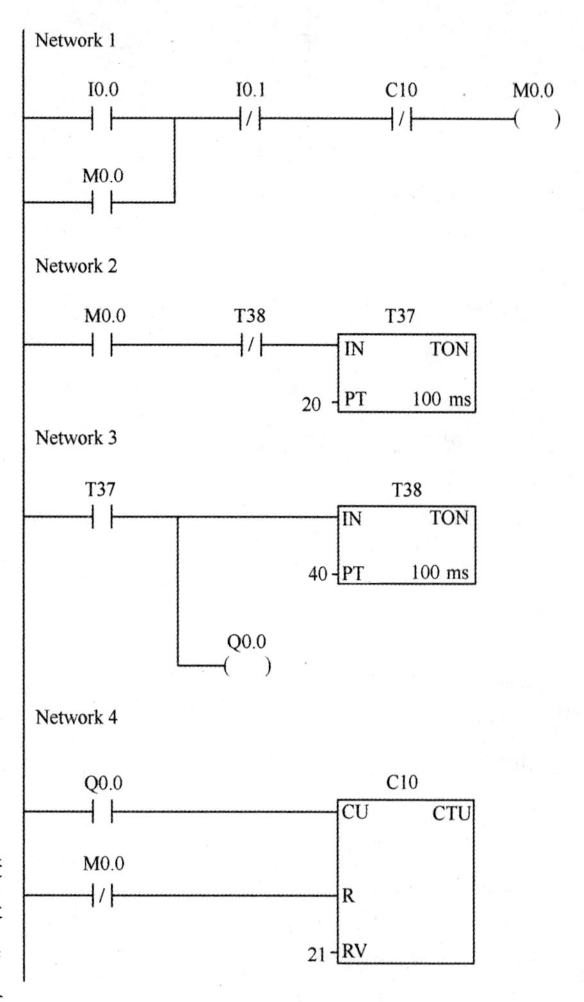

图 4-55　闪烁计数控制电路的梯形图

【例 4-15】单位转换。

控制要求：在控制系统中，有时需要进行单位转换，例如把英寸(in)转换成厘米(cm)，C8 的值为当前的英寸计数值，1in＝2.54 cm，(VD0)＝2.54。按钮 Q1 是 C8 计数输入，按钮 Q2 是 C8 计数复位，转换好了点亮灯 L。

1. I/O 分配

输入。Q0:I0.0;Q1:I0.1。

输出。L:Q0.0。

2. 硬件连线图

单位转换硬件连线，如图 4-56 所示。

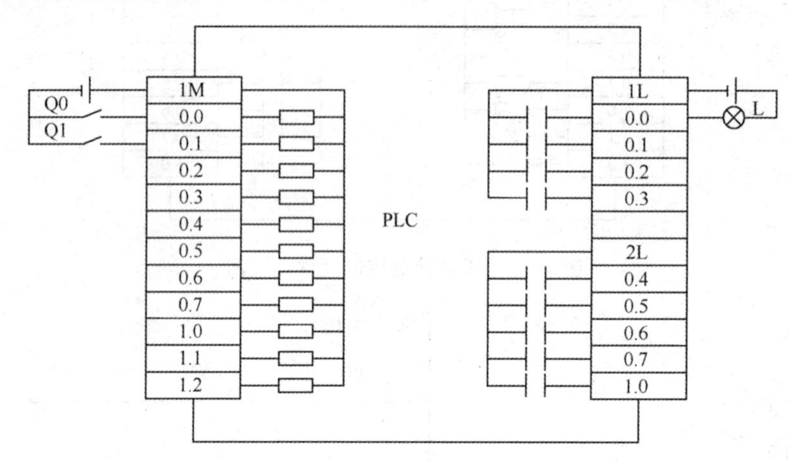

图 4-56　单位转换硬件连线图

3. 梯形图

单位转换电路的梯形图，如图 4-57 所示。

4. 指令表

```
Network 1
LD      I0.0
LD      I0.1
CTU     C8, 200
Network 2
LD      I0.0
EU
MOVR    2.54, VD0
Network 3
LD      I0.1
EU
MOVR    0.0, VD0
Network 4
LD      I0.1
EU
MOVD    0, VD20
Network 5
LD      SM0.0
ITD     C8, AC0
```

```
DTR    AC0, AC1
MOVR   AC1, VD10
*R      VD0, VD10
ROUND  VD10, VD20
Network 6
LDD<>   VD20, 0
=        Q0.0
```

【例 4-16】信号分频。

控制要求：将加在 I0.0 端的信号进行 2 分频，并由输出端 Q0.2 输出。当 I0.1 接通一个脉冲时，输出 Q0.2 接通并保持；当第二个脉冲到来时，Q0.0 接通，Q0.1 常开触点也接通，同时 Q0.1 常闭触点打开，使线圈 Q0.2 断开。以后不断重复上述过程。

1. I/O 分配

输入。Q1：I0.0；Q2：I0.1。

输出。L1：Q0.0；L2：Q0.1；L3：Q0.2。

2. 硬件连线

信号分频硬件连线，如图 4-58 所示。

3. 梯形图与时序图

信号分频电路的梯形图和时序图，如图 4-59 所示。

4. 指令表

```
Network 1
LD      I0.0
=        Q0.0
Network 2
LD      Q0.0
A       Q0.2
=        Q0.1
Network 3
LD      I0.1
O       Q0.2
AN      Q0.1
=        Q0.2
```

【例 4-17】用按钮 QA、TA 控制 3 台电动机 M1、M2、M3。

控制要求：启动按钮 QA 按下后，3 台电动机每隔 3 s 依次启动，按下停止按钮 TA，3 台电动机同时停止。

1. I/O 分配

输入。QA：I0.0；TA：I0.1。

输出。M1：Q0.0；M2：Q0.1；M3：Q0.2。

2. 硬件连线图

三台电动机分时启动硬件连线，如图 4-60 所示。

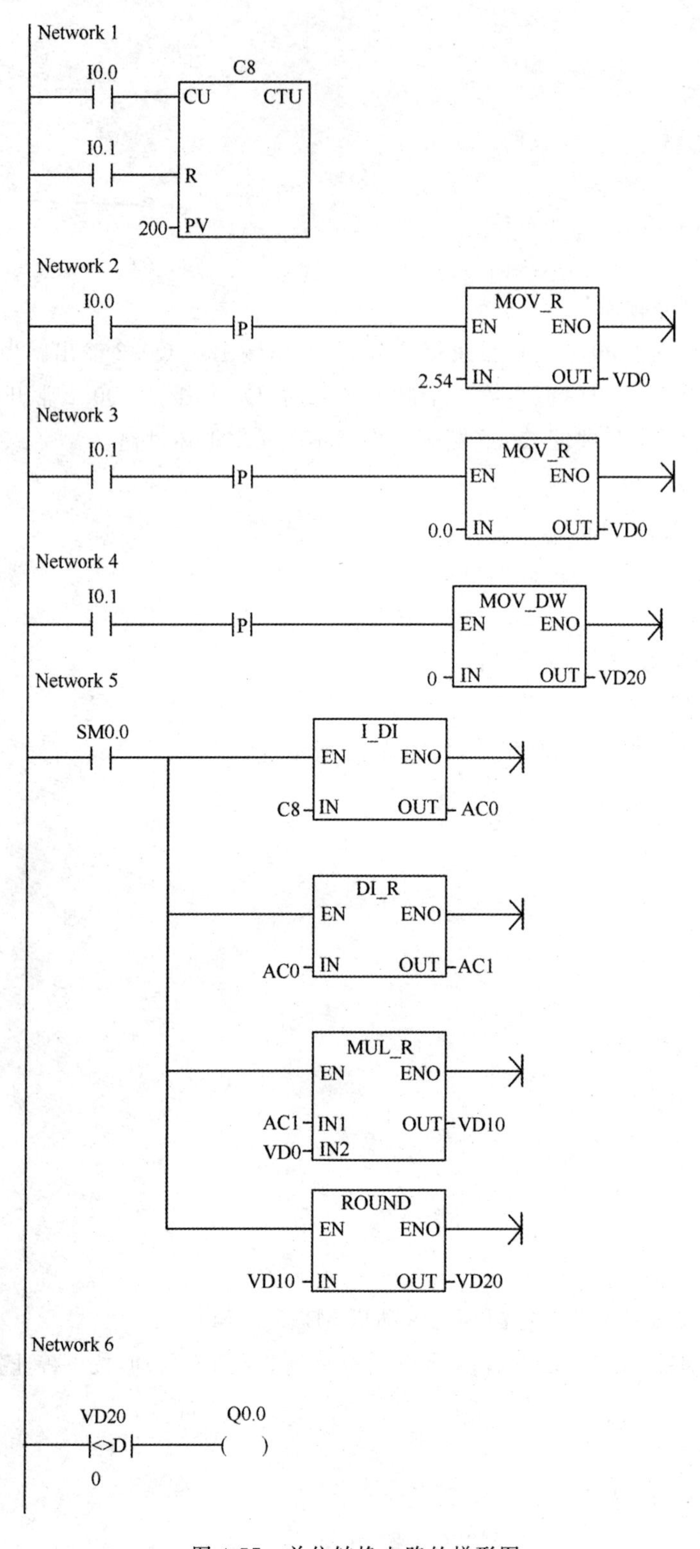

图 4-57　单位转换电路的梯形图

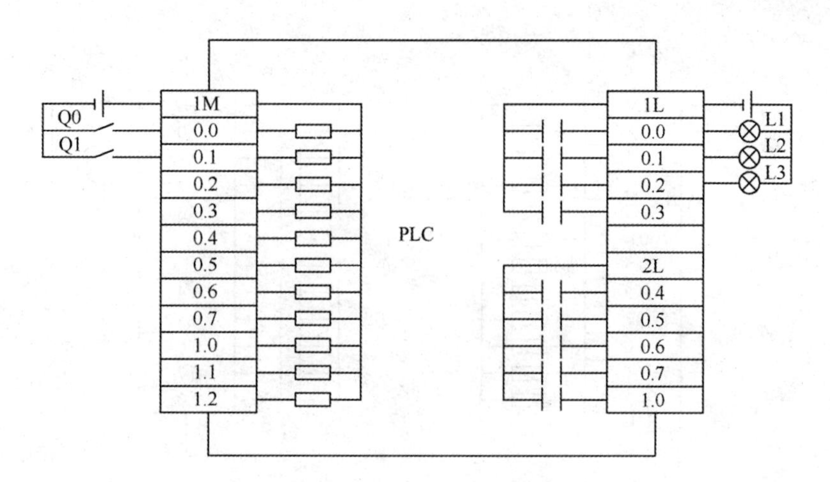

图 4-58　信号分频硬件连线图

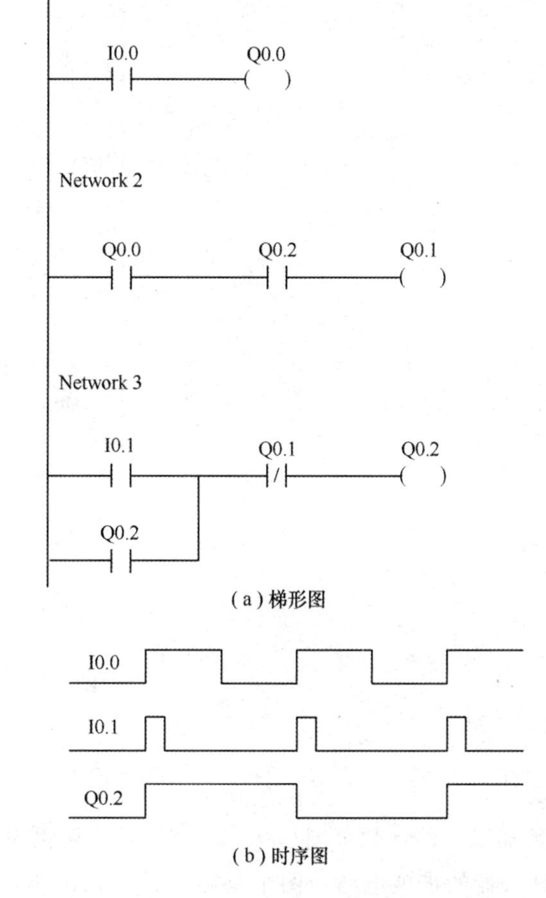

图 4-59　信号分频电路梯形图和时序图

3. 梯形图

3 台电动机分时启动电路的梯形图,如图 4-61 所示。

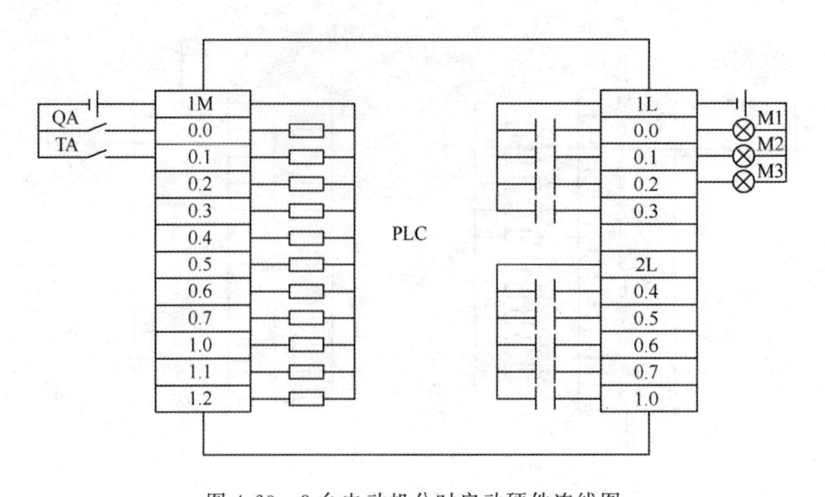

图 4-60　3 台电动机分时启动硬件连线图

4. 指令表

```
Network 1
LD      I0.0
O       M0.0
AN      I0.1
=        M0.0
Network 2
LD      M0.0
TON     T37, 60
Network 3
LD      M0.0
O       Q0.0
AN      I0.1
=        Q0.0
Network 4
LDW>=   T37, 30
=        Q0.1
Network 5
LD      T37
=        Q0.2
```

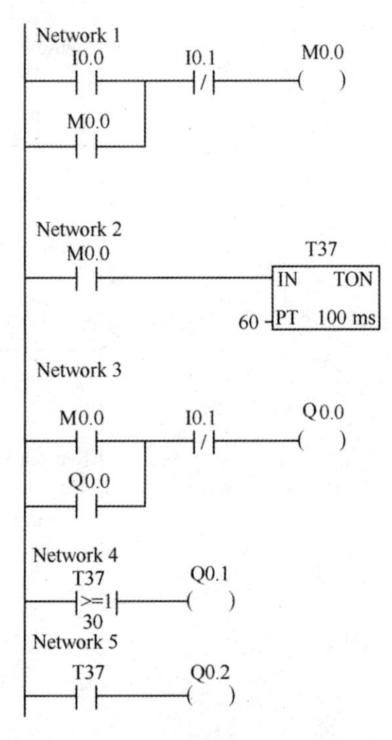

图 4-61　3 台电动机分时启动电路的梯形图

【例 4-18】 计数器扩展程序。

S7-200 系列 PLC 计数器最大的计数范围是 0～3 2767，若需要更大的计数范围，则必须进行扩展。图 4-62 所示为计数器的扩展电路。图中是两个计数器的组合电路，C1 形成了一个设定值为 100 次的自复位计数器。计数器 C1 对 I0.1 的接通次数进行记数，I0.1 的触点每闭合 100 次 C1 自复位重新开始计数。同时，C1 的常开触点闭合，使 C2 计数一次，当 C2 计数到 2 000 次时，I0.1 共接通 100×2 000 次＝200 000 次，C2 的常开触点闭合，线圈 Q0.0 得电。该电路的计数值为两个计数器设定值的乘积，C 总＝C1×C2。

1. **I/O 分配**

输入。Q0:I0.0;Q1:I0.1。

输出。L:Q0.0。

2. **硬件连线**

计数器扩展程序硬件连线,如图 4-62 所示。

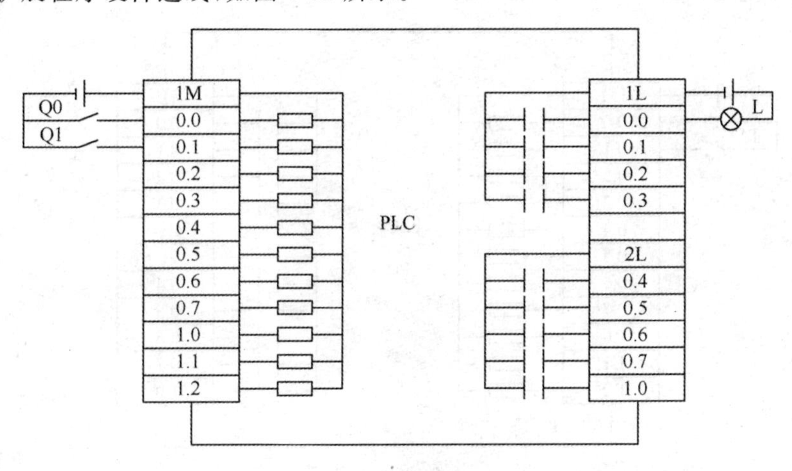

图 4-62　计数器扩展程序硬件连线图

3. **梯形图**

计数器扩展程序梯形图,如图 4-63 所示。

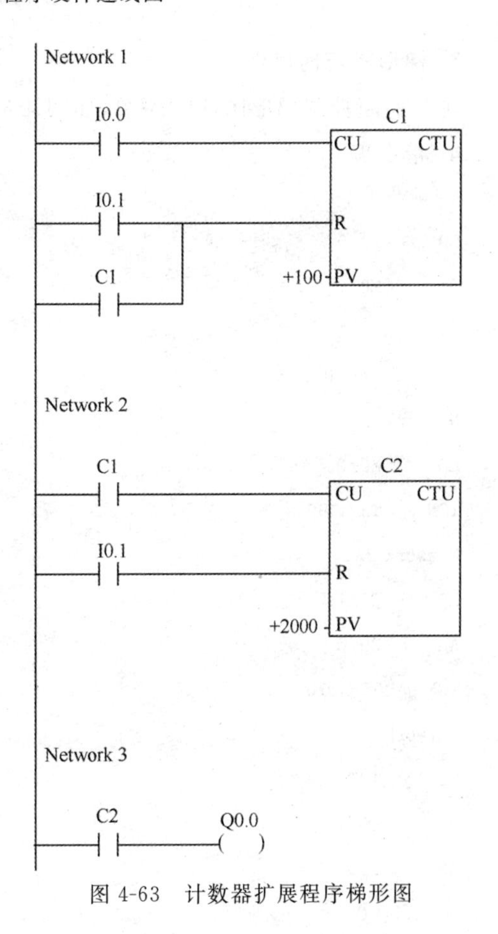

图 4-63　计数器扩展程序梯形图

4. **指令表**

```
Network 1
LD      I0.0
LD      I0.1
O       C1
CTU     C1, +100
Network 2
LD      C1
LD      I0.1
CTU     C2, +2000
Network 3
LD      C2
=        Q0.0
```

【例 4-19】 延时通断控制,用按钮 QA、TA 控制电动机 M。

控制要求:按下启动按钮 QA 9 s 以后电动机 M 开始工作,工作 7 s 后电动机自动停止工作,无论何时只要按下停止按钮 TA 电动机 M 立即停止工作。

1. I/O分配

输入。QA:I0.0;TA:I0.1。

输出。M2:Q0.1。

2. 硬件连线图

延时通断控制硬件连线,如图4-64所示。

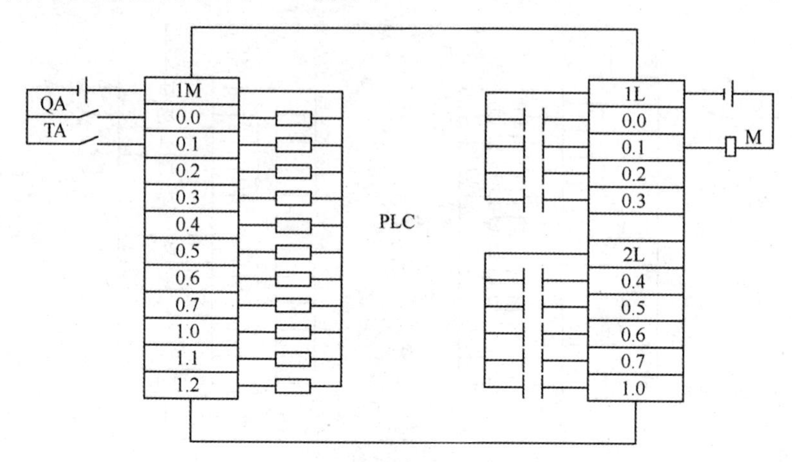

图4-64 延时通断控制硬件连线图

3. 梯形图与时序图

延时通断控制梯形图和时序图,如图4-65所示。

4. 指令表

```
Network 1
LD      I0.0
O       M0.0
AN      I0.1
=        M0.0
Network 2
LD      M0.0
TON     T37, 90
Network 3
LD      Q0.1
AN      M0.0
TON     T38, 70
Network 4
LD      T37
O       Q0.1
AN      T38
=        Q0.1
```

Network 1

I0.0　I0.1　M0.0

M0.0

Network 2

M0.0　T37

IN　TON

90 - PT　100 ms

Network 3

Q0.1　M0.0　T38

IN　TON

70 - PT　100 ms

Network 4

T37　T38　Q0.1

Q0.1

(a)梯形图

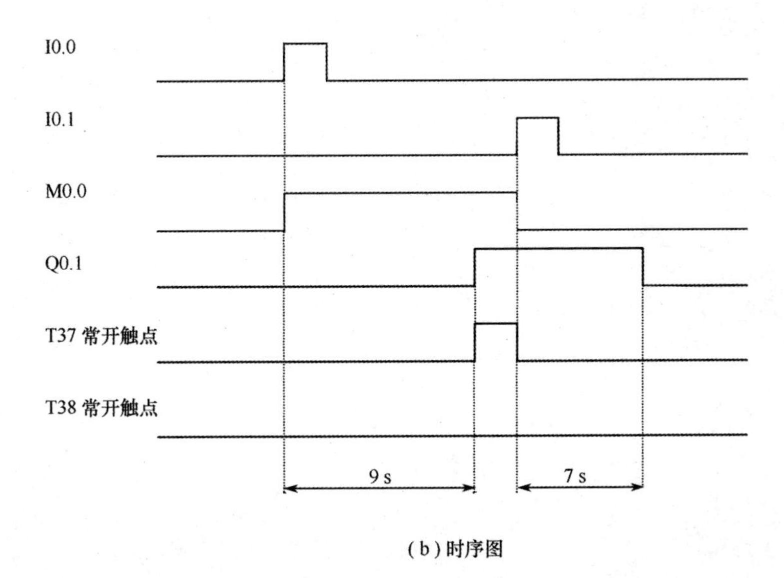

(b)时序图

图 4-65　梯形图与时序图

习　　题

1. 画出图 4-66 所示 M0.0 的波形图。
2. 求 45°的正切值,45 存放在 VD50 中,结果放到 VD60 中。
3. 求以 10 为底,150 的常用对数,150 存放在 VD100,结果放到 AC1 中。(DI_R 转换)
4. 编写出实现红绿两种颜色信号灯循环显示程序(要求循环间隔时间为 0.5 s)。
5. 用 1 个按钮开关(I0.0)控制 3 个灯(Q0.1、Q0.2、Q0.3),按钮按 3 下第一个灯 Q0.1 亮,再按 3 下第 2

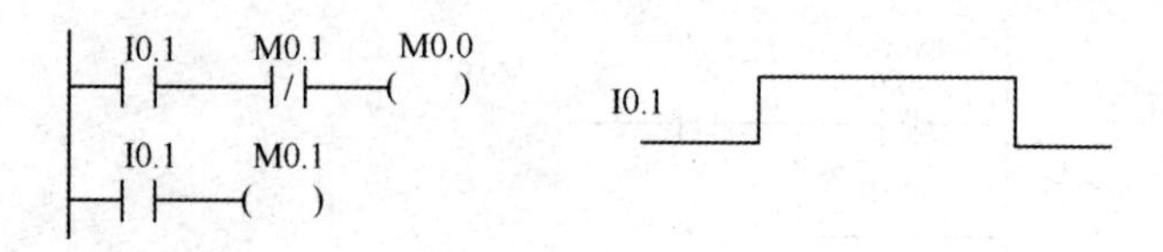

图 4-66　题 1 图

个灯 Q0.2 亮，再按 3 下第 3 个灯 Q0.3 亮，再按 1 下全灭。依次反复。

6. 编写程序完成数据采集任务，要求每 100 ms 采集一个数。

7. 用一个按钮开关实现红、黄、绿 3 种颜色灯循环显示程序，要求循环间隔时间为 0.5 s。

8. 利用定时中断功能编制一个程序，实现如下功能：当 I0.0 接通时，Q0.0 亮 1 s，灭 1 s，如此循环反复直至 I0.0 关断时，Q0.0 变为 OFF。

9. 写出图 4-34 所示梯形图的 STL 指令。

模块五 使用可编程序控制器实现控制系统

PLC 应用系统在工业生产中的应用已经相当成熟，下面利用几个具体应用实例，对可编程序控制器的应用设计方法和步骤以及程序调试方法做较为详细的介绍。

任务一　实现化工生产反应装置

在化工生产中多种液体混合反应是常见的工艺，设有两种液体 A 和 B，在容器内按照一定比例进行混合搅拌，装置结构如图 5-1 所示。

其中：SL1、SL2、SL3 为液面传感器，当液面淹没时为 ON；

YV1、YV2、YV3 为电磁阀；

M 为搅拌电动机。

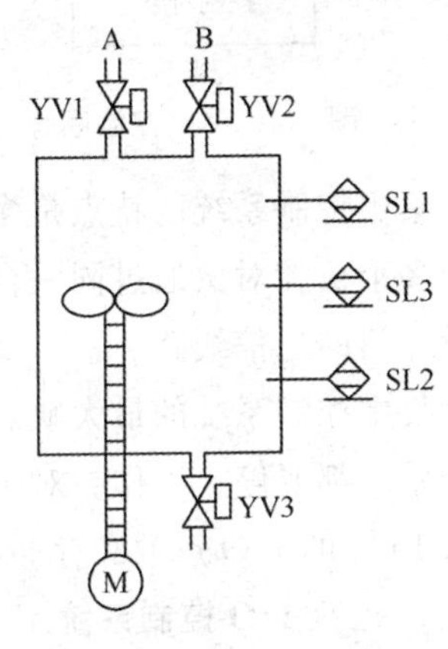

图 5-1　化工生产反应装置结构

一、控制要求

(一) 初始状态

此时各阀门关闭，容器是空的。

YV1＝YV2＝YV3＝OFF

SL1＝SL2＝SL3＝OFF

M＝OFF

(二) 启动操作

按下启动按钮，开始下列操作：

(1) YV1＝ON，液体 A 流入容器；当液面到达 SL3 时，YV1＝OFF，YV2＝ON；

(2) 液体 B 流入，液面到达 SL1 时，YV2＝OFF，M＝ON，开始搅拌；

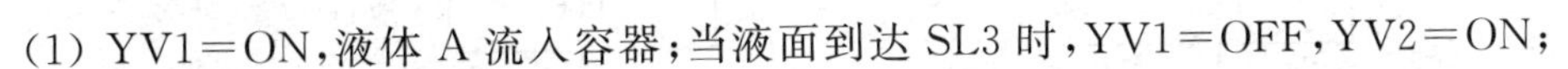
(3) 混合液体搅拌均匀后(设时间为 10 s)，M＝OFF，YV3＝ON，放出混合液体；

(4) 当液体下降到 SL2 时，SL2 从 ON 变为 OFF，在过 20 s 后容器放空，关闭 YV3，YV3＝OFF，完成一个操作周期；

(5) 只要没按停止按钮，则自动进入下一操作周期。

(三) 停止操作

按一下停止按钮，则在当前混合操作周期结束后，才停止操作，使系统停止于初始状态。

二、PLC 控制系统的总体设计

首先根据控制要求确定此控制系统采用 PLC 作为主控制器。那么第一步就是进行 PLC 控制系统的总体设计。首先应当根据被控对象的要求，确定 PLC 控制系统的类型。

PLC 控制系统的类型

以 PLC 为主控制器的控制系统，有 4 种控制类型。

1. 单机控制系统

该系统是由 1 台 PLC 控制 1 台设备或 1 条简易生产线，如图 5-2 所示。

单机系统构成简单，所需要的 I/O 点数较少，存储器容量小，可任意选择 PLC 的型号。注意，无论目前是否有通信联网的要求，都应当选择有通信功能的 PLC，以适应将来系统功能扩充的需要。

2. 集中控制系统

这种系统是由 1 台 PLC 控制多台设备或几条简易生产线，如图 5-3 所示。

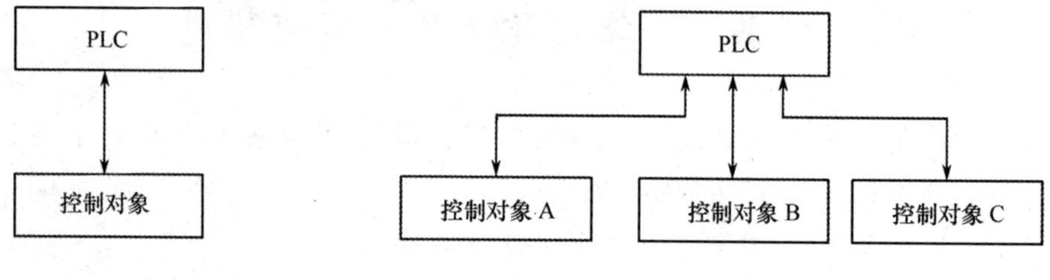

图 5-2　单机控制系统

图 5-3　集中控制系统

集中控制系统的特点是多个被控对象的位置比较接近，且相互之间的动作有一定的联系。由于多个被控对象通过同一台 PLC 控制，因此各个被控对象之间的数据、状态的变化不需要另设专门的通信线路。

集中控制系统的最大缺点是如果某个被控对象的控制程序需要改变或 PLC 出现故障时，整个系统都要停止工作。对于大型的集中控制系统，可以采用冗余系统来克服这个缺点，此时要求 PLC 的 I/O 点数和存储器容量有较大的余量。

3. 远程 I/O 控制系统

这种控制系统是集中控制系统的特殊情况，也是由 1 台 PLC 控制多个被控对象，但是却有部分 I/O 系统远离 PLC 主机，如图 5-4 所示。

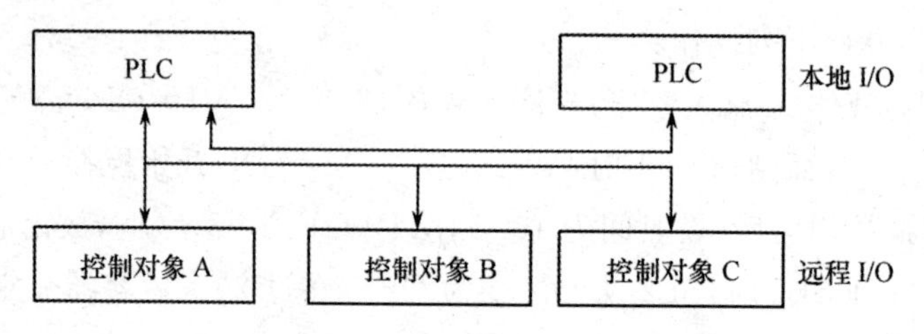

图 5-4　远程 I/O 控制系统

远程 I/O 控制系统适用于具有部分被控对象远离集中控制室的场合。PLC 主机与远程 I/O 通过同轴电缆传递信息，不同型号的 PLC 所能驱动的同轴电缆的长度不同，所能驱动的远程 I/O 通道的数量也不同，选择 PLC 型号时，要重点考察驱动同轴电缆的长度和远程 I/O 通道数量。

4. 分布式控制系统

这种系统有多个被控对象，每个被控对象由1台具有通信功能的PLC控制，由上位机通过数据总线与多台PLC进行通信，各个PLC之间也有数据交换，如图5-5所示。

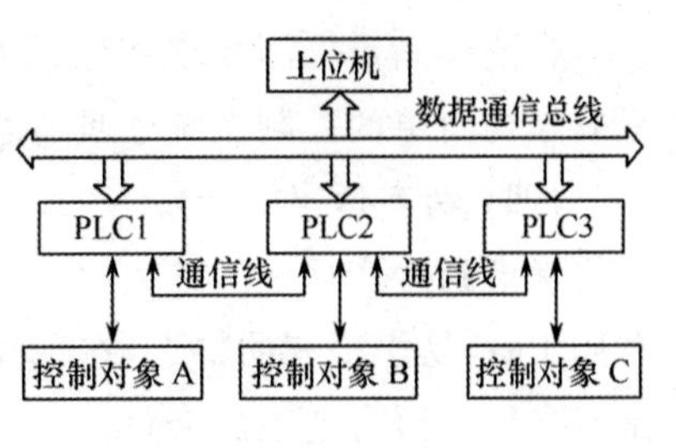

图5-5　分布式控制系统

分布式控制系统的特点是多个被控对象分布的区域较大，相互之间的距离较远，每台PLC可以通过通信线及数据总线与上位机通信，也可以通过通信线与其他的PLC交换信息。分布式控制系统的最大好处是，某个被控对象或PLC出现故障时，不会影响其他的PLC正常工作。

PLC控制系统的发展是非常快的，从简单的单机控制系统，到集中控制系统，到分布式控制系统，目前又提出了PLC的EIC综合化控制系统，即将电气控制(Electric)，仪表控制(Instrumentation)和计算机(Computer)控制集成于一体，形成先进的EIC控制系统。基于这种控制思想，在进行PLC控制系统的总体设计时，要考虑到如何将系统功能同这种先进性相适应，并有利于系统功能的进一步扩展。

鉴于本例比较简单，符合单机系统构成简单的特性，所需要的I/O点数较少，存储器容量小，可任意选择PLC的型号。尽管目前没有通信联网的要求，但还是选择有通信功能的PLC，以适应将来系统功能，结论是选用带通信功能的单机控制系统。

三、PLC控制系统设计的基本原则

不同的设计者有着不同风格的设计方案，然而，系统的总体设计原则是不变的。PLC控制系统的总体设计原则是：根据控制任务，在最大限度的满足生产机械或生产工艺对电气控制要求的前提下，还要满足运行稳定、安全可靠、经济实用、操作简单、维护方便的要求。

任何一个电气控制系统所要完成的控制任务，都是为满足被控对象（生产控制设备、自动化生产线、生产工艺过程等）提出的各项性能指标，提高劳动生产率，保证产品质量，减轻劳动强度和危害程度，提升自动化水平。因此，在设计PLC控制系统时，应遵循的基本原则如下：

（一）最大限度地满足被控对象提出的各项性能指标

为明确控制任务和控制系统应有的功能，设计人员在进行设计前，就应深入现场进行调查研究，搜集资料并与机械部分的设计人员和实际操作人员密切配合，共同拟定电气控制方案，以便协同解决在设计过程中出现的各种问题。

此设计过程中，首先将YV1，YV2，YV3，SL1，SL2，SL3的位置确定，以及以上个器件和M的位置关系，为避免误动作和这些器件的安全稳定运转，应该离M尽量的远，避免M转动损伤器件和M带松扇叶转动带来的液位波动，导致SL的误动作。

（二）确保控制系统的安全可靠

电气控制系统的可靠性就是生命线，不能安全可靠工作的电气控制系统，是不可能长期投入生产运行的。尤其是在以提高产品数量和质量，保证生产安全为目标的应用场合，必须将可靠性放在首位。

此设计过程中，首先将YV1，YV2，YV3，SL1，SL2，SL3的安装方式，保护措施做好规划，化工生产反应中的液体多，特性活跃，对电气和机械的腐蚀危害比较大，必须做好防护措施。

（三）力求控制系统简单

在能够满足控制要求和保证可靠工作的前提下，不失先进性，应力求控制系统结构简单。只有结构简单的控制系统才具有经济性、实用性的特点，才能做到使用方便和维护容易。

（四）留有适当的余量

考虑到生产规模的扩大，生产工艺的改进，控制任务的增加，以及维护方便的需要，要充分利用 PLC 易于扩充的特点，在选择 PLC 的容量（包括存储器的容量、机架插槽数、I/O 点的数量等）时，应留有适当的余量。

四、PLC 控制系统的设计步骤

用 PLC 进行控制系统设计的一般步骤可参考图 5-6 所给出的流程。

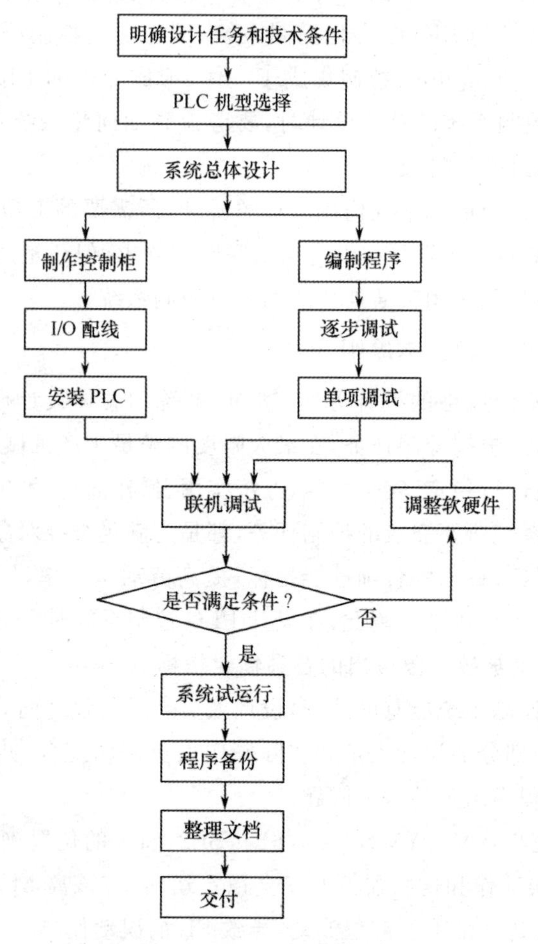

图 5-6　PLC 控制系统设计步骤

五、I/O 通道分配及 I/O 接线图

（一）I/O 通道分配

在了解了系统工艺要求和控制要求后，首先要做 I/O 通道分配，即把自己的输入信号和输出信号分配给 PLC 的指定 I/O 端子，具体如表 5-1 所示。

表 5-1 I/O 通道分配

分类	元件	端子号	作 用
输入	SB1	I0.0	启动按钮
	SB2	I0.1	停止按钮
	SL1	I0.2	液面高位传感器
	SL2	I0.3	液面低位传感器
	SL3	I0.4	液面中位传感器
输出	M	Q0.0	搅拌电动机
	YV1	Q0.1	液体 A 流入电磁阀
	YV2	Q0.2	液体 B 流入电磁阀
	YV3	Q0.3	放出混合液体电磁阀

(二) PLC 的硬件连线图

根据 I/O 通道分配情况,可画出 PLC 的 I/O 接线图,如图 5-7 所示。

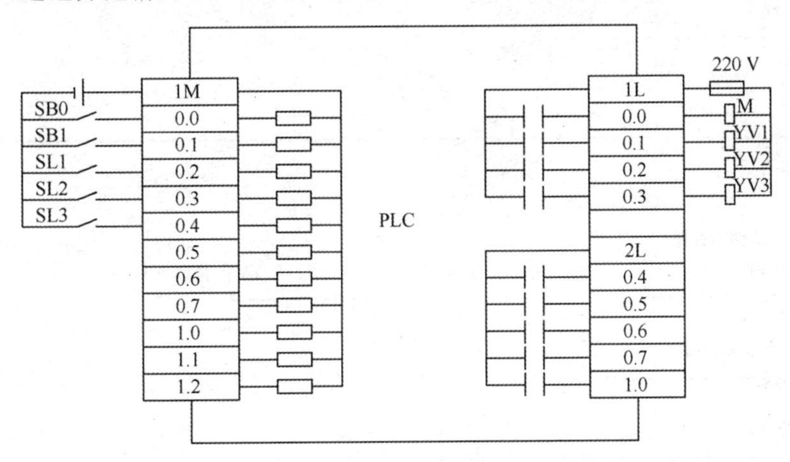

图 5-7 PLC 的 I/O 接线图

六、设计梯形图程序

根据系统的控制要求及 I/O 通道分配,设计用锁存器控制的梯形图,如图 5-8 所示。

在初始状态,各继电器均为 OFF。

(一) 启动操作

按启动按钮 I0.0,使锁存器 M0.0 置为 ON,M0.0 为 ON 的一个扫描周期,使输出继电器 Q0.1 得电并自锁,打开电磁阀 YV1,使液体 A 流入容器,如图 5-8 所示。

(二) 当液位上升到 SL3 时

当液位上升到 SL3 时,I0.4 由 OFF 变为 ON 的一个扫描周期,使 Q0.2 得电,打开电磁阀 YV2,使液体 B 流入容器。同时断开 Q01,关闭电磁阀 YV1,停止流入液体 A。

(三) 当液位上升到 SL1 时

当液位上升到 SL1 时,I0.2 由 OFF 变为 ON 的一个扫描周期,使 Q0.2 失电,关闭电磁阀 YV2。同时使 Q0.0 得电,并自锁,启动搅拌电动机 M。此时启动 TON 型定时器 T37,10 s 后 T37 动作,使 Q0.0 失电。

（四）搅拌均匀后放出混合液体

搅拌均匀后，应该放出混合液体。搅拌均匀时间点可以利用 T37 的常开触点，也可以利用 Q0.0 的下降沿使 Q0.3 置位，打开电磁阀 YV3，开始放出混合液体。

（五）当液位下降到 SL2 时

当液位下降到 SL2 时，I0.3 由 ON 变 OFF，在此下降沿使 M0.2 为 ON，为放空定时提供前端电路，以完成其定时，M0.2 命名为“放空定时辅”，启动 TON 型定时器 T38，20 s 后使 Q0.3 复位，关闭电磁阀 YV3，此时容器已放空。

（六）自动循环工作

若末按停止按钮 I0.1，则在 T38 的计时时间到时，关闭 Q0.3，产生下降沿，此时如果 M0.0 得电，自动进入下一操作周期。

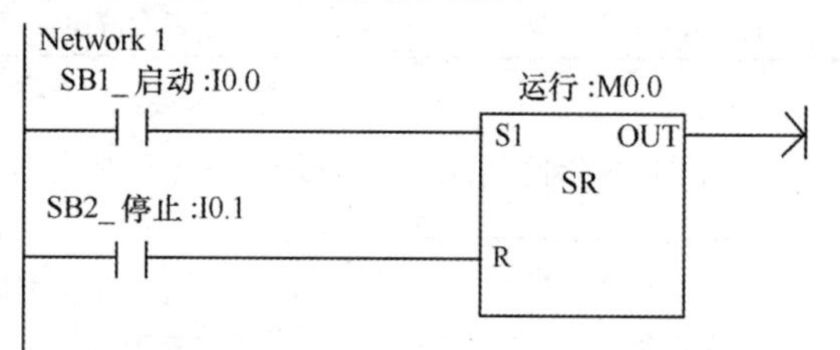

符号	地址	注释
SB1_启动	I0.0	启动按钮
SB2_停止	I0.1	停止按钮
运行	M0.0	运行标志

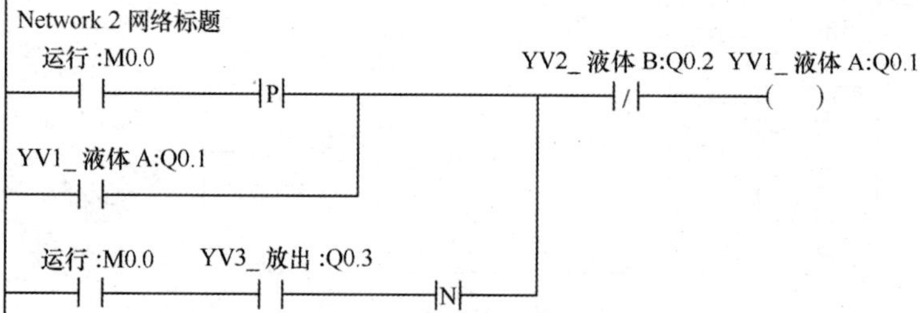

Network 2 网络标题

运行 :M0.0　P　YV2_ 液体 B:Q0.2　YV1_ 液体 A:Q0.1

YV1_ 液体 A:Q0.1

运行 :M0.0　YV3_ 放出 :Q0.3　N

符号	地址	注释
YV1_液体A	Q0.1	液体A流入电磁阀
YV2_液体B	Q0.2	液体B流入电磁阀
YV3_放出	Q0.3	放出混合液体电磁阀
运行	M0.0	运行标志

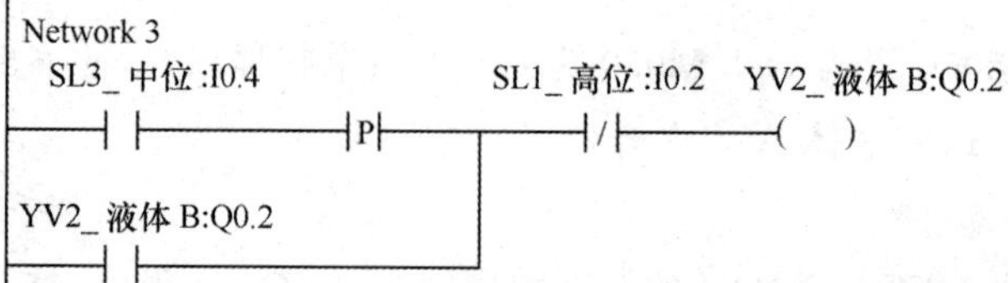

Network 3

SL3_ 中位 :I0.4　P　SL1_ 高位 :I0.2　YV2_ 液体 B:Q0.2

YV2_ 液体 B:Q0.2

符号	地址	注释
SL1_高位	I0.2	液面高位传感器
SL3_中位	I0.4	液面中位传感器
YV2_液体B	Q0.2	液体B流入电磁阀

图 5-8　基本程序梯形图

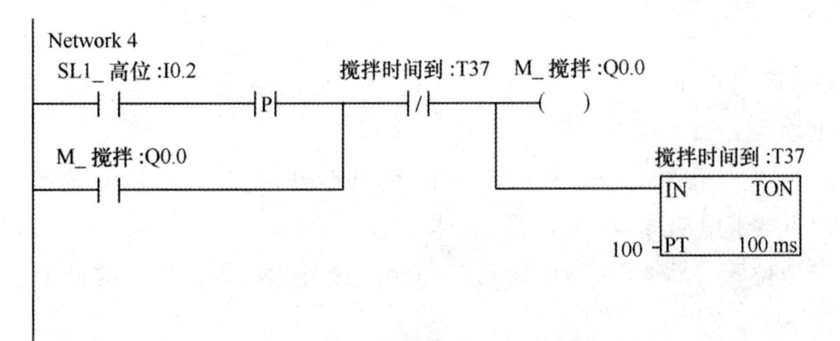

符号	地址	注释
M_搅拌	Q0.0	搅拌电动机
SL1_高位	I0.2	液面高位传感器
搅拌时间到	T37	搅拌完毕

Network 5

搅拌时间到 :T37　放空定时 :T38　YV3_ 放出 :Q0.3

YV3_ 放出 :Q0.3

符号	地址	注释
YV3_放出	Q0.3	放出混合液体电磁阀
放空定时	T38	放空定时
搅拌时间到	T37	搅拌完毕

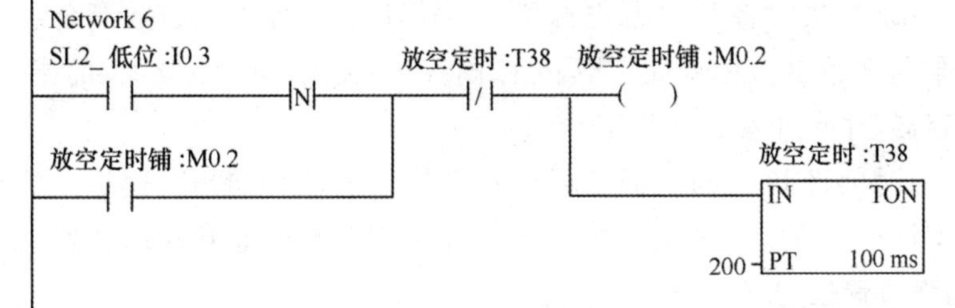

符号	地址	注释
SL2_低位	I0.3	液面低位传感器
放空定时	T38	放空定时
放空定时辅	M0.2	放空定时器辅助

图 5-8　基本程序梯形图(续)

(七) 停止操作

当按下停止按钮时,I0.1 为 ON,将运行 M0.0 复位,不能使电磁阀 YVl 打开,系统执行完本周期的操作,停留在初状态。

七、程序调试

把程序下载到 PLC 内存后,为了检验程序的正确性,需要对程序进行调试。这里介绍实验室模拟调试法。

(一) 输入点短接法

当程序语句较少，输入点较少时，可采用输入点短接法。在本例中，只有5个输入点，具体调试步骤如下所述。

(1) 初始状态。5个输入点I0.0～I0.4均为OFF，4个输出继电器Q0.0、Q0.1、Q0.2、Q0.3的LED指示灯也均为OFF。

(2) 启动操作。将I0.0与电源负(—)端短接一下，随即断开，模拟按下启动按钮的操作，此时I0.1的指示灯亮，相当于电磁阀YV1打开，液体A流入容器。

(3) 液面上升到SL2位置。将I0.3与电源负(—)端短接，注意：短接后不要断开，相当于液面已淹没液面传感器SL2。

(4) 液面上升到SL3位置。将I0.4与电源负(—)端短接，注意：短接后不要断开，相当于液面已淹没液面传感器SL3，此时Q0.1的指示灯灭，相当于电磁阀YV1关闭，液体A停止流入；而Q0.2的指示灯亮，相当于电磁阀YV2打开，液体B开始流入容器。

(5) 液面上升到SL1位置。将0.2与电源负(—)端短接，短接后不要断开，相当于液面已淹没液面传感器SL1；而Q0.2的指示灯灭，相当于电磁阀YV2关闭，液体B停止流入；而Q0.0的指示灯亮，相当于搅拌电动机开始运行。

(6) 搅拌结束。10s后，Q0.0的指示灯灭，表示停止搅拌，此时Q0.3的指示灯亮，表示电磁阀YV3打开，开始排放混合液体。

(7) 液面下降。将Q0.2与电源负(—)端断开，再将I0.4与电源负(—)端断开，相当于液面已低于SL1和SL3位置。

(8) 液面下降低于SL2位置。将I0.3与电源负(—)端断开，表示开始排放剩余液体，20 s后，Q0.3的指示灯灭，相当于混合液体排放完毕，电磁阀YV3关闭。此时Q0.1的指示灯亮，表示液体A重新流入容器，开始进入下一循环。

(9) 停止操作。任意时刻将I0.1与电源负(—)端短接一下，随即断开，模拟按停止按钮的操作，等到Q0.3指示灯灭后，Q0.1的指示灯不能亮，表示系统已停止在初始状态。

(二) 利用PLC的强迫置位/复位功能法

当需要同时接通的触点较多时，用输入点短接法就不方便了，如果不外接输入电源，就必须考虑PLC内部提供的直流电源的带负载能力。在S7-200系列PLC机内部提供的24 V直流电源，只提供0.2 A的带负载能力，外加限流保护时，可能有4个输入点需要同时接通，就超过了其带负载能力，此时若用输入点短接法就不可行了。这时可利用PLC的强迫置位/复位功能法，进行程序的模拟调试。为此，可在图5-8的梯形图中通过强迫I0.0～I0.4的置位/复位，来模拟I0.0～I0.4的接通状态。此时，观察PLC的输出指示灯的亮灭状态即可知道程序运行是否正确。

(1) 初始状态。I0.0、I0.1、I0.2、I0.3、I0.4均为OFF，Q0.0、Q0.1、Q0.2、Q0.3也均为OFF。

(2) 启动操作。强迫Q0.0为0N，再为OFF，模拟启动I0.0按钮的操作，这时Q0.1灯亮，相当于YV1打开，液体A流入容器。

(3) 液面上升到SL2位置。强迫I0.3为ON。

(4) 液面上升到SL3位置。强迫I0.4为ON,这时Q0.1灯灭,Q0.2灯亮,相当于YV1关闭,YV2断开,液体A停止流入而液体B流入容器。

(5) 液面上升到SL1位置。强迫I0.2为ON,这时Q0.2灯灭,Q0.0灯亮相当于YV2关闭,电动机M得电,即液体B停止流入,搅拌电动机M开始搅拌。

(6) 搅拌结束。10 s后,Q0.0灯灭,Q0.3灯亮,表示停止搅拌,开始排放混合液体。

(7) 液面下降。强迫I0.2为OFF,再强迫I0.4为OFF,表示液面逐渐下降,低于SL1、SL3位置。

(8) 液面下降到低于SL2。强迫I0.3为OFF,表示开始排放剩余液体,20 s后,Q0.3灯灭,Q0.1灯亮,表示剩余液体排放完毕,液体A流入,开始进入下一循环。

(9) 停止操作。在当前操作周期的任一时刻,强迫I0.1为ON,则在当前操作周期完成,Q0.3灯灭后,Q0.1灯不能亮,表示系统已停止于初始状态。

(三) 模拟运行调试法

这种调试方法就是所谓用调试程序进行系统静调的方法。为了模拟化工生产反应装置的操作过程,需要对控制程序做一些改动,使之变成可连续运行的调试程序具体作法如下所述:

(1) 启动PLC的内部时钟。可用定时器或计数器计时,设PLC进入运行方式后:

经过5 s的准备时间,模拟按下启动按钮;

5 s后,液面上升到SL2位置;

8 s后,液面上升到SL3位置;

10 s后,液面上升到SL1位置;

15 s后,液面低于SL1位置;

20 s后,液面低于SL3位置;

25 s后,液面低于SL2位置。

(2) 停止用输入点短接法操作。

(3) 调整梯形图。将图5-8中的I0.2、I0.3、I0.4的常开触点分别改为M1.2、M1.3、M1.4的常开触点并联。

(4) 缩短调试时间。为缩短调试时间,将T37和T38设定值临时都改为5 s。

(5) 在RUN方式下,观察输出指示灯在对应时间的状态:

3 s后,Q0.1的指示灯亮;

8 s后,Q0.1的指示灯灭,Q0.2的指示灯亮;

10 s后,Q0.2的指示灯灭,Q0.0的指示灯亮;

15 s后,Q0.0的指示灯灭,Q0.3的指示灯亮;

30 s后,Q0.3的指示灯灭,Q0.1的指示灯亮。当前操作周期结束,自动进入下一个操作周期。

(6) 随时将I0.1短接,模拟停止按钮的操作。

(7) 调试结束后,将临时增加和改动的程序复原。

模拟调试程序如图5-9所示。

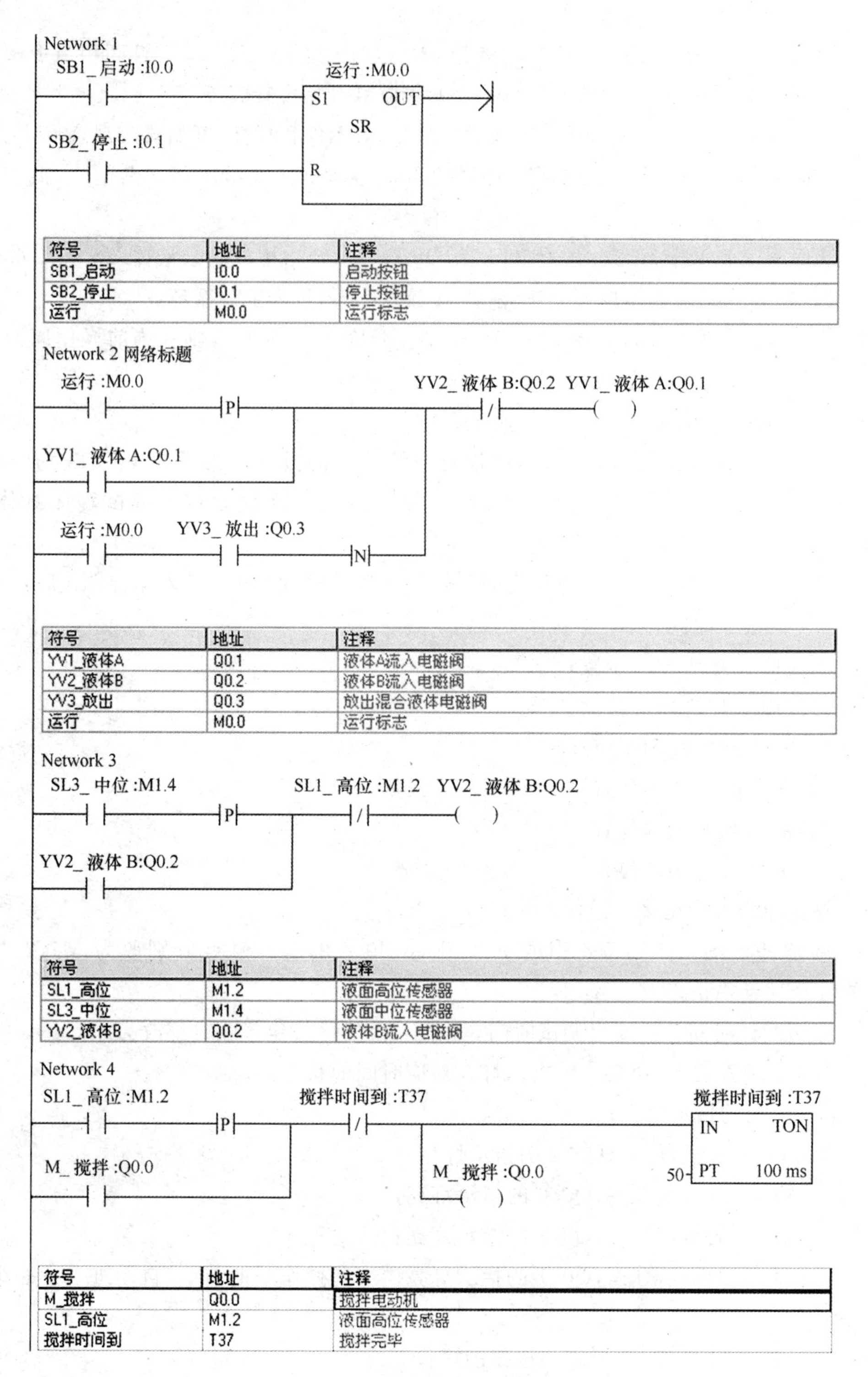

符号	地址	注释
SB1_启动	I0.0	启动按钮
SB2_停止	I0.1	停止按钮
运行	M0.0	运行标志

符号	地址	注释
YV1_液体A	Q0.1	液体A流入电磁阀
YV2_液体B	Q0.2	液体B流入电磁阀
YV3_放出	Q0.3	放出混合液体电磁阀
运行	M0.0	运行标志

符号	地址	注释
SL1_高位	M1.2	液面高位传感器
SL3_中位	M1.4	液面中位传感器
YV2_液体B	Q0.2	液体B流入电磁阀

符号	地址	注释
M_搅拌	Q0.0	搅拌电动机
SL1_高位	M1.2	液面高位传感器
搅拌时间到	T37	搅拌完毕

图 5-9　模拟调试程序梯形图

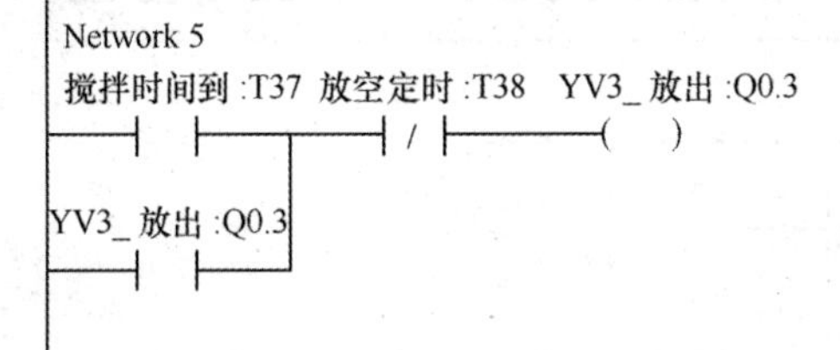

符号	地址	注释
YV3_放出	Q0.3	放出混合液体电磁阀
放空定时	T38	放空定时
搅拌时间到	T37	搅拌完毕

Network 6

SL2_ 低位 :M1.3　N　放空定时 :T38　放空定时辅 :M0.2

放空定时辅 :M0.2

放空定时 :T38　IN　TON　50 PT　100 ms

符号	地址	注释
SL2_低位	M1.3	液面低位传感器
放空定时	T38	放空定时
放空定时辅	M0.2	放空定时器辅助

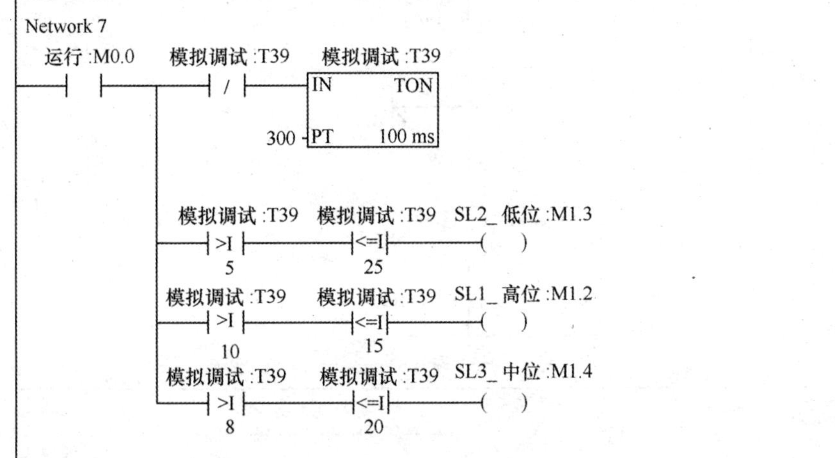

符号	地址	注释
SL1_高位	M1.2	液面高位传感器
SL2_低位	M1.3	液面低位传感器
SL3_中位	M1.4	液面中位传感器
模拟调试	T39	模拟调试定时器
运行	M0.0	运行标志

图 5-9　模拟调试程序梯形图(续)

在本例中,若控制要求提出必须按下停止按钮时停止所有动作,则在程序设计过程中应该考虑断点恢复问题,即再次启动以后应该从原来处继续执行,否则液体比例不对,整罐反应材料作废。继续执行,尤其是放入反应液体很重要,一定断点继续。可以采取储存执行状态的方法加以保持。程序如图 5-10 所示。

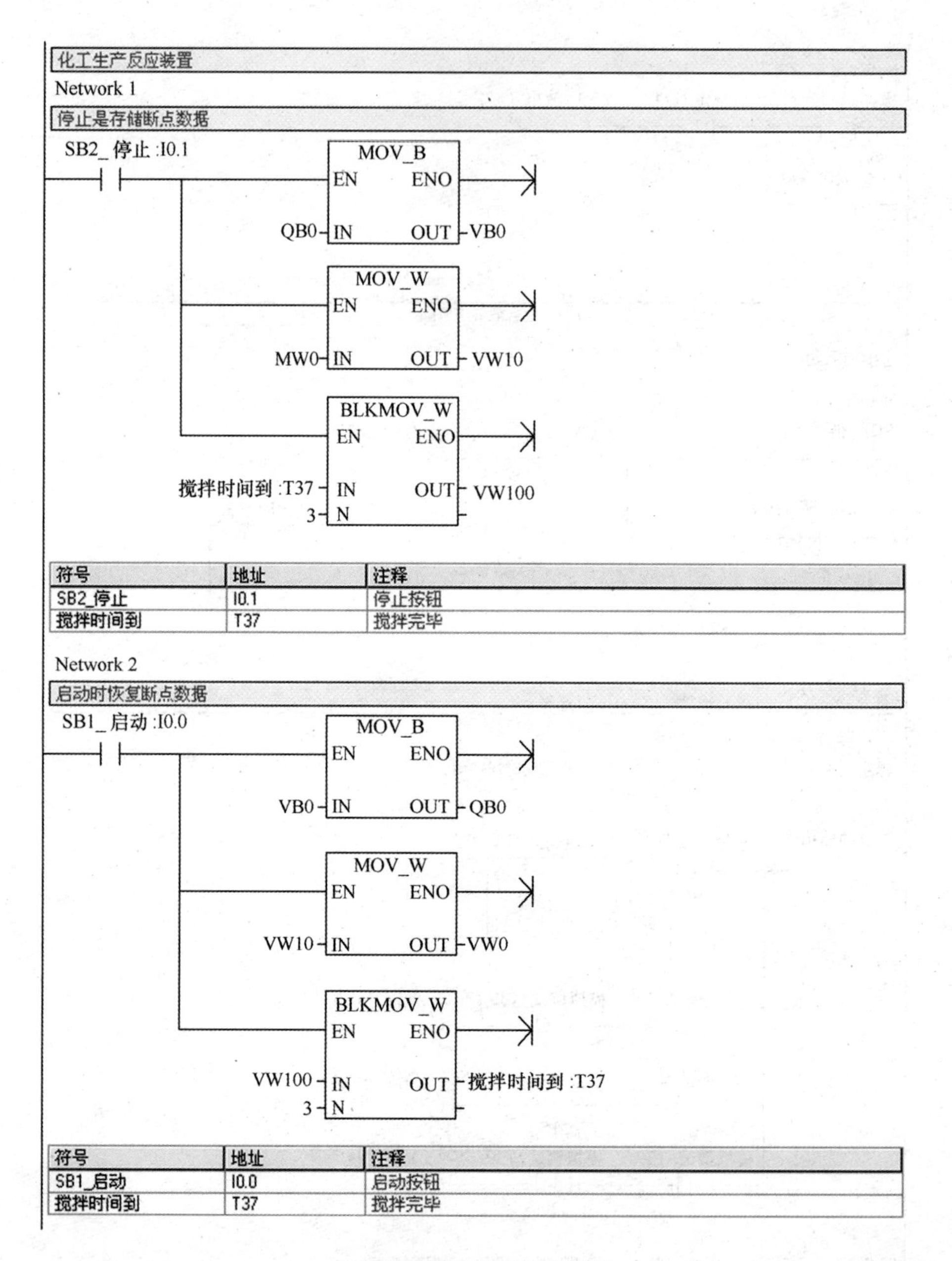

图 5-10　断点保存的梯形图

将此两个网络插入图 5-9 之前即可完成断点保存工作。调试成功后，请完成本模块中的习题第 1 题。

任务二　实现主引风机的Y-△启动控制

Y-△启动是鼠笼式大功率电动机的降压启动方式之一，将电动机定子绕组接成Y形启动，启动电流是用△接法直接启动的 1/3，达到规定的速度后，再将电动机的定子绕组切换成△运行。这种减小启动电流的启动方法，适合于容量大、启动时间长的大电动机启动，或者在受到电源容量限制，为避免启动时过大的启动电流造成电源电压下降过大时使用。

一、控制要求

Y-△启动控制时的时序图如图 5-11 所示，当主接触器 KM1 与Y接接触器 KM2 同时接通时，电动机工作在Y启动状态；而当主接触器 KM1 与△形接法接触器 KM3 同时接通时，电动机就工作在△接法的正常运行状态。

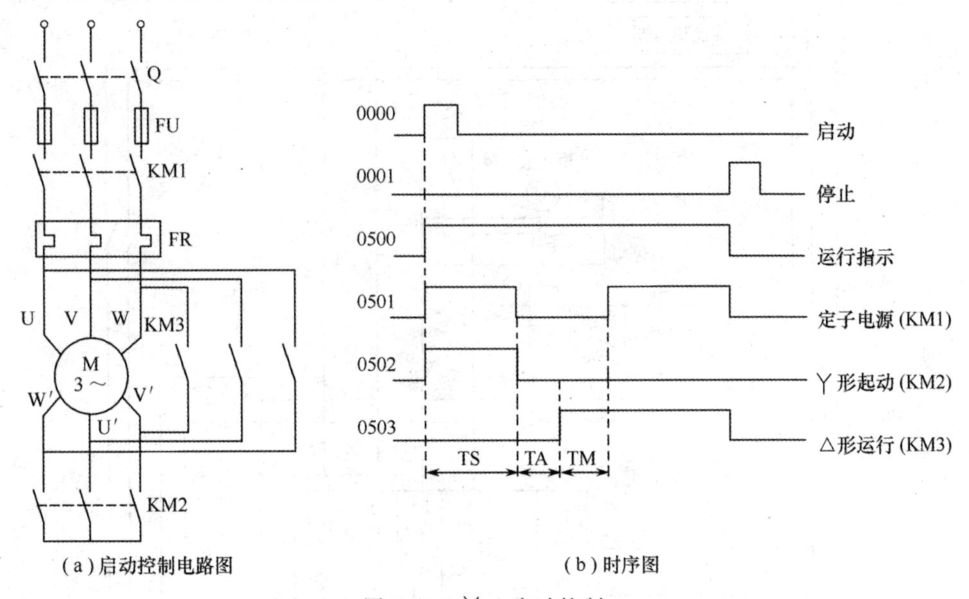

(a)启动控制电路图　　(b)时序图

图 5-11 Y-△启动控制

由于 PLC 内部切换时间很短，必须有防火花的内部锁定。TA 为内部锁定时间。当电动机绕组从Y接法切换到△接法时，从 KM2 完全截止到 KM3 接通这段时间即为 TA，其值过长过短都不好，应通过实验确定。从 KM3 接通到 KM1 接通这段时间为 TM，TM 一般小于 TA。Y启动时间为 TS。

二、PLC 控制系统的可靠性设计

可靠性是指系统能够无故障运行的能力。衡量可靠性的标准是故障率要低。PLC 是专门为工业生产环境设计的控制装置，一般不需要采取什么特殊措施，就可以直接在工业环境中使用。但是，如果环境过于恶劣，电磁干扰特别强烈，或安装使用不当，就可能影响 PLC 控制系统的正常运行，一旦系统出现故障，轻者影响生产，重者造成事故，后果不堪设想。因此，在设计过程中，始终要把安全可靠放在首位。

下面以本例为主体重点讨论 PLC 控制系统的可靠性设计问题。

供电系统设计

供电系统设计是指可编程序控制器 CPU 工作电源、I/O 模板工作电源及控制系统完整的供电系统设计。

这里给出一个由 PLC 组成的控制系统的完整供电设计，如图 5-12 所示。由图可知，它包括了 CPU 工作电源、I/O 模板工作电源，同时增加了加电启动、联锁保护等部分。

一个完整的供电系统，其总电源来自三相交流电源，经过系统供电总开关送入系统。PLC

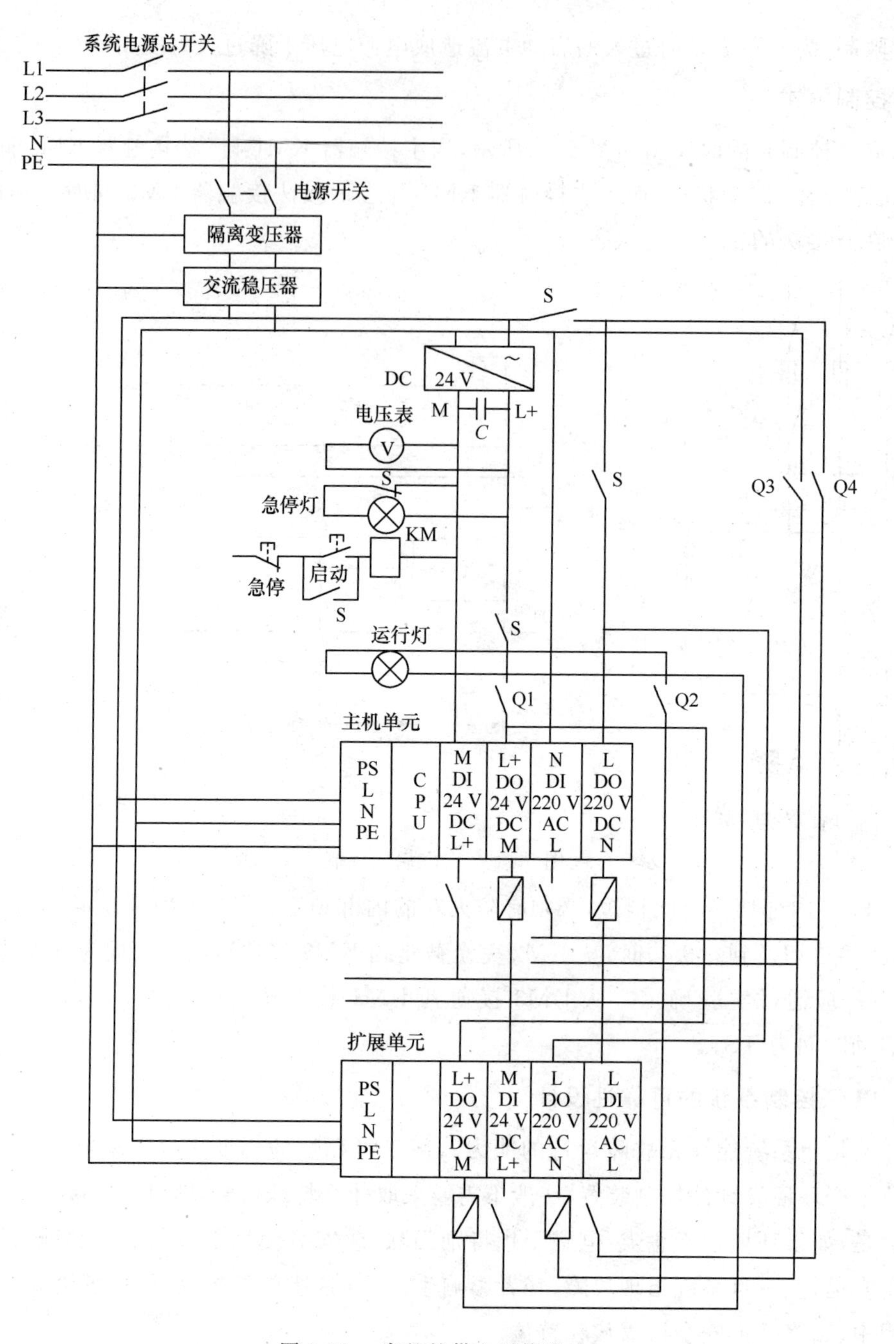

图 5-12　完整的供电系统设计

组成的控制系统都是以交流 220 V 为基本工作电源，所以由三相交流电源引出的相电压并通过电源开关为 PLC 系统供电，电源开关可选择二相刀闸开关。然后通过隔离变压器和交流稳压器或 UPS 电源。通过交流稳压器输出的电源分成两路，一路为 PLC 电源模板供电，另一路为 PLC 输入/输出模板和现场检测元件、执行机构供电。

为电源模板供电比较简单，只要将交流稳压器输出端接到 PLC 电源模板的相应端即可。而为输入/输出模板供电则比较复杂。对于我国工业现场实际而言，主要有两种电源，24 V 直流和 220 V 交流。为了系统工作安全可靠，首先要对这两种电路电源实现联锁保护。由图 5-12可知，当系统供电总开关和电源开关闭合后，直流 24 V 稳压电源工作，此时电压表工作，显示直流 24 V 稳压电源输出电压。由于继电器线圈 KM 断电，所以其常闭触点接通，急停灯亮，指示系统没有为输入模板供电，同时常开触点断开，切断输入/输出模板供电回路。系统启动时，首先要按下启动按钮，这时继电器线圈 KM 得电，常闭触点断开，急停灯灭；常开触点闭合，接通 24 V 直流电源和 220 V 交流回路，同时运行灯亮，指示系统供电正常。此时输入/输出模板是否接通电源，取决于开关 Q1，Q2，Q3 和 Q4，其中 Q1 控制 24 V 直流输出模板、Q2 控制 24 V 直流输入模板、Q3 控制 220 V 交流输出模板、Q4 控制 220 V 交流输入模板。

图 5-12 所示的供电系统可按下述步骤启动：首先接通系统供电总开关和电源开关，接着启动隔离变压器和交流稳压器或 UPS 电源，然后启动 PLC 的电源模板和 CPU 模板，使 PLC 的 CPU 进入正常工作状态。在 CPU 正常工作后，启动 24 V 直流稳压电源，当电压表显示正常后，按下启动按钮，使继电器常开触点闭合，然后按顺序接通 Q1，Q2，Q3 和 Q4，也可使它们一直处于接通状态，即使系统停车时，也不关断这些开关。这 4 个开关的主要作用是当相应部分出现故障时，关断所对应的开关，这样可保证其他部分持续工作。当系统出现紧急故障时，按下急停按钮，继电器线圈 KM 失电，常开触点断开，此时就切断了 PLC 输入/输出模板与现场设备的电气连接，以便处理故障。系统停车时，首先按下急停按钮，并关断 24 V 直流稳压电源，接着关断 PLC 电源和系统电源总开关。

图 5-12 给出的是典型系统供电设计，在实际应用中可根据需要稍加改动。在此例中就可以利用图 5-12 作为供电设计。

三、接地设计

在实际控制系统中，接地是抑制干扰、使系统可靠工作的主要方法。在设计中如能把接地和屏蔽正确地结合起来使用，可以解决大部分干扰问题。

（一）正确的接地方法

接地设计有两个基本目的：消除各电路电流流经公共地线阻抗所产生的噪声电压和避免磁场与电位差的影响，使其不形成地环路，如果接地方式不好就会形成环路，造成噪声耦合。正确接地是重要而又复杂的问题，理想的情况是一个系统的所有接地点与大地之间阻抗为零，但这是难以做到的。在实际接地中总存在着连接阻抗和分散电容，所以如果接地线不佳或接地点不当，都会影响接地质量。接地的一般要求如下：

（1）接地电阻在要求范围内。对于 PLC 组成的控制系统，接地电阻一般应小于 4 Ω。

（2）要保证足够的机械强度。

（3）要具有耐腐蚀的能力并做防腐处理。

（4）在整个工厂中，PLC 组成的控制系统要单独设计接地。

在上述要求中，后 3 条只要按规定设计、施工就可满足要求，关键是第（1）条的接地电阻。外接地线深埋大地的情况，如图 5-13所示。

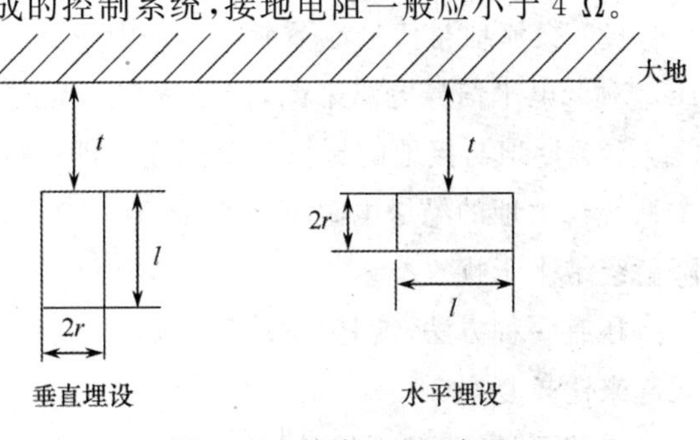

图 5-13　外接地线示意图

根据接地电阻计算公式，当垂直埋设时，接

地电阻为

$$R=\frac{\rho}{2\pi l}\left(\ln\frac{l}{r}+\frac{1}{2}\ln\frac{4t+3l}{4t+l}\right) \tag{5-1}$$

当水平埋设时，接地电阻为

$$R=\frac{\rho}{2\pi l}\left\{\ln\frac{l}{r}+\ln\left[\frac{l}{4t}+\sqrt{1+\left(\frac{l}{4t}\right)^2}\right]\right\} \tag{5-2}$$

如接地棒埋设较深时，两式中 $t\to\infty$，则式(5-1) 和式(5-2) 成为下式：

$$R=\frac{\rho}{4\pi}\ln\frac{l}{r} \tag{5-3}$$

由式(5-3)可见，降低接地电阻主要是增加接地棒长度 l 并同时降低地面的固有电阻率 ρ。在埋设接地棒的施工中，如将土、水和盐按 1∶0.2∶(0.2～0.1)的比例混合在接地棒周围，则可降低接地电阻约 1/10。另外应尽量减少接地导线长度以降低接地电线的阻抗。

（二）各种不同接地的处理

除了正确进行接地设计、安装外，还要对各种不同的接地进行正确的接地处理。在 PLC 组成的控制系统中，大致有以下几种地线：

(1) 数字地。这种地也叫逻辑地，是各种开关量(数字量)信号的零电位。

(2) 模拟地。这种地是各种模拟量信号的零电位。

(3) 信号地。这种地通常是指传感器的地。

(4) 交流地。交流供电电源的地线，这种地通常是产生噪声的地。

(5) 直流地。直流供电电源的地。

(6) 屏蔽地(也叫机壳地)。为防止静电感应而设。

以上这些地线如何处理是 PLC 系统设计、安装、调试中的一个重要问题。下面来做一些讨论，并给出不同的处理方法：

(1) 一点接地和多点接地。一般情况下，高频电路应采用就近多点接地，低频电路应采用一点接地。在低频电路中，布线和元件间的电感并不是什么大问题，然而接地形成的环路对电路的干扰影响很大，因此通常以一点作为接地点，但一点接地不适用于高频，因为高频时，地线上具有电感因而增加了地线阻抗，调试时，在各个接地线之间又产生电感耦合。一般来说，频率在 1 MHz 以下，可用一点接地；高于 10 MHz 时，采用多点接地；在 1～10 MHz 之间可用一点接地，也可多点接地。根据这一原则，PLC 控制系统一般都采用一点接地。

(2) 交流地与信号地不能共用。由于在一般电源地线的两点间会有数 mV，甚至几 V 电压。对低电平信号电路来说，这是一个非常严重的干扰，因此必须加以隔离。

(3) 浮地与接地的比较。全机浮空即系统各个部分与大地浮置起来，这种方法简单，但整个系统与大地的绝缘电阻不能小于 50 MΩ。这种方法具有一定的抗干扰能力，但一旦绝缘下降就会带来干扰。

还有一种方法，就是将机壳接地，其余部分浮空。这种方法抗干扰能力强，安全可靠，但实现起来比较复杂。

由此可见，PLC 系统的接地还是以接入大地为好。

(4) 模拟地。模拟地的接法十分重要，为了提高抗共模干扰能力，对于模拟信号可采用屏蔽浮地技术。对于具体的 PLC 模拟量信号的处理要严格按照 GB50065 上的要求设计。

(5) 屏蔽地。在控制系统中，为了减少信号中电容耦合噪声以便准确检测和控制，对信号采用屏蔽措施是十分必要的。根据屏蔽目的不同，屏蔽地的接法也不一样。电场屏蔽解决分布电容问题，一般接大地，电场屏蔽主要避免雷达、电台等高频电磁场辐射干扰。利用低阻、高导流金属材料制成，可接大地。磁屏蔽以防磁铁、电动机、变压器、线圈等的磁感应、磁耦合，其屏蔽方法是用高导磁材料使磁路闭合，一般接大地为好。

当信号电路是一点接地时，低频电缆的屏蔽层也应一点接地。如果电缆的屏蔽层接地点有一个以上时，产生噪声电流，形成噪声干扰源。当电路有一个不接地的信号源与系统中接地的放大器相连时，输入端的屏蔽应接至放大器的公共端；相反，当接地的信号源与系统中不接地的放大器相连时，放大器的输入端也应接到信号源的公共端。

本例是低频电路，应采用一点接地。

四、I/O 通道分配及 I/O 接线图

(一) I/O 通道分配

I/O 通道分配，如表 5-2 所示。

表 5-2　I/O 通道分配

类别	元件	端子号	作　用
输入	SB1	I0.0	启动按钮
	SB2	I0.1	停止按钮
	FR	I0.2	热继电器动合触点
输出	HL	Q0.0	电动机运行指示灯
	KM1	Q0.1	定子绕组主接触器
	KM2	Q0.2	定子绕组Y接
	KM3	Q0.3	定子绕组角接

(二) PLC 的 I/O 接线图

I/O 接线图如图 5-14 所示。

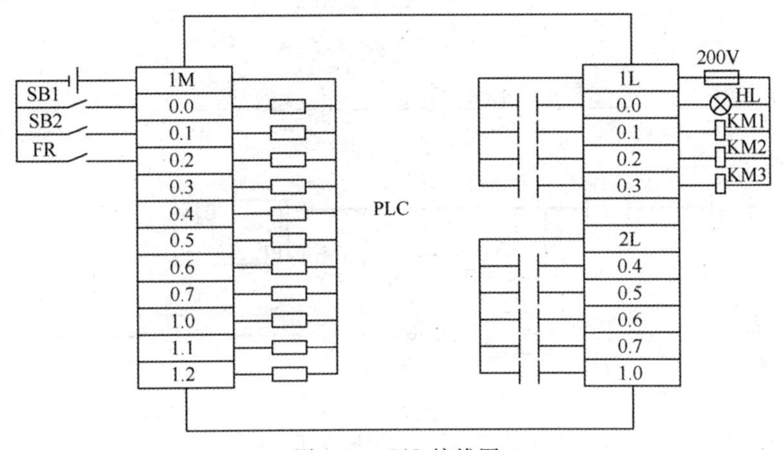

图 5-14　I/O 接线图

五、设计梯形图程序

梯形图,如图 5-15 所示。

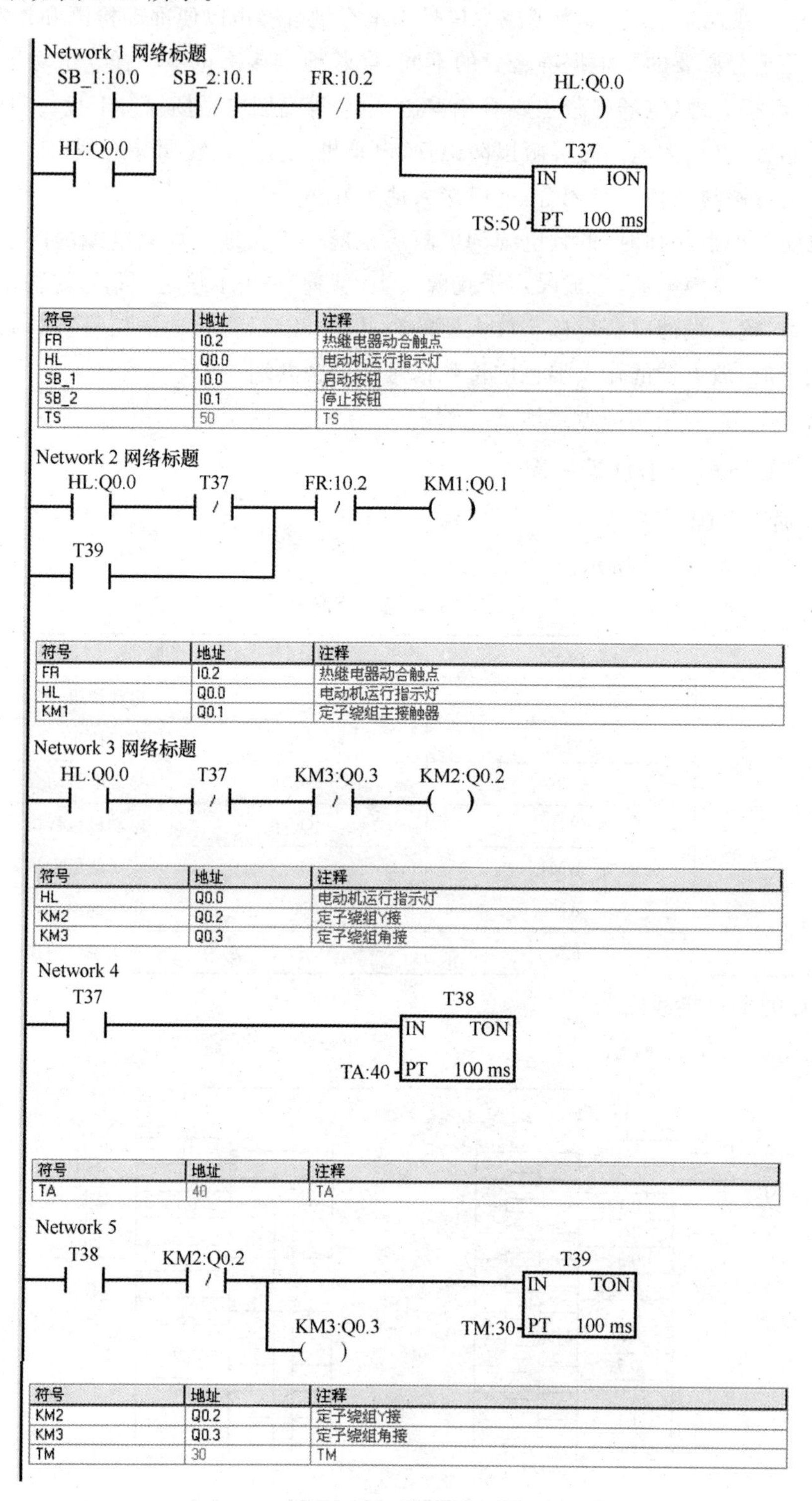

图 5-15　梯形图程序

在此例中，在PLC的外部接线中，由于使用热继电器FR的动断触点作为电动机的过载保护输入，因此在梯形图程序中，使用的是Q0.2常开触点。

程序调试可参见上例，或用PLC实际进行外部接线，但要注意，必须确保程序调试无误，特别是Q0.2和Q0.3不能同时为ON，否则将造成电源短路。

习　　题

1. 请问图5-10插入到图5-9之前为什么能完成断点保存，如果插入到断点之后是否还能完成，为什么？

2. 电动葫芦起升机构的动负荷试验，控制要求如下：

(1) 可手动上升、下降；

(2) 自动运行时，上升6 s→停9 s→下降6 s→停9 s，反复运行1 h，然后发出声光信号，并停止运行。

试设计用PLC控制的上述系统。

3. 要求：按下启动按钮后，能根据图5-16所示依次完成下列动作：

(1) A部件从位置1到2；

(2) B部件从位置3到4；

(3) A部件从位置2回到1；

(4) B部件从位置4回到3。

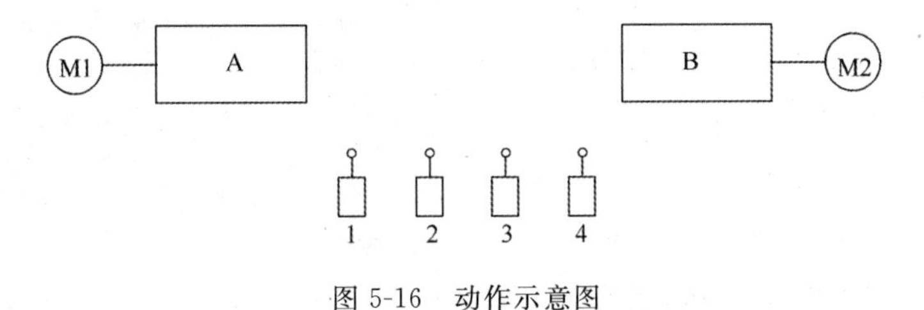

图5-16　动作示意图

用PLC实现上述要求，画出梯形图。

4. 某电动单梁起重机质量检测系统，要求起重机有升降、进退、左右行3个动作机构，整机性能检验要求如下所述：

(1) 钩上没有负载时，前进、后退、左行、右行、上升、下降6个动作周期运行。

进退机构：前进30 s，休息45 s，后退30 s，再休息45 s，每个周期150 s；

左右行机构：进退机构启动1 s，后启动，左行14 s，休息23 s，右行14 s，休息23 s，每个周期7 s；

升降机构：在进退机构启动1 s，后启动，上升10 s，休息15 s，下降10 s，休息15 s，一个周期为50 s。

(2) 逐步加载至1.1倍额定负载，重复上述操作。

(3) 周期运行时间不少于1 h。

试设计该PLC控制程序。

5. 某送料车如图5-17所示，小车由交流异步电动机拖动，电动机正转，小车前进；电动机反转，小车后退。对小车的控制要求如下所述：

(1) 单循环工作方式：每按一次送料按钮，小车后退至装料处，10 s后满装料，自动前进至卸料处，15 s后卸料完毕，小车返回到装料处待命。

(2) 自动循环工作方式：按一次送料按钮后，上述动作自动循环进行，当按下停止按钮时，小车要完成本次循环后，停在装料处。

试用PLC对小车进行控制，画出梯形图。

6. 试设计一4层电梯PLC控制系统，要求：

某层楼有呼叫信号时，电梯自动运行到该层后停止；如果同时有2层或3层楼呼叫时，以先后顺序排列，同方向就近楼层优先，电梯运行到就近楼层后，待门关严后，电梯自行启动，运行至下一个楼层。

7. 试设计一个油循环控制系统(图5-18)，具体要求如下所述：

(1) 按下启动按钮SB1后，泵1、泵2通电运行，由泵1将油从循环槽打入淬火槽，经沉淀槽，再由泵2打入循环槽，运行15 min后，泵1、泵2停。

(2) 在泵1，泵2运行期间，如果沉淀槽的水位到达高水位，液位传感器SL1接通，此时泵1停，泵2继续运行1 min。

(3) 在泵1，泵2运行期间，如果沉淀槽的水位到达低水位，液位传感器SL2由接通变断开，此时泵2停，泵1继续运行1 min。

(4) 当按下停止按钮SB2时，泵1、泵2同时停。

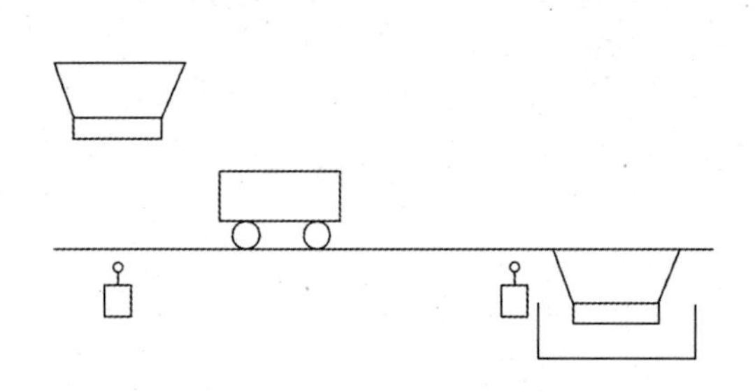

图5-17 送料车示意图

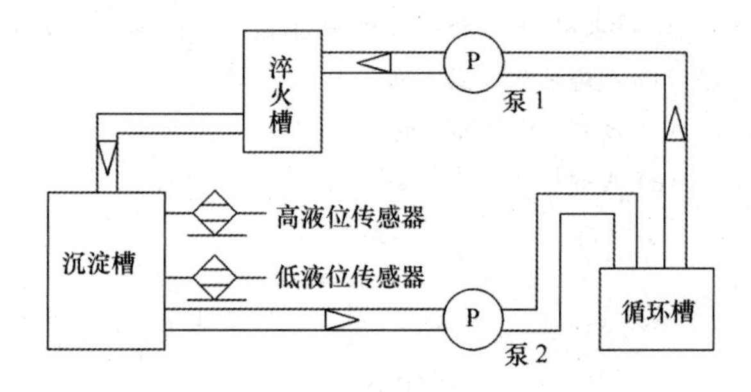

图5-18 油循环控制系统

8. 试设计一个剪板机控制系统(图5-19)，具体要求如下所述：

(1) 初始状态：压钳和剪刀在上限位置，SQ1、SQ2被压下。

(2) 按下启动按钮SB1，板料右行，至SQ3处停止；此时压钳下行，压紧板料后，压力继电器KA动作(其动合触点接通)，压钳保持压紧，剪刀开始下行。

(3) 剪断板料后，SQ4被压下，压钳和剪刀同时上行，分别碰到SQ1、SQ2时停止，回到初始状态。

9. 试设计一个如下图所示的料车自动循环送料控制系统(图5-20)，具体要求如下所述：

(1) 初始状态：小车在起始位置时，压下SQ1。

(2) 启动：按下启动按钮SB1，小车在起始位置装料，10 s后向右运动，至SQ2处停止，开始下料，5 s后下料结束，小车返回起始位置，再用10 s的时间装料，然后向右运动到SQ3处下料，5 s后再返回到起始位置……完成自动循环送料，直接有复位信号输入。

(**提示**：可用计数器计下小车经过SQ2的次数)

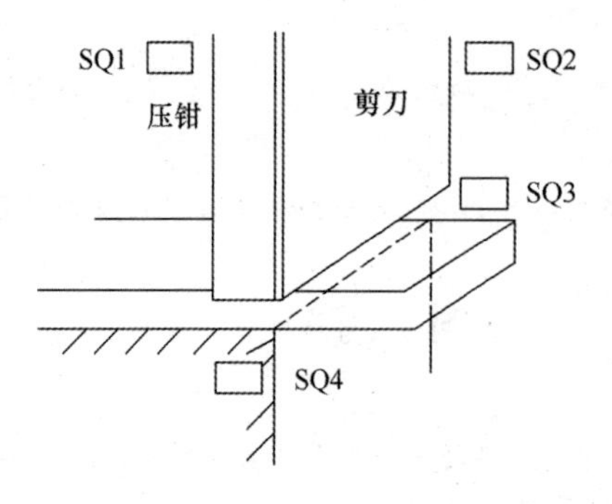

图5-19 剪板机控制系统

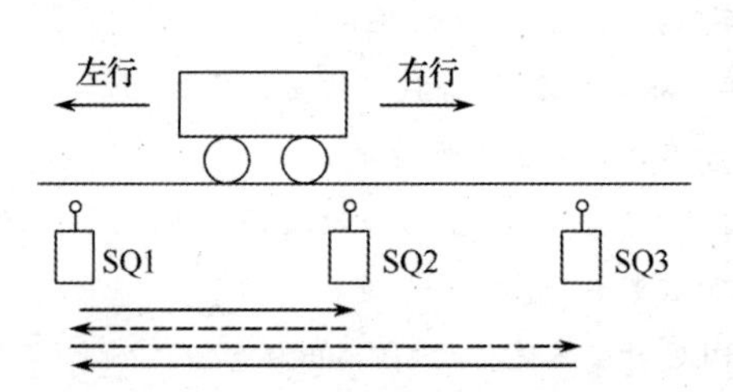

图5-20 料车自动循环送料控制系统

10. 试设计一个如图 5-21 所示的粉末冶金制品压制机控制系统。

具体要求如下所述:

装好粉末后,按下启动按钮 SB1,冲头下行,将粉末压紧后,压力继电器 KA 动作(其动合触点闭合),延时 5 s 后,冲头上行,至 SQ1 处停止后,模具下行至 SQ3 处停止;操作工人取走成品后,按下 SB2 处停止,系统回到初始状态。

可随时按下紧急停止按钮 SB3,使系统停车。

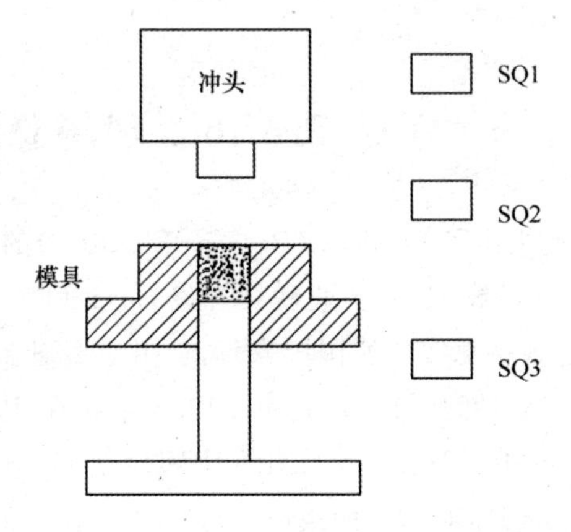

图 5-21 粉末冶金制品压制机控制系统

模块六 对Profibus现场总线的了解及使用

任务一 了解 Profibus 现场总线

1984 年，德国的一位教授提出了 Profibus(Process Fieldbus)的技术构想，1987 年，德国科技部组织 5 家研究机构和西门子等 13 家企业联合开发，以 ISO7498 标准的开放系统因特网 OSI 作为参考模型，开始制定现场总线的德国国家标准，并开始研制 Profibus 现场总线产品。1991 年 Profibus 德国标准 DIN 19245(1～4)发布。1996 年 6 月，Profibus 已被采纳为欧洲标准 EN50170；1997 年 7 月，Profibus International 在中国建立了 Profibus 中国用户协会 CPO；1999 年 Profibus 成为国际标准 IEC61158 的组成部分；2001 年批准成为中国的行业标准 JB/T 10308.3—2001，目前正向世界各国扩展。

Profibus 是一种国际化、开放式、不依赖于设备生产商的现场总线标准，是一种集成了过程(HI)和工厂自动化(H2)的现场总线解决方案。采用了 Profibus 标准系统，不同厂商生产的设备不需对其接口进行特别调整就可通信，可用于高速并对时间苛求的数据传输场合，也可用于大范围的复杂通信场合，如图 6-1 所示。

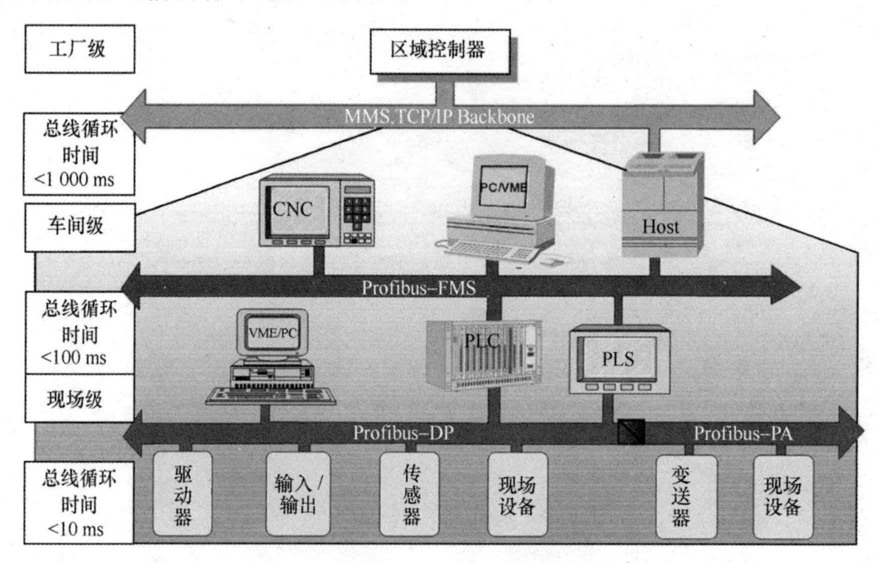

图 6-1 Profibus 应用范围示意图

Profibus 根据应用特点分为三个兼容版本，如图 6-2 所示。

(1) Profibus-DP(Decentralized Periphery)。Profibus-DP 应用于现场级，它是一种高速低成本通信，用于设备级控制系统与分散式 I/O 的通信。使用 Profibus-DP 模块可取代 24 V

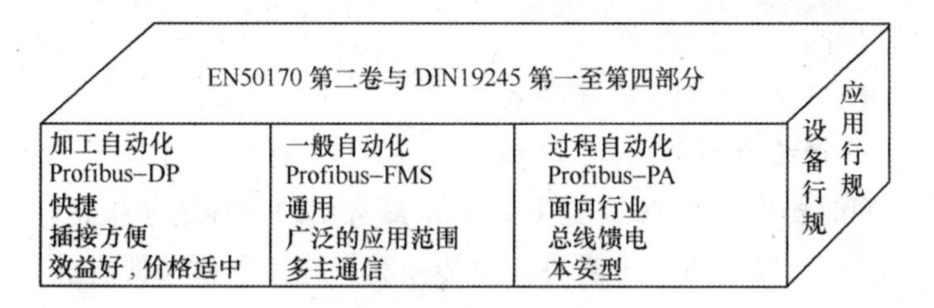

图 6-2　Profibus 的三个兼容版本

或 4～20 mA 的串联式信号传输。通过直接数据链路映像(DDLM)提供的用户接口，使得对数据链路层的存取变得简单方便，特别适用于装置一级自动控制系统与分散 I/O 之间的高速通信。在这一级，控制器如可编程序控制器(PLC)通过高速串行线同分散的外设交换数据。同这些分散外设的数据交换是周期性的。中央控制器(主)读取设备(从)的输入信息并发回输出信息。在这一级要求响应时间短，应保证总线循环时间比控制器的程序循环时间短。传输可使用 RS-485 传输技术或光纤传输技术。

(2) Profibus-PA(Process Automation)。它适用于过程自动化，可使传感器和执行器接在一根共用的总线上，可应用于本征安全领域。根据国际标准 IEC 61158-2，Profibus-PA 可用双电缆总线供电技术进行数据通信，数据传输采用扩展的 Profibus-PA 协议和描述现场设备的 PA 行规，使用电缆耦合器，Profibus- PA 装置能很方便地连接到 Profibus- DP 网络。

(3) Profibus-FMS(Fieldbus Message Specification)。用于车间级监控网络，它是权标结构的实时多主网络。用来完成控制器和智能现场设备之间的通信以及控制器之间的信息交换。它提供大量的通信服务，用以完成以中等传输速率进行的循环和非循环的通信任务，在单元一级完成通用目的的通信。FMS 与 LLI(Lower Layer Interface)构成应用层，它包括了应用协议并向用户提供了可广泛选用的强有力的通信服务。LLI 协调了不同的通信关系并向 FMS 提供不依赖设备访问数据链路层，Profibus-FMS 可使用 RS-485 传输技术和光纤传输技术。

一、Profibus 的基本特性

Profibus 可使分散式数字化控制器从现场底层到车间级网络化，与其他现场总线相比，Profibus 最主要的优点是具有稳定的国际标准 EN50170 作保证，并经实际应用验证具有普遍性，它包括了加工制造、过程和楼宇自动化等广泛应用领域，并可同时实现集中控制、分散控制和混合控制三种方式。该系统分为主站和从站。

主站决定总线的数据通信，当主站得到总线控制权(权标)时，没有外界请求也可以主动发送信息。在 Profibus 协议中主站也称之为主动站。

从站为外围设备，典型的从站包括：输入/输出装置、阀门、驱动器和测量发送器。它们没有总线控制权，仅对接收到的信息给予确认或当主站发出请求时向它发送信息。从站也称为被动站。由于从站只需总线协议的一小部分，所以实施起来特别经济。

二、Profibus 传输技术

在现场总线中，数据和电源的传送必须在同一根电缆上。而单一的传输技术不可能满足所有的要求，因此，Profibus 提供了 3 种数据传输类型：用于 DP 和 FMS 的 RS-485 传输；用于

PA 的 IEC1158-2;光纤(FO)。

1. **用于 DP 和 FMS 的 RS-485 传输技术**

由于 DP 与 FMS 系统使用了同样的传输技术和统一的总线访问协议,因而,这两套系统可在同一根电缆上同时操作。RS-485 是 Profibus 最常用的一种传输技术,这种技术通常称为 H2,采用屏蔽双绞铜线电线。适用于需要高速传输和设施简单而又便宜的各个领域。

RS-485 传输技术的基本特性,如表 6-1 所示。

表 6-1　RS-485 传输技术的基本特性

网络拓扑	线性总线。两端有有源的总线终端电阻。短截线的比特率≤1.5 Mbit/s
传输速率	9.6 kbit/s～12 Mbit/s
介质	屏蔽双绞电缆,也可取消屏蔽,取决于环境条件(EMC)
站点数	每段 32 个站,不带转发器。带转发器最多可到 127 个站
插头连接器	最好为 9 针 D 型插头连接器

RS-485 传输设备安装要点:

(1) 全部设备均与总线连接。

(2) 每个分段上最多可接 32 个站(主站或从站)。

(3) 每段的头和尾各有一个总线终端电阻,确保操作运行不发生误差。两个总线终端电阻必须一直有电源,如图 6-3 所示。

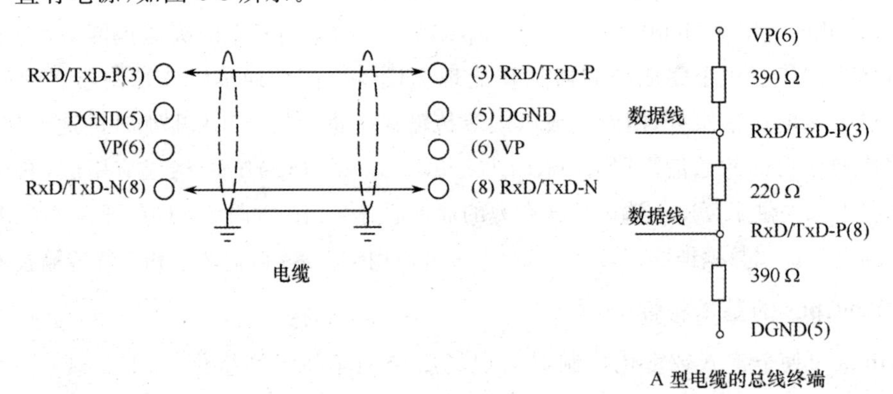

图 6-3　Profibus-DP 和 Profibus-FMS 的电缆接线和总线终端电阻

(4) 当分段站超过 32 个时,必须使用中继器用以连接各总线段。串联的中继器一般不超过 4 个,如图 6-4 所示。

(5) 一旦设备投入运行,全部设备均须选用同一传输速率,可选用 9.6 kbit/s～12 Mbit/s。电缆的最大长度取决于传输速率,电缆的长度与传输速率的关系,如表 6-2 所示。

表 6-2　电缆的长度与传输速率的关系

传输速率/(kbit/s)	9.6	19.2	93.75	187.5	500	1 200	1 500
距离(段)/(m)	1 200	1 200	1 200	1 000	400	200	100

(6) A 型号电缆参数:

阻抗:135～165Ω;电容:小于 30 pF/m;回路电阻:111 Ω,线规:0.64 mm;导线面积:大于

0.34 mm^2。

(7) RS-485 传输技术的 Profibus 网络最好使用 9 针 D 型插头。

(8) 当连接各站时，应确保数据线不要拧绞，系统在高电磁发射环境(如汽车制造业)下运行应使用带屏蔽的电缆，屏蔽可提高电磁兼容性(EMC)。

(9) 超过 500kbit/s 的数据传输速率应避免使用短截线段，应使用市场上现有的插头，可使数据输入/输出电缆直接与插头连接，而且总线插头连接可在任何时候接通或断开而并不中断其他站的数据通信。

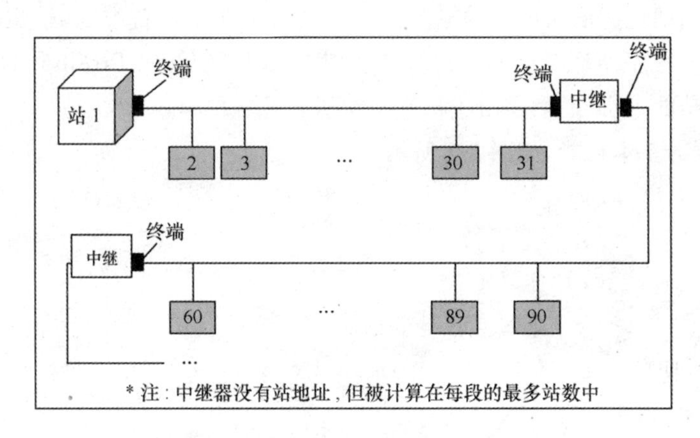

图 6-4　每个分段上最多可接 32 个站(主站或从站)

2. 用于 PA 的 IEC 1158-2 传输技术

IEC 1158-2 是一种位同步协议，可进行无电流的连续传输，通常称为 H1，它可保持其本征安全性，并通过总线对现场设备供电。IEC 1158-2 的传输技术用于 Profibus-PA 中，能满足化工和石油化工业的要求。

3. 光纤传输技术

(1) Profibus 系统在电磁干扰很大的环境下应用时，可使用光纤导体，以增加高速传输的距离。

(2) 可使用两种光纤导体，一是价格低廉的塑料纤维导体，供距离小于 50 m 情况下使用；另一种是玻璃纤维导体，供距离大于 1 km 情况下使用。

(3) 许多厂商提供专用总线插头可将 RS-485 信号转换成光纤导体信号或将光纤导体信号转换成 RS-485 信号。

三、Profibus-FMS

Profibus-FMS 的设计旨在解决车间一级的通信。在这一级，可编程序控制器(如 PLC 与 PC)之间需要比现场更大量的数据传送，高级功能比快速系统反应时间更重要。

四、Profibus-PA

从本质上来说，Profibus-PA 是 Profibus-DP 在现场级的通信扩展。它采用的总线机制(数据传输技术)能够满足过程工业本征安全以及系统和产品互操作性的要求，保证处于危险环境中的变送器和执行器与中央自动化系统的通信。

Profibus-PA 适用于 Profibus 的过程自动化。PA 将自动化系统和过程控制系统与压力、湿度和液位变送器等现场设备连接起来，PA 可用来替代 4～20 mA 的模拟技术。

五、Profibus-DP

Profibus-DP 用于现场层的高速数据传送，中央控制器通过高速串行线同分散的现场设备（如 I/O、驱动器、阀门等）进行通信，多数数据交换是周期性的，除此之外，智能化现场设备还需要非周期性通信，以进行配置、诊断和报警处理。

1. Profibus-DP 的基本功能

中央控制器周期地读取从设备的输入信息并周期地向从设备发送，输出信息循环时间必须要比中央控制的程序循环时间短。除周期性用户数据传输外，Profibus-DP 还提供了强有力的诊断和配置功能，数据通信是由主机和从机进行监控的。

Profibus-DP 的基本功能，如图 6-5 所示。

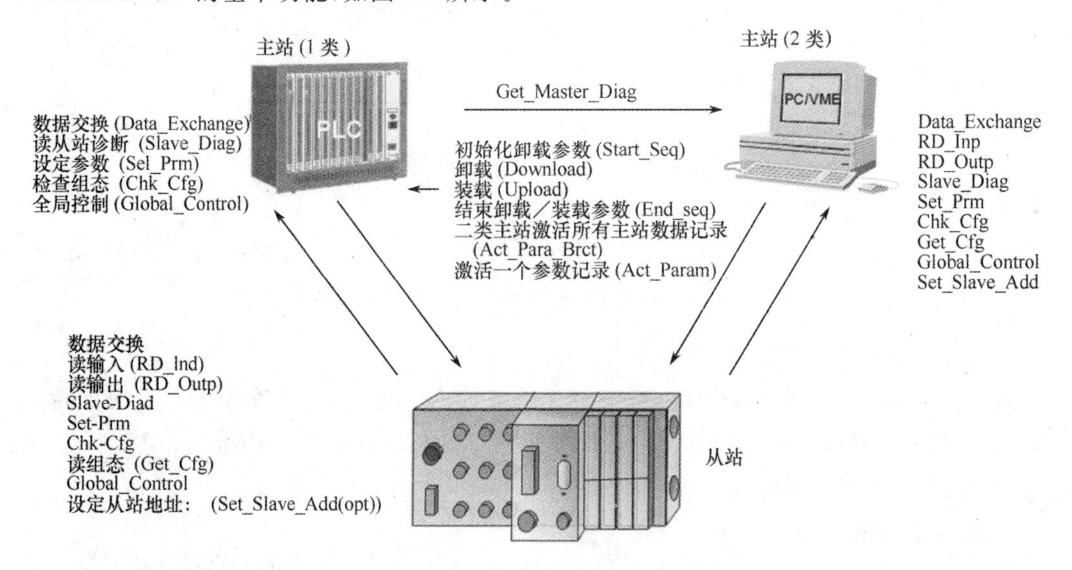

图 6-5 Profibus-DP 的基本功能

（1）传输技术。RS-485 双绞线双线电缆或光缆比特率从 9.6 kbit/s～12 Mbit/s。

（2）总线存取。各主站间权标传送，主站与从站间数据传送。支持单主或多主系统，主-从设备，总线上最多站点数为 126。

（3）通信。点对点（用户数据传送）或广播（控制指令），循环主－从用户数据传送和非循环主-主数据传送。

（4）运行模式。运行：输入/输出数据的循环传送。

清除：DPM1 读取 DP 从站的输入信息并使输出信息保持为故障－安全状态。

停止：只能进行主－主数据传送。

2. Profibus-DP 系统行为

Profibus-DP 的系统行为主要取决于 DPM1 的操作状态，这些状态是由本地或总线的配置设备所控制的，主要有以下 3 种状态：

（1）停止。在这种状态下，DPM1 和 DP 从站之间没有数据传输。

(2) 清除。在这种状态下,DPM1 读取 DP 从站的输入信息并使输出信息保持在故障安全状态。

(3) 运行。在这种状态下,DPM1 处于数据传输阶段,循环数据通信时,DPM1 从 DP 从站读取输入信息并向 DP 从站写入输出信息。

六、电子设备数据文件(GSD)

Profibus 设备具有不同的性能特征,特性的不同在于现有功能的不同或可能的总线参数,例如波特率和时间的监控不同。这些参数对每种设备类型和每家生产厂来说均各有差别,为达到 Profibus 简单的即插即用配置,这些特性均在电子数据单中具体说明,有时称为设备数据库文件或 GSD 文件,标准化的 GSD 数据将通信扩大到操作人员控制一级。使用 GSD 所作的组态工具可将不同厂商生产的设备集成到同一总线系统中,如图 6-6 所示。

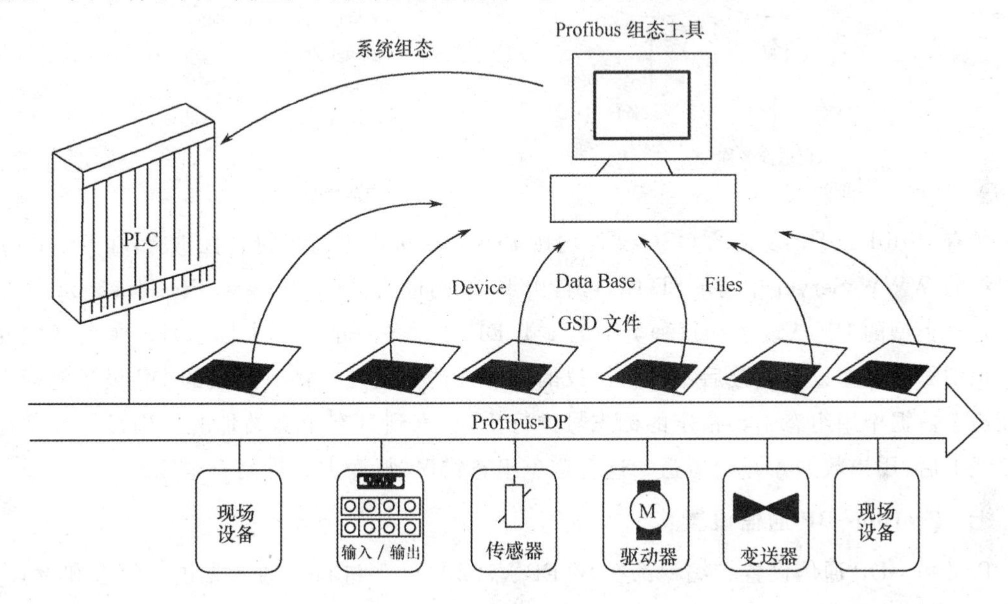

图 6-6　电子设备数据的开放式组态

DP 从站和 1 类 DP 主站的 GSD 文件包含这些 DP 部件特有的设备特性。GSD 文件具有标准化特征,如预定义的"DP 关键字"和固定的文件格式(语法)。因此,不需使用特殊的工具就是可以编辑 Profibus 标准的 GSD 文件。

在最初的系统组态阶段,GSD 文件允许检查 Profibus 设备数据的合理性、有效性和正确的性能。这样可以避免 DP 设备在连接运行时可能出现的错误。

1. 安装一个新的 GSD 文件

为了安装一个新的 GSD 文件,打开硬件组态工具 HWConfig。在菜单条中,选择 OPTIONS→INSTALLNEW *.GSEFILES…(这里的 GSE 即 GSD 文件),当想要增加一台新的 DP 设备到 Profibus-DP 系统配置中而正在使用的组态工具还不能识别此设备时,必须新安装此设备的 GSD 文件。

在 STEP7 中保存此新建立的 GSD 文件在…\siemens\Step7\S7data\GSD 文件夹或类似位图文件的相关象形图文件…\siemens\Step7\S7data\NsbmP 文件夹中。

2. 输入一个站的 GSD 文件

STEP7 把 Profibus-DP 系统配置的所有 DP 设备的 GSD 文件保存在项目中。这样，从 STEP7 组态工具那里就获得很大的自由度，即可以从这个 STEP7 组态工具中传送此 STEP7 项目到另一个组态工具并在那里处理它，即使此组态工具还未安装这个新的 DP 设备的 GSD 文件也如此。

3. GSD 文件的格式

GSD 文件是一个 ASCII 文本文件由标识符"# Profibus-DP"开始，随后指定此设备所支持的所有参数，如 vendor_Name(M)，Revision(M)，Protocol_Ident(M)等。

其名称格式如下：

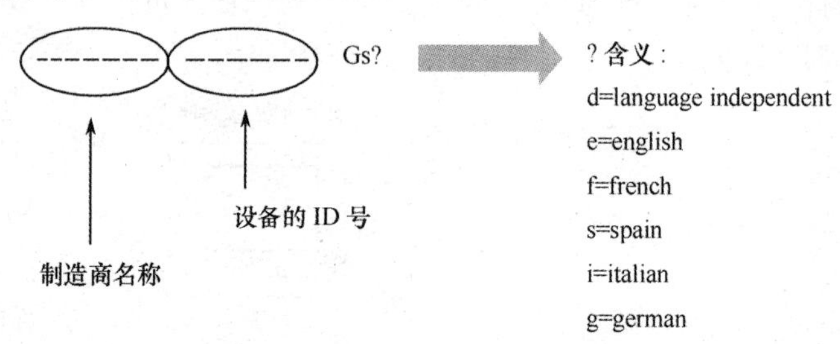

所有 Profibus-DP 设备的 GSD 文件均按 Profibus 标准进行了符合性试验，在 Profibus 用户组织的 WWW Server 中有 GSD 库，可自由下载，网址为：http//www. Profibus. com。

每种类型的 DP 从设备和每种类型的 1 类 DP 主设备一定有一个标志号。主设备用此标志号识别哪种类型设备连接后不产生协议的额外开销。主设备将所连接的 DP 设备的标志号与在组态数据中用组态工具指定的标志号进行比较，直到具有正确站址的正确设备类型连接到总线上后，用户数据才开始传送。这可避免组态错误，从而大大提高安全级别。

七、Profibus-DP 通信设置

Profibus-DP 通信设置和编程都在 STEP V5.2 软件下进行。通常先进行组态和设置，建立主站系统，如采用 S7-300 主站，再在 S7-300 的 CPU 中建立一个 Profibus-DP 网络，设立通信参数，如网络地址、通信频率、通信方式、通信字节、通信区域等参数，再保存和下载到S7-300 的 CPU 中。在主站系统下，选择 Profibus-DP 网络，组态 DP 网络的从站。先将从站或从站类型的设备挂到 DP 网络上，如将主设备作为从站，须进行专门设置。再设置从站的网络地址、通信速率、通信方式、通信字节、通信区域等参数，然后保存和下载到相应的从设备中。最后对主设备和从设备分别进行编译和下载，调试通过后，Profibus-DP 网络可正式运行。

八、Profibus 在工厂自动化系统中的应用

典型的工厂自动化系统应该是三级网络结构，基于现场总线的 Profibus-DP/PA 控制系统位于工厂自动化系统中的底层，即现场级与车间级。现场总线 Profibus 是面向现场级与车间级的数字化通信网络。

1. 现场设备层

主要功能是连接现场设备，如分散式 I/O、传感器、驱动器、执行机构、开关设备等，完成现场设备控制及设备间联锁控制。主站(PLC、PC 或其他控制器)负责总线通信管理及所有从站

的通信。总线上所有设备生产工艺控制程序存储在主站中，并由主站执行。

2. 车间监控层

车间级监控用来完成车间主生产设备之间的连接，如一个车间 3 条生产线主控制器之间的连接，完成车间级设备监控。车间级监控包括生产设备状态在线监控、设备故障报警及维护等。通常还具有诸如生产统计、生产调度等车间级生产管理功能。车间级监控通常要设立车间监控室，操作员工作站及打印设备。车间级监控网络可采用 Profibus-FMS，它是一个多主网，这一级数据传输速率不是最重要的，最重要的是能够传送大容量信息。

3. 工厂管理层

车间操作员工作站可通过集线器与车间办公管理网连接，将车间生产数据送到车间管理层。车间管理网作为主网的一个子网，子网通过交换机、网桥或路由等连接到厂区骨干网，将车间数据集成到工厂管理层。

车间管理层为通常所说的以太网，即 IEC802.3TCP/IP 的通信协议标准。工厂骨干网可根据工厂实际情况，采用如 FDDI 或 ATM 等网络。

任务二　组建 Profibus-DP 控制系统

一、Profibus 控制系统的组成

1. 一类主站

一类主站指 PLC、PC 或可作一类主站的控制器。一类主站完成总线通信控制与管理。

2. 二类主站

PLC(智能型 I/O)：PLC 可作 Profibus 上的一个从站。PLC 自身有程序存储功能，PLC 的 CPU 部分执行程序并按程序驱动 I/O。作为 Profibus 主站的一个从站，在 PLC 存储器中有一段特定区域作为与主站通信的共享数据区。主站可通过通信网间接控制从站 PLC 的 I/O。

分散式 I/O(非智能型 I/O)：通常由电源、通信适配器、接线端子组成。分散式 I/O 不具有程序存储和程序执行功能，通信适配器部分接收主站指令，按主站指令驱动 I/O，并将 I/O 输入及故障诊断等逐处返回给主站。通常分散型 I/O 是由主站统一编址，这样在主站编程时使用分散式 I/O 与使用主站的 I/O 没有什么区别。

驱动器、传感器、执行机构等现场设备，即带 Profibus 接口的现场设备，可由主站在线完成系统配置、参数修改、数据交换等功能。至于哪些参数可进行通信及参数格式由 Profibus 行规决定。

二、Profibus-DP 控制系统的组成

Profibus-DP 允许构成单主站或多主站系统。这就为系统配置组态提供了高度的灵活性。在同一总线上最多可连接 126 个站点。系统配置的描述包括：站点数目、站点地址、输入/输出数据的格式、诊断信息的格式以及所使用的总线参数。每个 Profibus-DP 系统可包括以下 3 种设备类型。

一级 DP 主站(DPM1)

一级 DP 主站是中央控制器，它在预定的周期内与分散的站(如 DP 从站)交换信息。它使

用如下的协议功能执行通信任务，典型的主设备包括可编程序控制器 PLC 和个人计算机 PC。如用 S7-300 作为主站，其外形如图 6-7 所示，其模块示意图如图 6-8 所示。

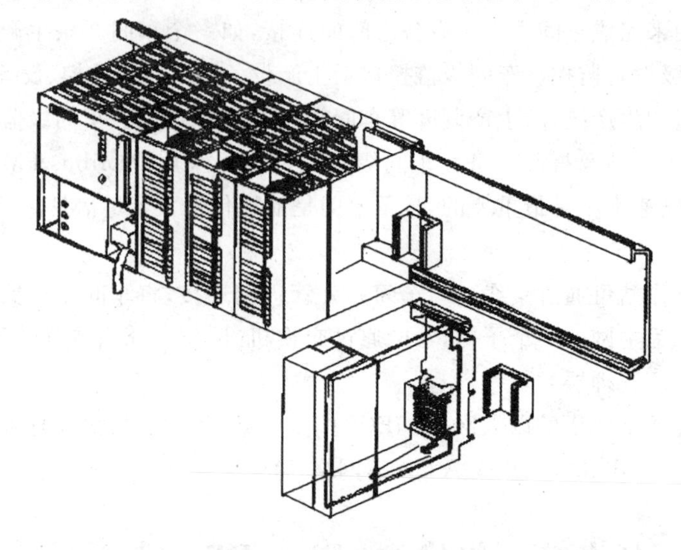

图 6-7　S7-300 模块外形图

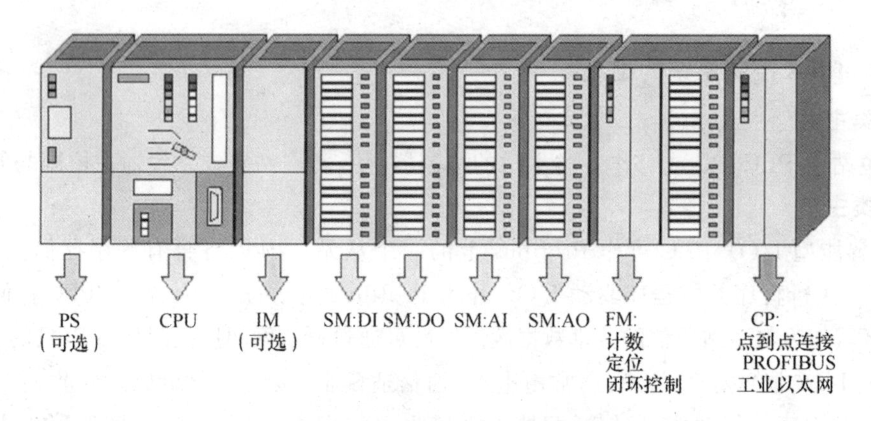

图 6-8　S7-300 模块示意图

S7-300 模块各部分功能如表 6-3 所示。

表 6-3　S7-300 模块各部分功能

信号模块(SM)	数字量输入模块：DC 24 V，AC 120/230 V
	数字量输出模块：DC 24 V，继电器
	模拟量输入模块：电压，电流，电阻，热电偶
	模拟量输出模块：电压，电流
接口模块（IM）	IM360/IM361 和 IM365 可以用来进行多层组态，它们把总线从一层传到另一层
占位模块（DM）	DM 370 占位模块为没有设置参数的信号模块保留一个插槽。它也可以用来为以后安装的接口模块保留一个插槽

续表

功能模块（FM）	执行“特殊功能”： ① 计数； ② 定位； ③ 闭环控制
通信处理器(CP)	提供以下的连网能力： ① 点到点连接； ② Profibus； ③ 工业以太网
附件	总线连接器和前连接器

Profibus-DP 在结构上可分为单主站系统和多主站系统。

(1) 单主站系统。在单主站系统中，在总线系统操作阶段，只有一个活动主站。图 6-9 为一个单主站系统的配置图，PLC 为一个中央控制部件。单主站系统可获得最短的总体循环时间。

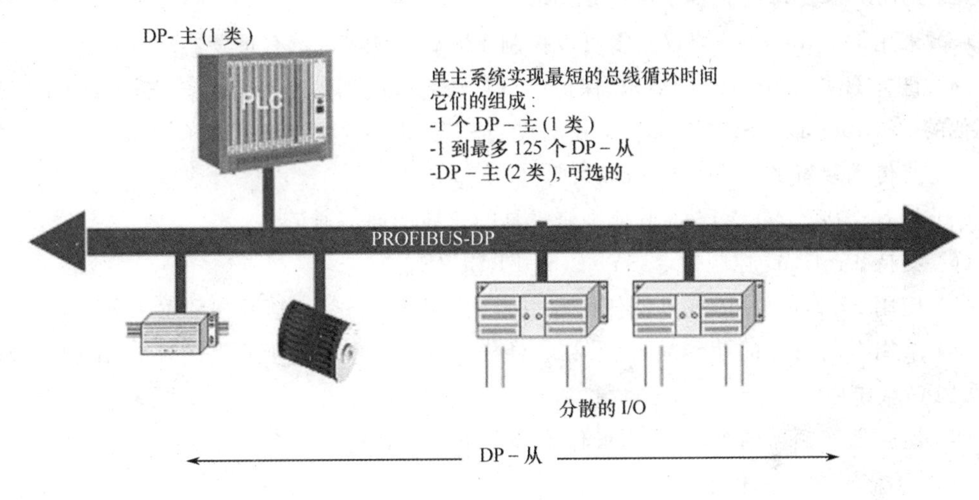

图 6-9　一个单主站系统的配置图

Profibus-DP 单主系统的典型循环时间如图 6-10 所示。

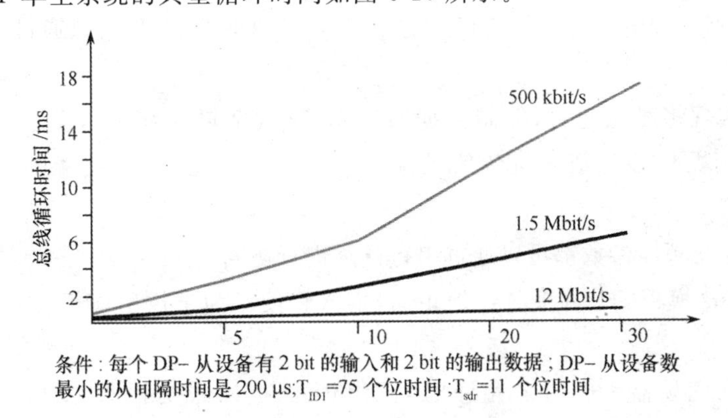

图 6-10　Profibus-DP 单主系统的典型循环时间

(2) 多主站系统。由于按 EN50170 标准规定的 Profibus 节点在第 1 层和第 2 层的特性，一个 DP 系统也可能是多主结构。实际上这就意味着一条总线上连接几个主站节点，在一个总线上 DP 主站/从站、FMS 主站/从站和其他的主动节点或被动节点也可以共存。多主站配置中，总线上的主站与各自的从站构成相互独立的子系统或是作为网上的附加配置和诊断设备，如图 6-5 所示，任何一个主站均可读取 DP 从站的输入/输出映像，但只有一个主站(在系统配置时指定的 DPM1)可对 DP 从站写入输出数据，多主站系统的循环时间要比单主站系统循环时间长。

三、Profibus 模板

Profibus 模板是一个可选件，用户采用这一选件后，可以通过 Profibus-DP 串行总线(SINEC L2-DP)对变频器和总线模块等进行控制。

Profibus 模板的特点：

(1) 通过 Profibus 总线系统可进行快速的通信。

(2) Profibus 支持的波特率可达 12 MBd。

(3) 采用 Profibus-DP 协议最多可以控制 125 台变频器 (带有重发器)。

(4) 符合 EN50170 规范的要求，保证串行总线系统的通信是开放的。它可以与串行总线上其他的 Profibus-DP/SINECL2-DP 外围设备一起使用。数据格式符合 VDI / VDE 规范 3689“变速传动装置的 Profibus Profile ”。

(5) 具有连接 SIMOVIS 或其他维修工具的非周期通信通道。

(6) 支持 Profibus 控制命令 SYNC 和 FREEZE。

(7) 使用 S7 管理软件，或其他任何专用的 Profibus 调试工具，系统配置十分方便。

(8) 采用专门设计的功能块(S5) 和软件模块(S7)，可以简便地集成到 SIMATIC S5 或 S7 的 PLC 系统中。

(9) 模板从变频器的正面插入，操作十分方便。

(10) 不需要单独的供电电源。

(11) 可以通过串行总线读出数字和模拟的输入，控制数字和模拟的输出。

(12) 对过程数据的响应时间为 5 ms。

(13) 输出频率(和电动机的转速)可以在变频器的机旁控制，也可以通过串行总线进行远程控制。

(14) 可以实现多结点运行，控制数据通过端子(数字输入)输入，设定值通过串行总线输入。另一种方法是，设定值由机旁信号源(模拟输入)给定，传动装置的控制通过串行总线进行 。

(15) 所有的变频器参数都可以通过串行链路进行访问。

(16) Profibus 模板安装在变频器的正面，推入轻便。为了拔出模板，必须拉开固定在底板上的卡子。

说明：只有在变频器失电时才允许把 Profibus 模板插入变频器，或从变频器上拔出该模板。

如果 Profibus 模板与面板上的 SUB-D 插座连接，那么，6SE32 变频器内部的 RS-485 连接端子（端子 23 和 24）必须是空闲不用的。

Profibus 模板不能用电缆与变频器连接。

四、SIMATIC S7 系统中的 Profibus-DP

Profibus 是 SIMATIC S7 系统内部的集成部分，通过 DP 协议分散连接的 I/O 外围设备由 STEP 7 组态工具全部集成在系统中，即已在组态和编程阶段把分散的 I/O 设备作为类似于在中心子机架或扩展机架中本地连接的 I/O 来对待。同样的道理适用于故障、诊断和报警，SIMATIC S7 DP 从站起着类似于集中插入的 I/O 模块的作用。SIMATIC S7 提供集成的或插入的 Profibus-DP 接口用于连接有更复杂功能的现场设备。由于 Profibus 第 1 层、第 2 层的特性和一贯执行的内部系统通信（S7 功能），可以将编程装置（PG）、PC、HMI 和 SCADA 等设备与 SIMATIC S7 Profibus-DP 系统连接。

五、EM 277 模块

S7-200 的 CPU 不支持 DP 通信协议，也没有 DP 接口，因此，在从站 S7-200 中需另加通信模块 EM 277，手动设置 DP 地址。使用EM 277将 S7-200 的 CPU 作为 DP 从站连接到网络。通过 EM 277 Profibus-DP 扩展从站模块，可将 S7-200 的 CPU 连接到 Profibus-DP 网络。EM 277经过串行 I/O 总线连接到 S7-200 的 CPU。Profibus 网络经过其 DP 通信端口，连接到 EM 277 Profibus-DP 模块。这个端口可运行于 9 600 Bd～12 MBd 之间的任何 Profibus 波特率。作为 DP 从站，EM 277模块接受从主站来的多种不同的 I/O 配置，向主站发送和接收不同数量的数据。这种特性使用户能修改所传输的数据量，以满足实际应用的需要。

与许多 DP 站不同的是，EM 277 模块不仅仅是传输 I/O 数据。EM 277 能读写 S7-200 的 CPU 中定义的变量数据块。这样，使用户能与主站交换任何类型的数据。首先将数据移到 S7-200 的 CPU 中的变量存储器，就可将输入、计数值、定时器值或其他计算值传送到主站。类似地，从主站来的数据存储在 S7-200 的 CPU 中的变量存储器内，并可移到其他数据区。EM 277 Profibus-DP 模块的 DP 端口可连接到网络上的一个 DP 主站上，但仍能作为一个 MPI 从站与同一网络上如 SIMATIC 编程器或 S7-300/S7-400 CPU 等其他主站进行通信，如图 6-11 所示。

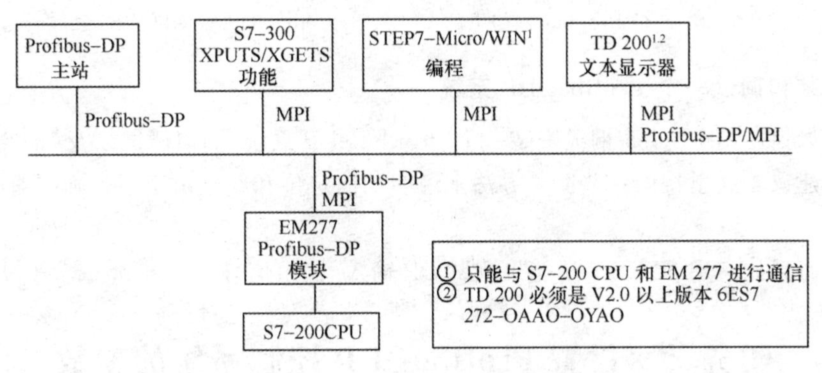

图 6-11　EM 277 的使用

地址开关和状态指示灯位于模块的前面，如图 6-12 所示。

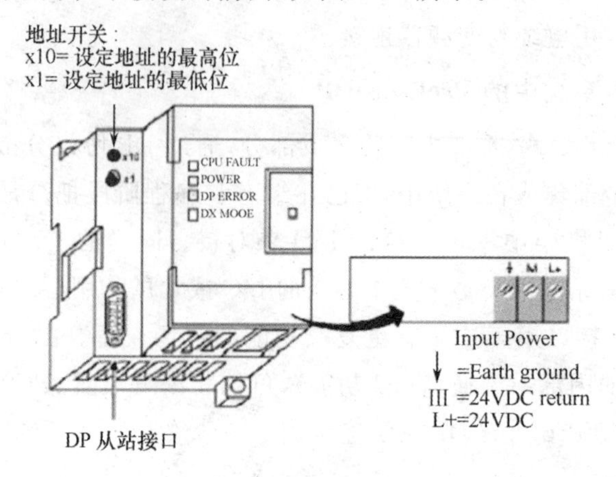

图 6-12　EM 277 模块的结构图

图 6-13 表示有一个 CPU-224 和一个 EM 277 Profibus-DP 模拟的 Profibus 网络。这种场合，CPU-315 是 DP 主站，并且已通过一个带有 STEP 7 编程软件的 SIMATIC 编程器进行组态。CPU-224 是 CPU-315 所拥有的一个 DP 从站，ET 200 I/O 模块也是 CPU-315 的从站。S7-400 CPU 连接到 Profibus 网络，并且借助于 S7-400 CPU 用户程序中的 XGET 指令，可从 CPU-224 读取数据。

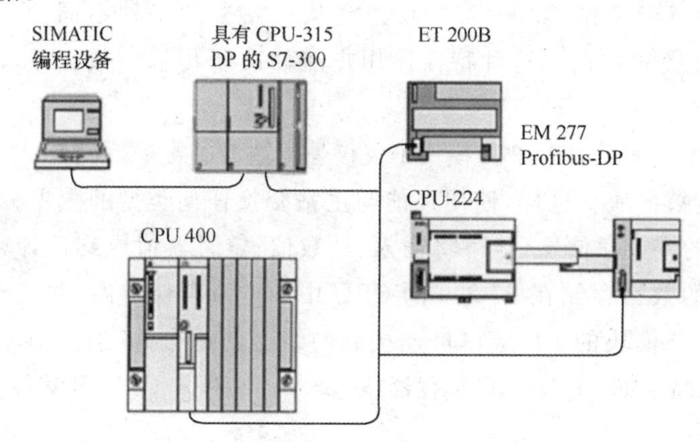

图 6-13　一个 Profibus 网络上的 EM 277 Profibus-DP 模块和 CPU 224

六、安装和调试一个 Profibus-DP 系统

本节对如何使用 RS-485 铜缆安装一个 Profibus-DP 系统、如何调试以及第一次启动该系统提出一些建议。这里将用一些简单方法来说明如何定位和纠正由于不正确电缆敷设所产生的错误。

还将学习到如何用 STEP 7 功能来测试 DP 输入/输出信号。

任务三　设置 Profibus-DP 控制系统的参数

Profibus-DP 被应用于机电一体化柔性系统的控制系统，硬件系统如图 6-14 所示。采用了 SIEMENS 公司的 PROFIBUS-DP 现场总线控制系统，选用了 SIEMENS 的 S7-300 作主站、S7-200 和变频器作从站，配备了 STEP 7 编程软件。由下位机控制各站的执行元件，由上位机通过 Profibus-DP 总线以下位机和各执行元件进行连接和控制。

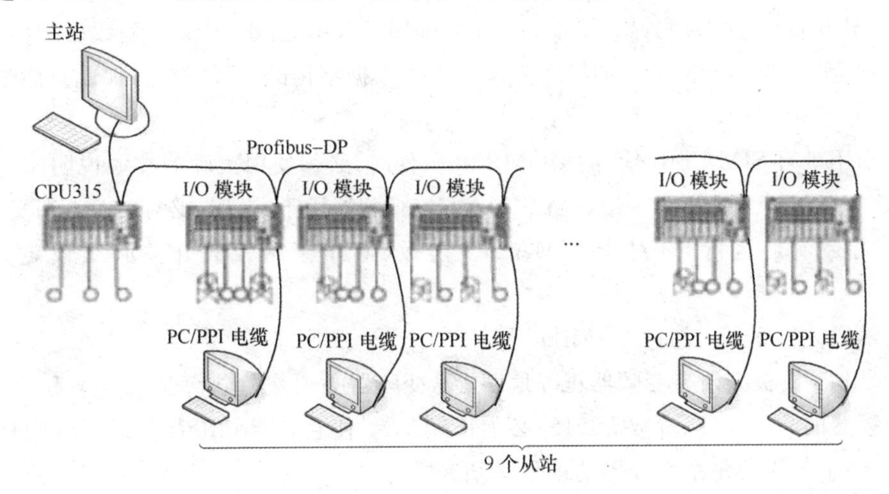

图 6-14 机电一体化柔性系统的硬件结构图

控制系统中包括 9 个从站点：上料单元、下料单元、加盖单元、穿销单元、模拟单元(温度控制系统)、检测单元、液压单元、分捡单元(气动机械手)、叠层立体仓库。其连续生产线示意图，如图 6-15 所示。

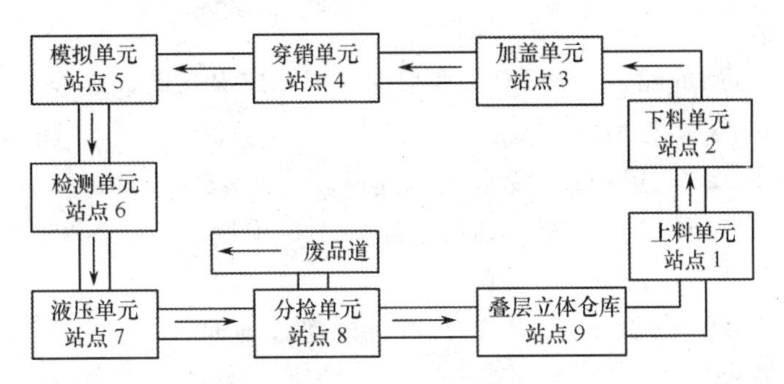

图 6-15 生产线示意图

由图 6-15 知，整条生产线共有 9 个站点，站点 1、2、3、4 主要完成顺序逻辑控制，站点 5 实现对温度的调节，站点 7 为气动机械手的控制，站点 8 则实现光电编码的检测和站点 9 步进电动机的控制，每个站点都独立地完成一套动作，彼此又有一定的关联。为此，采用了Profibus 现场总线技术，通过 1 个主站 S7-300 和 9 个从站 S7-200。

一、Profibus 的安装及参数设置

(1) 首先将 Profibus 模板正确插入变频器中。

(2) 将参数 P0719 设置为 6，参数 P0918 设置为 3(此参数根据硬件组态变频器的组态地址设置一直即可，可设置成任何数值，在本系统中设置为 3)即可。

(3) 快速设置 Profibus 的指导原则：

① 必须正确地连接主站与变频器之间的总线电缆，包括必要的终端电阻和终端网络(在通信速率为 12 MBd 时)。

② 总线电缆必须是屏蔽电缆，其屏蔽层必须与电缆插头/座的外壳相连。

③ PROFIBUS 主站的配置必须正确，允许采用 PPO 1 型或 PPO 3 型数据结构，实现与 DP 从站的通信(如果不能由远程的操作控制来配置数据结构的 PPO 类型，那就只能是 PPO 1 型)。

④ 在采用带有 SIMATIC S5 的 COM ET 软件时，必须使用正确的类型说明文件，这样，IM308B/C 可以配置为总线的主站。当 SIMATIC 管理器用于 S7 时，必须装载目标管理器。

⑤ 总线必须是运行的(对于 SIMATIC 模板，操作控制板的开关必须设定为“运行(RUN)”)。

⑥ 总线的波特率不得超过 12 MBd。

⑦ Profibus 模板必须与变频器正确地匹配，变频器必须是上电状态 。

⑧ 变频器的从站地址(参数 P0918)必须正确设置，使它与 Profibus 主站配置的从站地址相一致，总线上定义的每个变频器的地址必须是唯一的。

二、硬件组态

使用 Profibus 系统，在系统启动前先要对系统及各站点进行配置和参数化工作。完成此项工作的支持软件:SIMATIC S7，其主要设备的所有 Profibus 通信功能都集成在 STEP 7 编程软件中。使用这种软件可完成 Profibus 系统及各站点的配置，参数化、文件、编制启动、测试、诊断等功能。

(1) 远程 I/O 从站的配置。STEP 7 编程软件可完成 Profibus 远程 I/O 从站(包括 PLC 智能型 I/O 从站)的配置，包括：

① PROFIBUS 参数配置:站点、数据传输速率。

② 远程 I/O 从站硬件配置:电源、通信适配器、I/O 模块。

③ 远程 I/O 从站 I/O 模块地址分配。

④ 主一从站传输输入/输出字/字节数及通信映像区地址。

⑤ 设定故障模式。

(2) 系统诊断。在线监测下可找到故障站，并可进一步读到故障提示信息。

(3) 第三方设备集成及 GSD 文件当 Profibus 系统中需要使用第三方设备时，应该得到设备厂商提供的 GSD 文件。将 GSD 文件复制到 STEP 7 或 Com Profibus 软件指定目录下，使用 STEP 7 或 Com Profibus 软件可在友好的界面指导下完成第三方产品在系统中的配置及参数化工作。

在本节中将研究一个项目实例。通过创建此项目来说明这些 STEP 7 程序的应用，而 STEP 7 是建立和组态一个使用 Profibus-DP 网络的 SIMATIC S7 自动化系统时必须使用的程序。SIMATIC Manager 和 HWConfig 是基本程序，为创建一个 SIMATIC S7 项目所推荐的步骤将是进入 STEP7 组态工具的简单而快捷的入门过程。

此组态实例是针对带 CPU315-2DP 的 SIMATIC S7-300 系列 PLC 作上位机，由多个 S7-200系列和变频器作为下位机，由下位机控制各站的执行元件，由上位机通过 Profibus 总线对下位机和各执行元件进行连接和控制。

(4) 建立一个新的 STEP 7 项目。

为了建立一个新的 STEP 7 项目，双击 SIMATIC Manager，打开 STEP 7 主界面然后执行如下步骤：

① 单击 File 菜单，选择 New 命令弹出对话框(图 6-16)便建立一个新的项目。

② 在 Name 文本框内输入新建项目的名称如：S7-Profibus-DP。

③ 单击“Browse”按钮，为这个新的项目设定“存贮位置(路径)”。

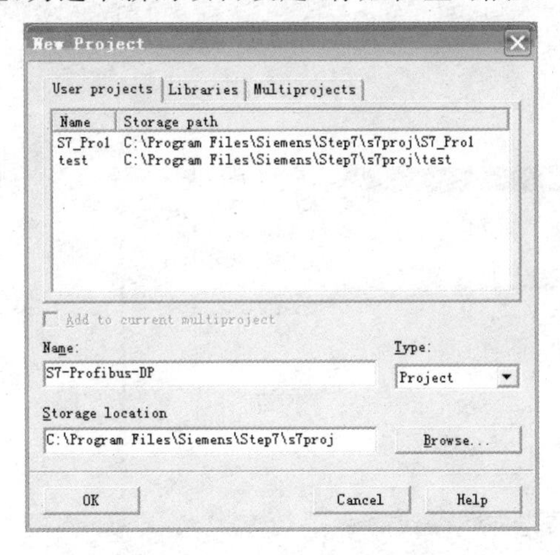

图 6-16　建立新项目的对话框

④ 登录新项目的名称(如 S7-Profibus-DP)，单击 OK 按钮确认并退出。

现在回到 SIMATIC Manager 的主菜单。S7-Profibus-DP 对象文件夹的建立已经自动地生成了 MPI 对象。在项目屏幕的右半边可以看到此 MPI(多点接口)对象。每次建立一个新项目，STEP 7 就自动地生成一个 MPI 对象。MPI 是 CPU 标准的编程和通信接口，如图 6-17 所示。

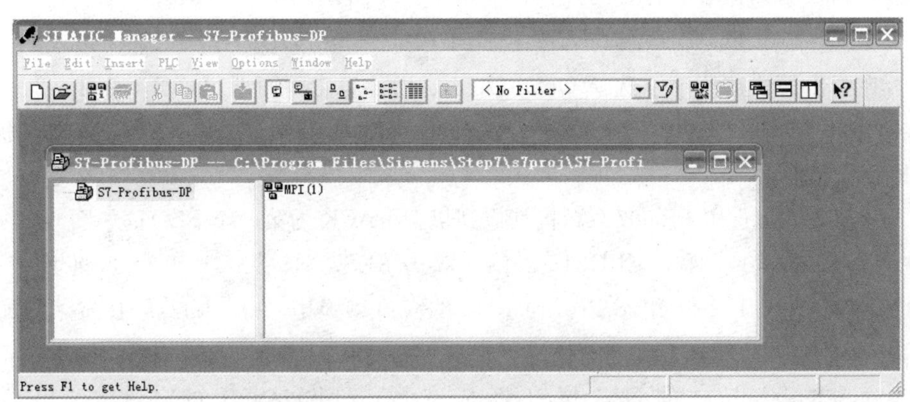

图 6-17　成一个 MPI 对象

(5) 在 STEP 7 项目中插入对象。

在项目屏幕的左侧选择此项目，右击鼠标，在弹出的快捷菜单中，选中 Insert New Object，单击 SIMATIC 300 Station，将生成一个 S7-300 的项目，如果项目 CPU 是 S7-400，那么选中 SIMATIC 400 Station 即可，如图 6-18 所示。此时，被插入的对象出现在项目屏幕的右侧，与所有其他对象一样，可以更改对象名称（例如，给此对象赋予一个项目专用的名称）

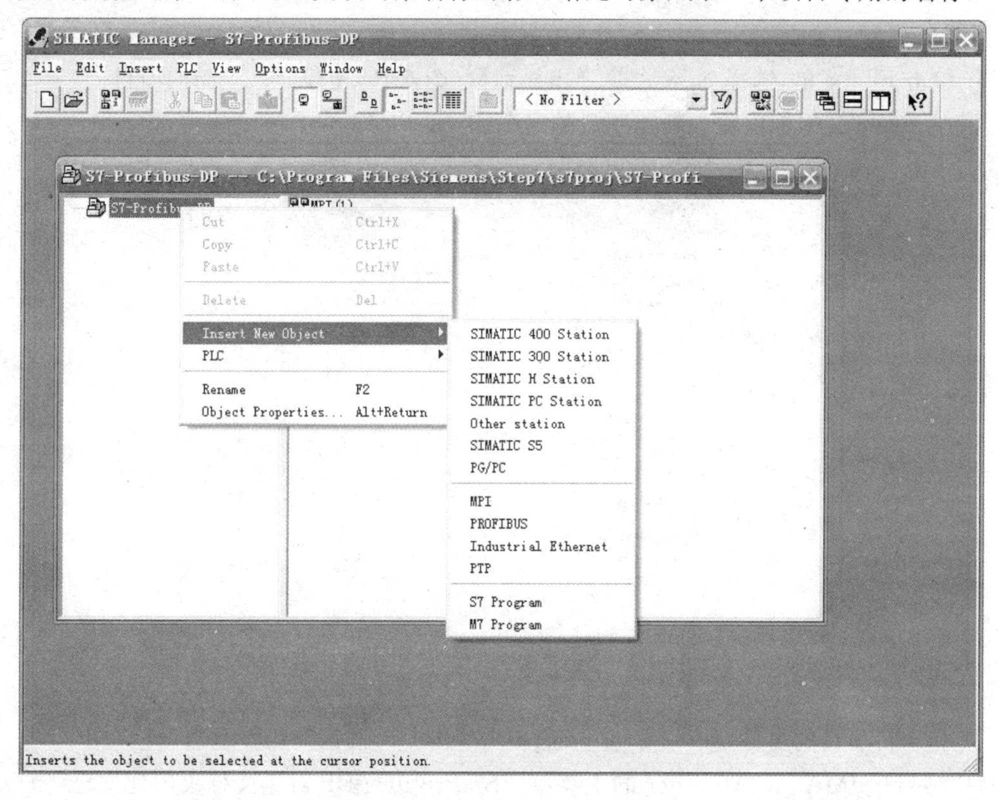

图 6-18 生成一个 S7-300 项目

在快捷菜单（记住：用右击打开）中，选择 Object Properties。在特性对话框中，应登入此对象的更多的特征（如作者名称、注释等等），如图 6-19 所示。

(6) 单击 S7-Profibus-DP 左面 ⊞，选中 SIMATIC 300(1)，然后选中 Hardware 并双击/或右击鼠标，在弹出的快捷菜单中选择 Open Object，硬件组态画面即可打开，如图 6-20 所示。

(7) 双击 SIMATIC 300\RACK-300，然后将 Rail 拖入到左边空白处，生成空机架，如图 6-21所示。

(8) 双击 PS-300，选中 PS 307 2A，将其拖到机架 RACK 的第一个 SLOT，如图 6-22 所示。

(9) 双击 CPU-300，双击 CPU315-2 DP，双击 6ES7 315-2AG10-0AB0，将其拖到机架 RACK 的第 2 个 SLOT；一个组态 Profibus-DP 的窗口将弹出，在 Address 中选择分配 DP 地址，默认为 2。

(10) 然后单击 Subnet 的 New 按钮，生成一个 Profibus NET 的窗口将弹出。切换到 Network Setting 选项卡，在这里可以设置 Profibus-DP 的参数，包括速率、协议类型，单击 OK 按钮，即可生成一个 Profibus-DP 网络，如图 6-23 和图 6-24 所示。

(11) 配置 300 的输入/输出模块：单击 SIMATIC 300\SM-300\DI/DO-300\选中 SM 323 DI16/DO16x24 V/0.5A，将其拖到机架 RACK 的第四个 SLOT，如图 6-25 所示。

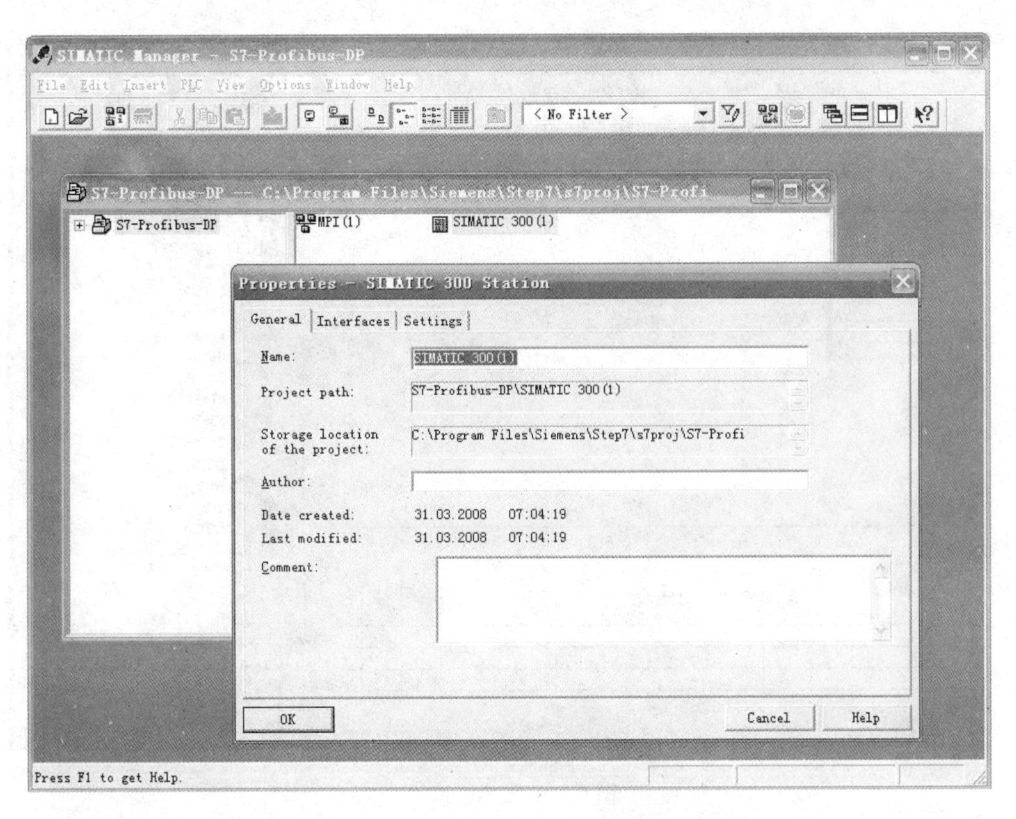

图 6-19　对象的更多特征

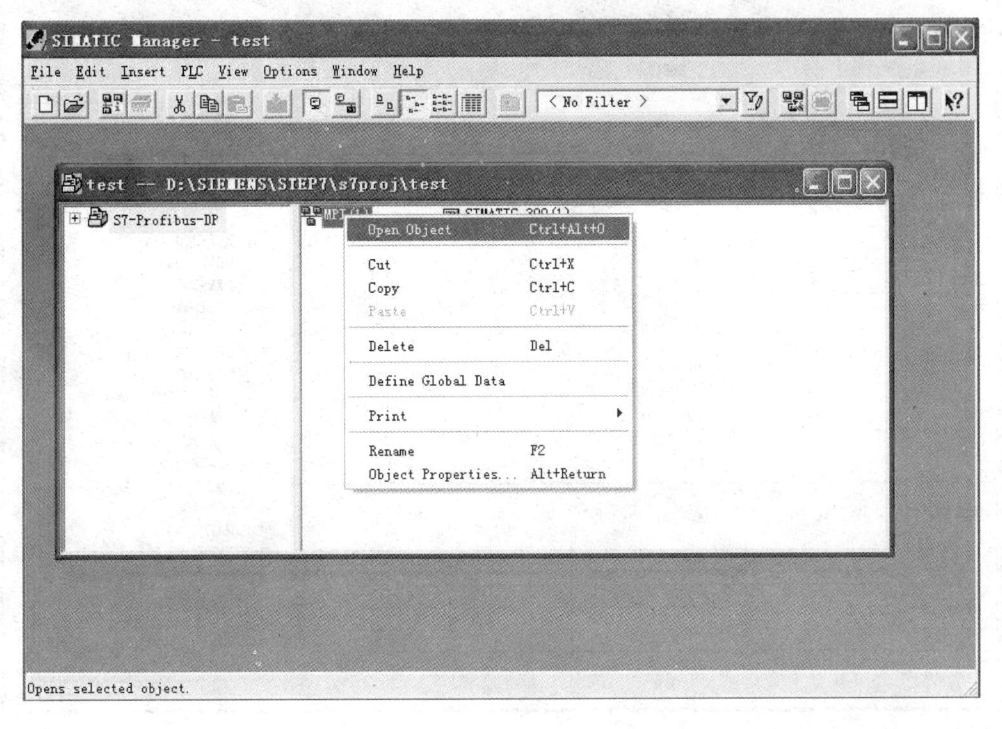

图 6-20　打开硬件组态画面

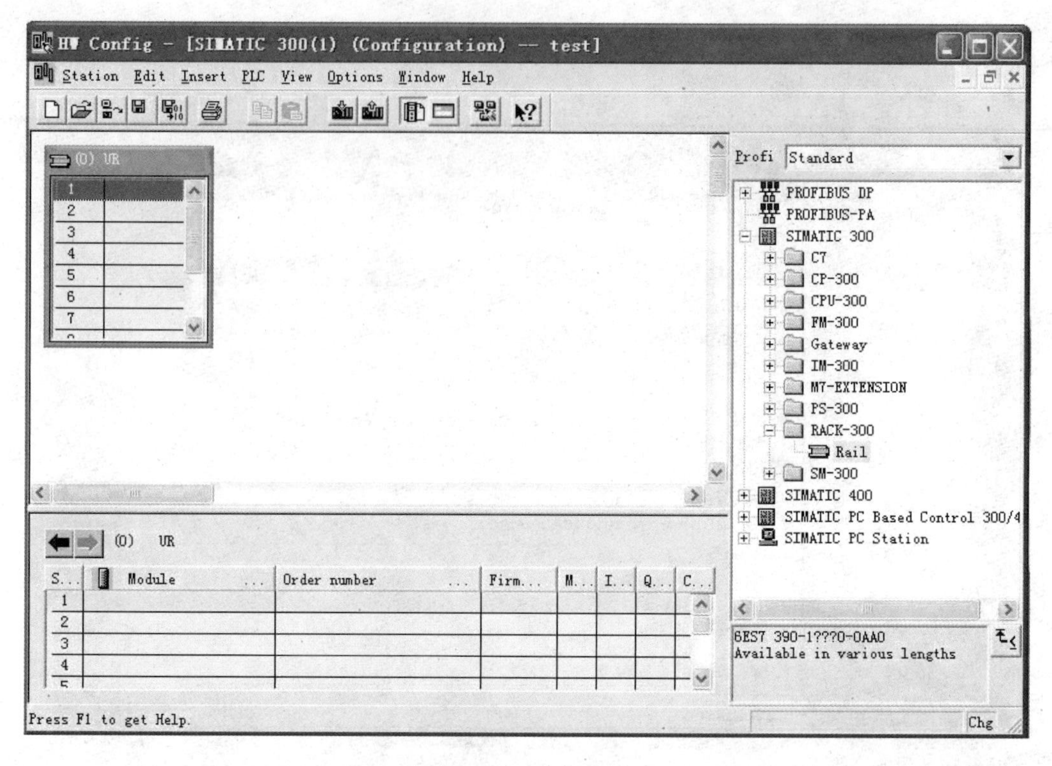

图 6-21 生成空机架

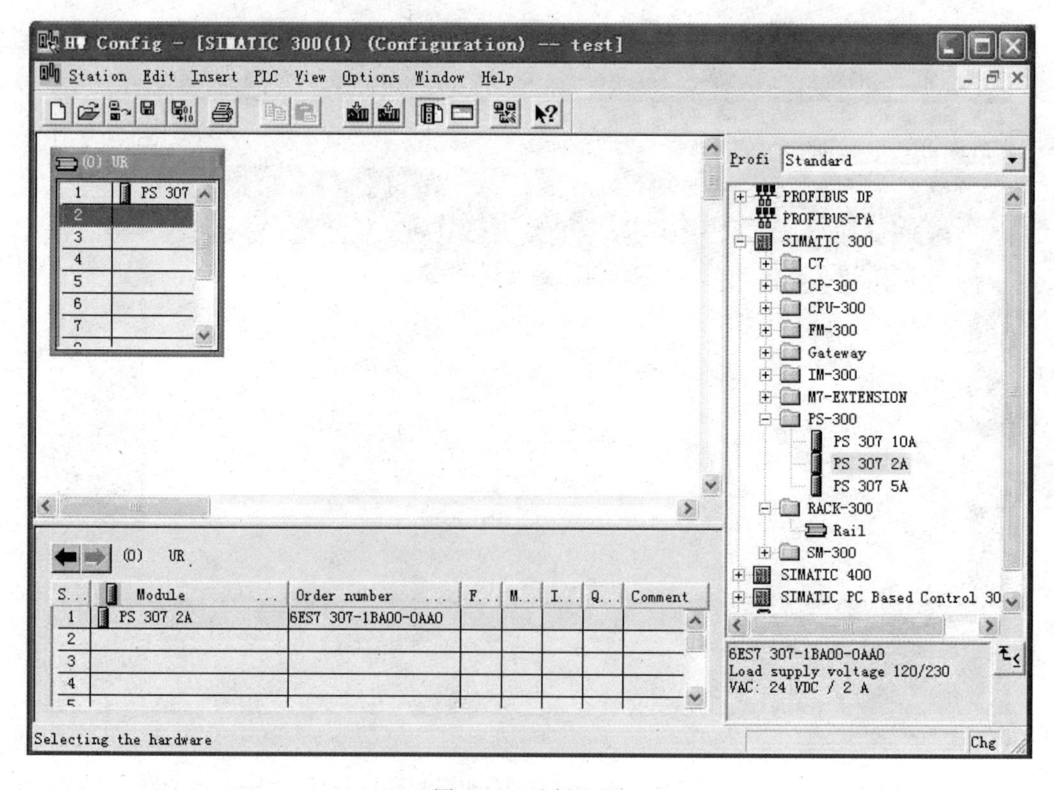

图 6-22 选择电源

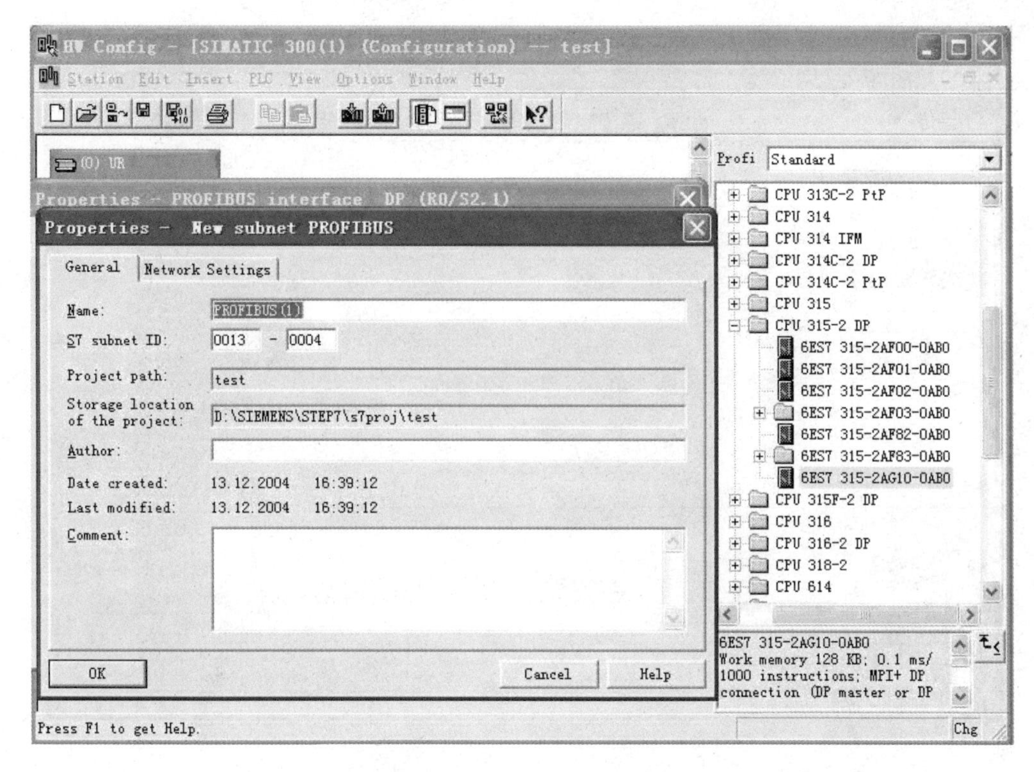

图 6-23　Profibus-DP 的参数(1)

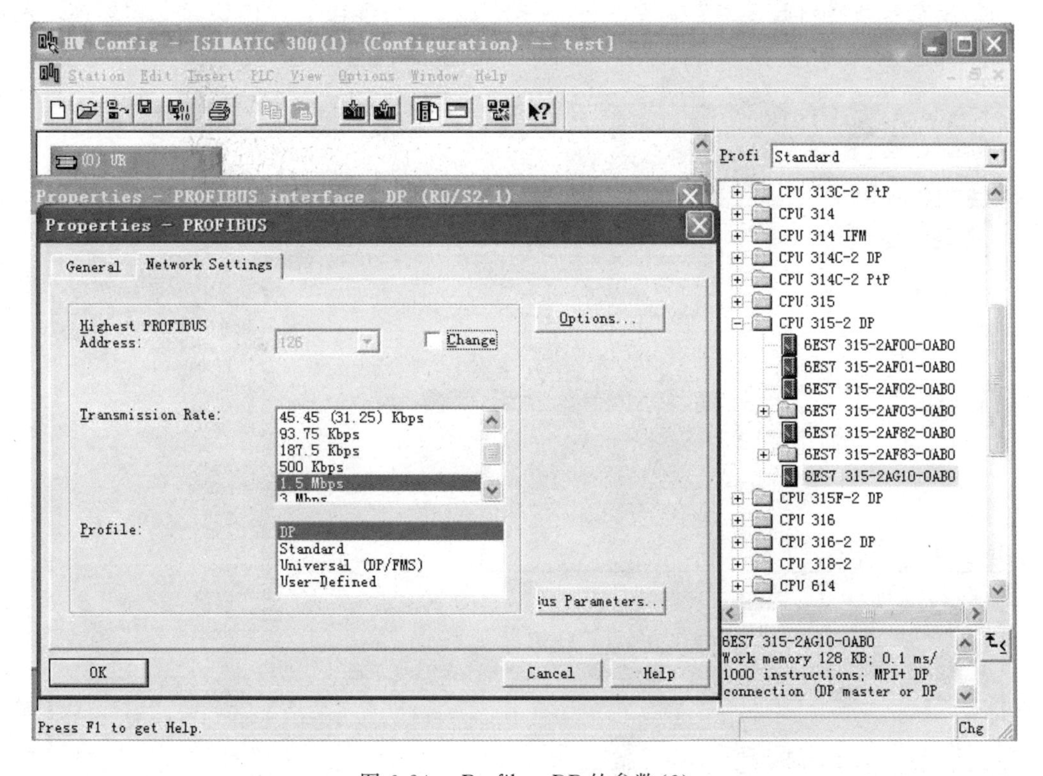

图 6-24　Profibus-DP 的参数(2)

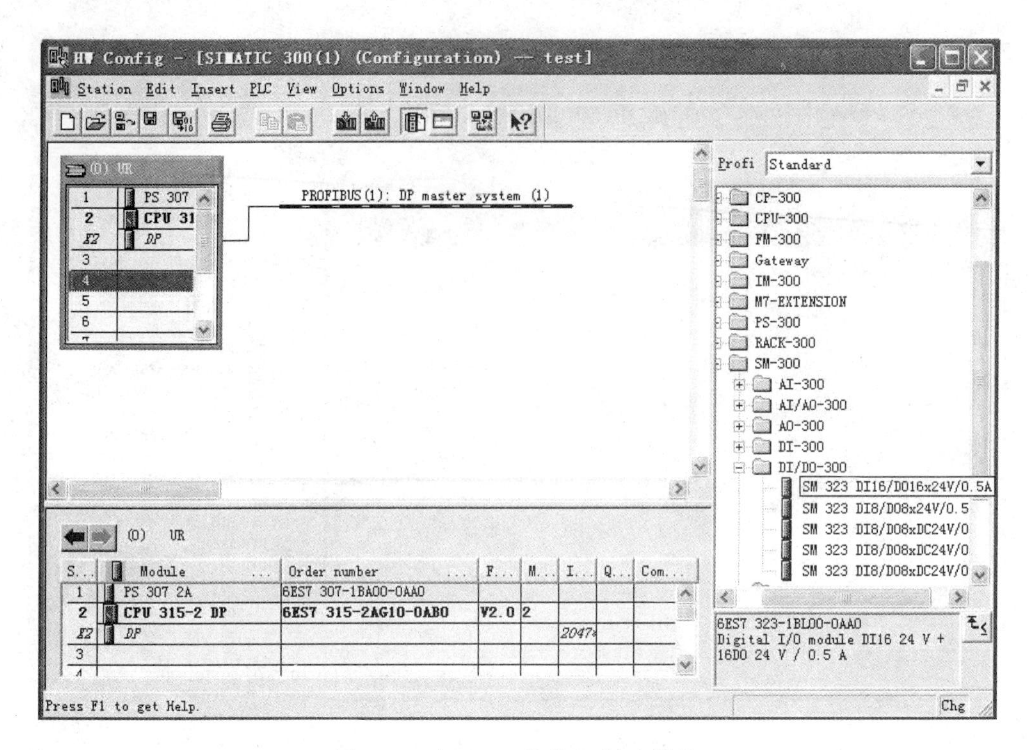

图 6-25 配置 300 的输入/输出模块

(12)组态变频器和 EM 277 模块，(在第一次使用时可能没有此模块和变频器模块的配置)单击 Options 菜单，选择 Install New GSD... 命令，如图 6-26 所示。

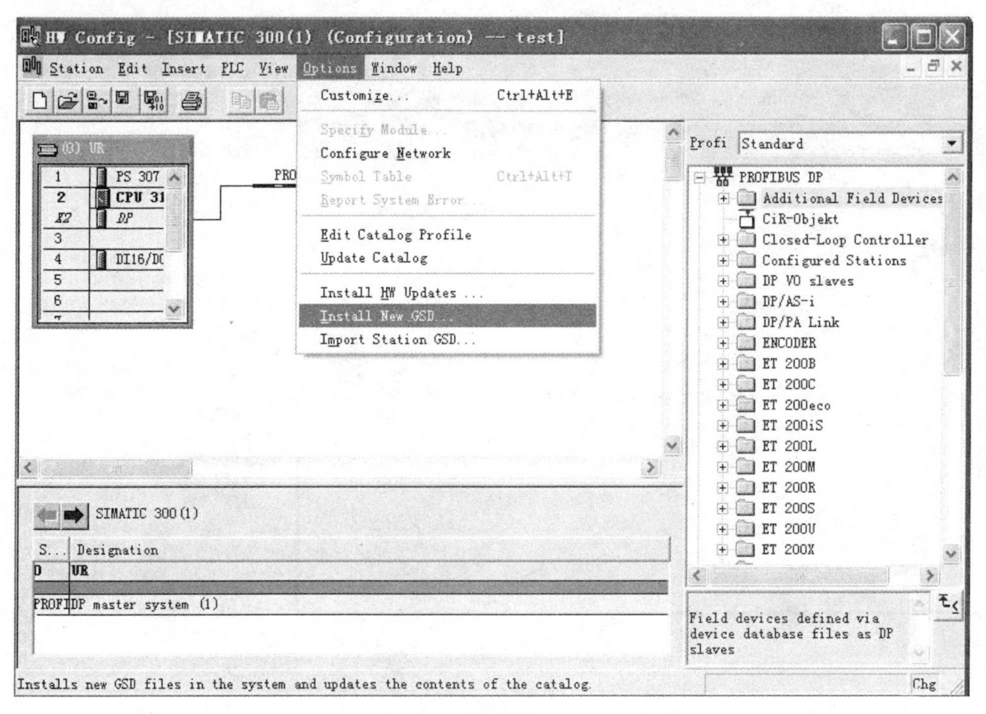

图 6-26 组态变频器和 EM 277 模块(1)

选择其 *.GSD 所在的文件夹(一般在所随机赠送给用户的刻录光盘中即可找到此文件)选中该文件后打开即会自动加载。先组态变频器:单击 PROFIBUS DP\Additional Field Devices\Drives\SIMOVERT \选中 MICROMASTER 4,将其拖到左面Profibus(1):DP master system(1)上,如图 6-27 所示。

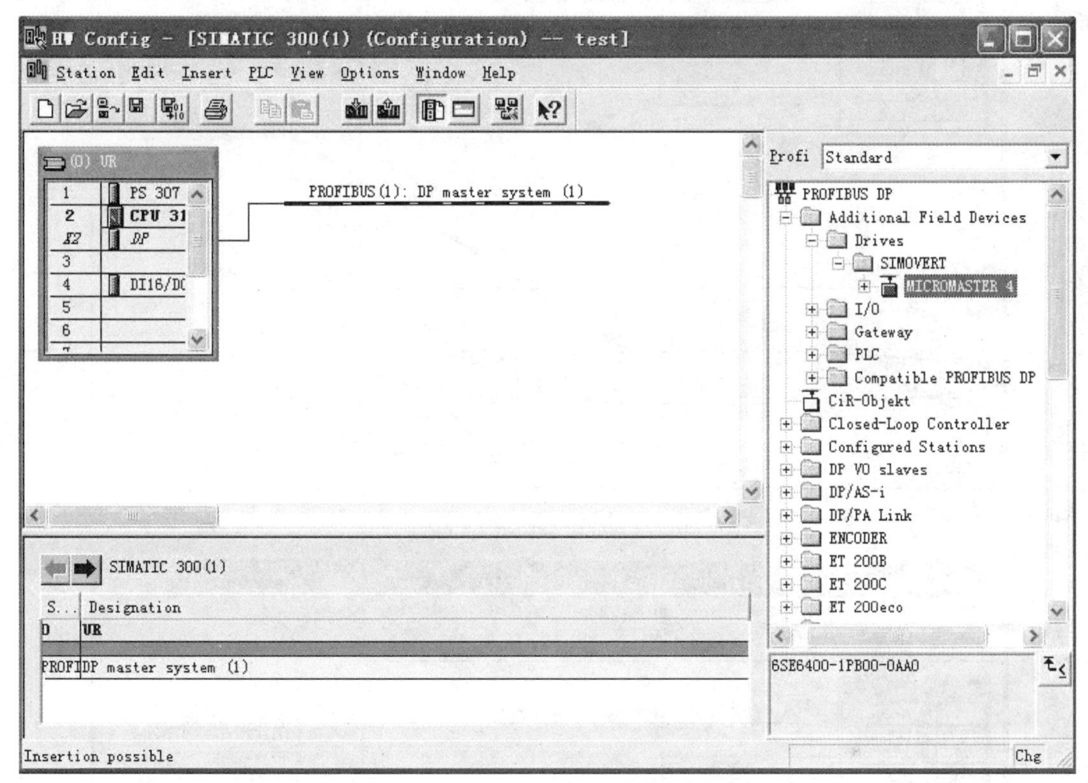

图 6-27　选择变频器

立即会弹出 MICROMASTER 4 通信设置画面;DP 地址可以改动,选择 3;单击 OK 按钮。(此值可根据用户的需要随意设置,但此值设定后必须与其实际连接的 MICROMASTER 420 变频器内所设地址完全一致,否则将无法通信)

分配其 I/O 地址,单击 MICROMASTER 4\选中 0 PKW,2PZD(PPO3),如图 6-28 所示。

双击其输入/输出地址,在弹出的对话框中选择其输入/输出的起始地址,在该设备中使用的地址为 100,此值可根据用户需求随意设置,只要和程序中的地址对应即可。

再组态 EM 277 模块,单击 PROFIBUS DP\Additional Field Devices\PLC\SIMATIC\选中 EM 277 PROFIBUS-DP,将其拖到左面 PROFIBUS(1):DP master system(1)上,如图 6-29 所示。

立即会弹出 EM 277 PROFIBUS-DP 通信卡设置对话框;DP 地址可以改动,选择 4;单击 OK 按钮(此值可根据用户的需要随意设置,但此值设定后必须与其实际连接的 EM 277 模块上所设置的地址完全一致),如图 6-30 所示。

单击 EM 277 PROFIBUS-DP \选中 Universal module,并将其拖入左下面的槽中,并分配其 I/O 地址,双击此槽,如图 6-31 所示。

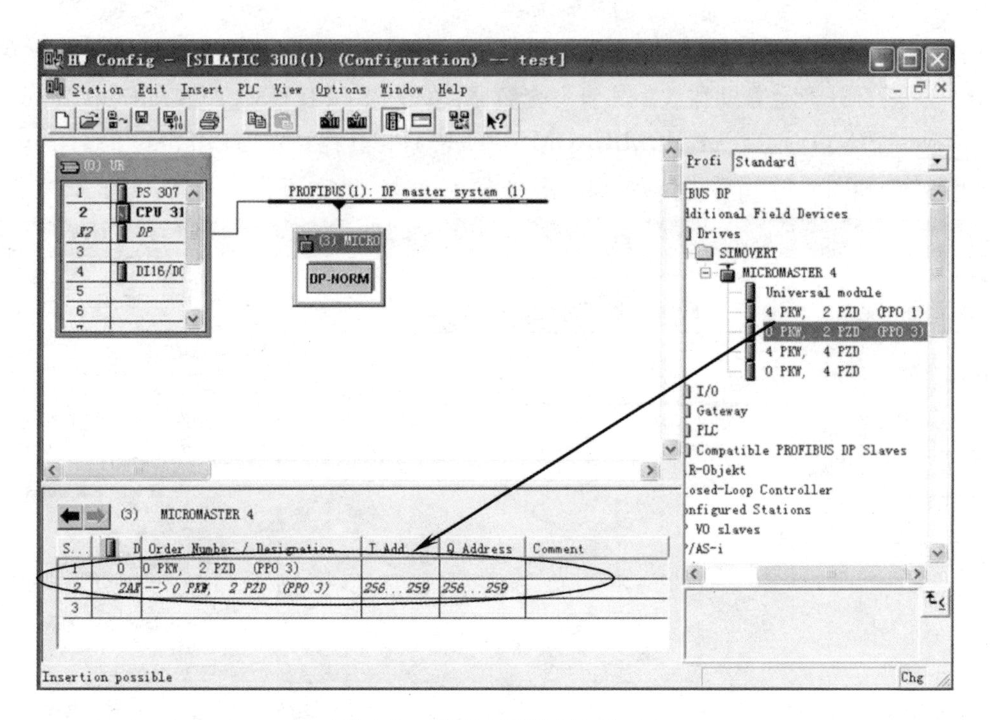

图 6-28　分配变频器 I/O 地址

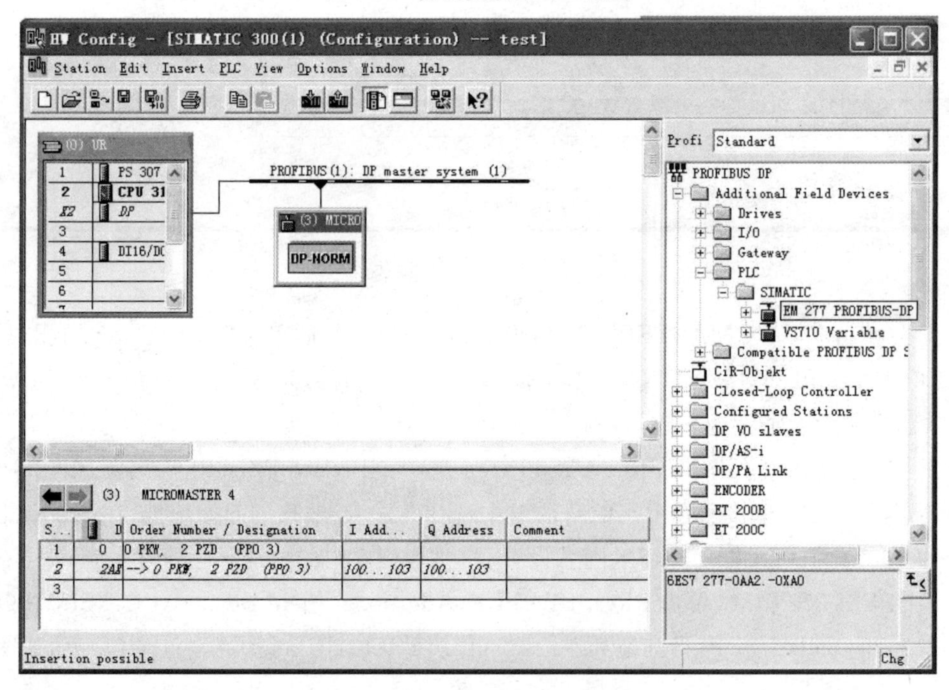

图 6-29　组态 EM 277 模块

在 I/O 选择处在下拉菜单中选中 INPUT/OUTPUT。在弹出的对话框中设置其输入/输出的起始地址(此地址即为上位机和下位机通信的 I/O 地址。用户可根据所给出的机电一体化 I/O 分配表设置,也可自行设置)其输入输出地址为 S7-200 与 S7-300 通信时需要使用的地址,如图 6-32 和图 6-33 所示。

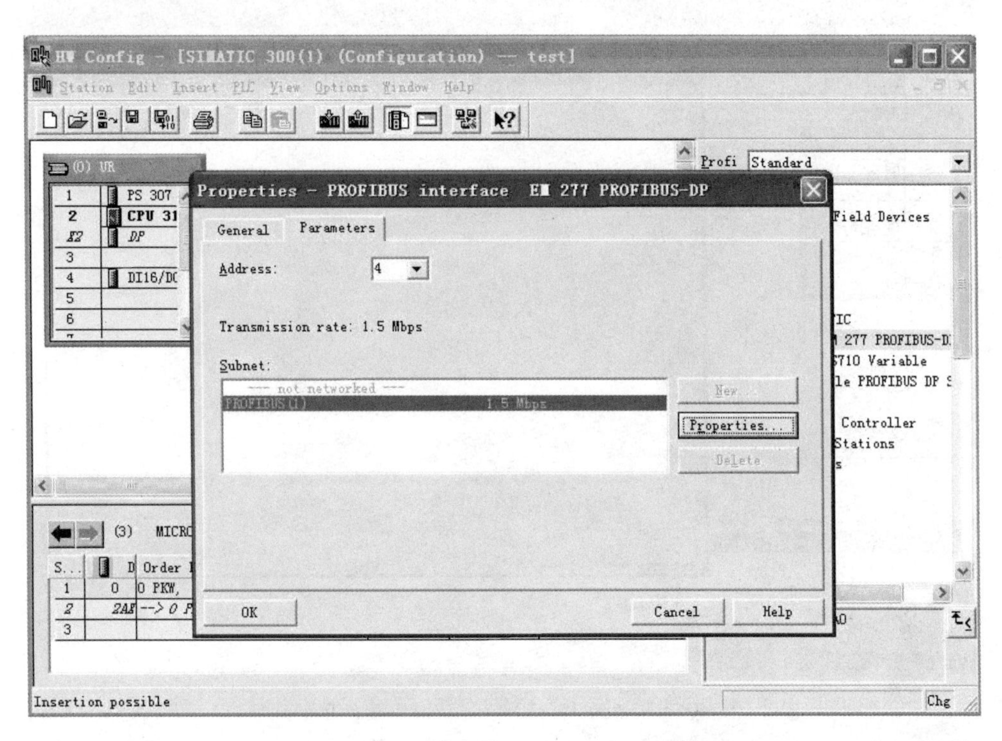

图 6-30　EM 277Profibus-DP 通信卡设置画面

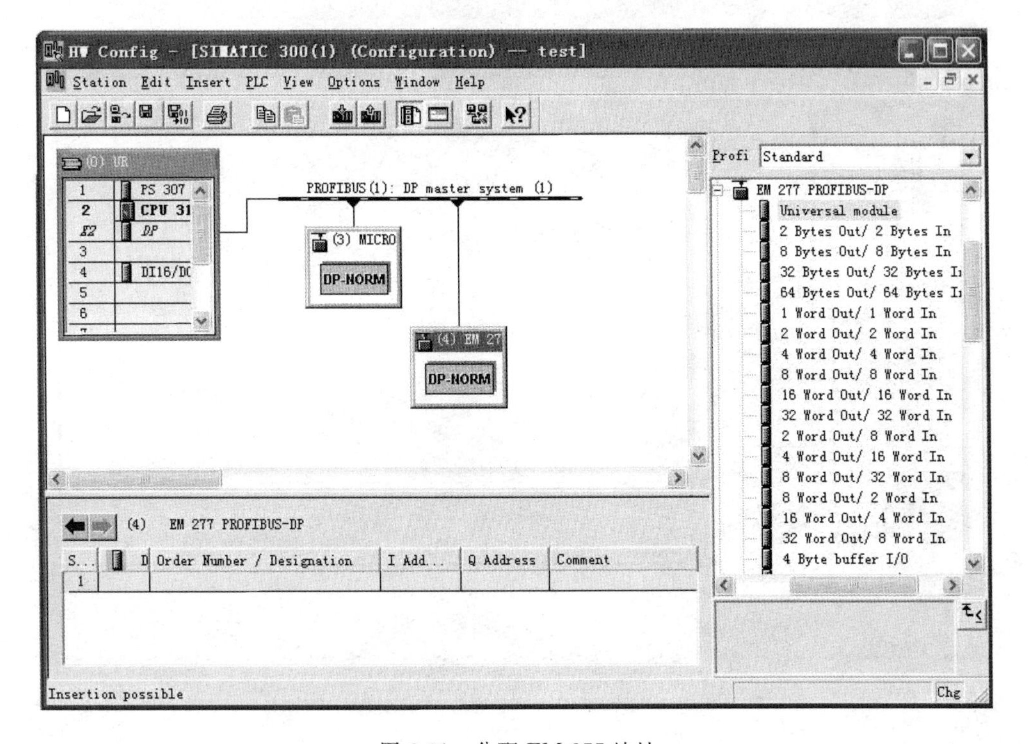

图 6-31　分配 EM 277 地址

按照上面步骤组态其他 EM 277 模块，分配其地址，如图 6-34 所示。

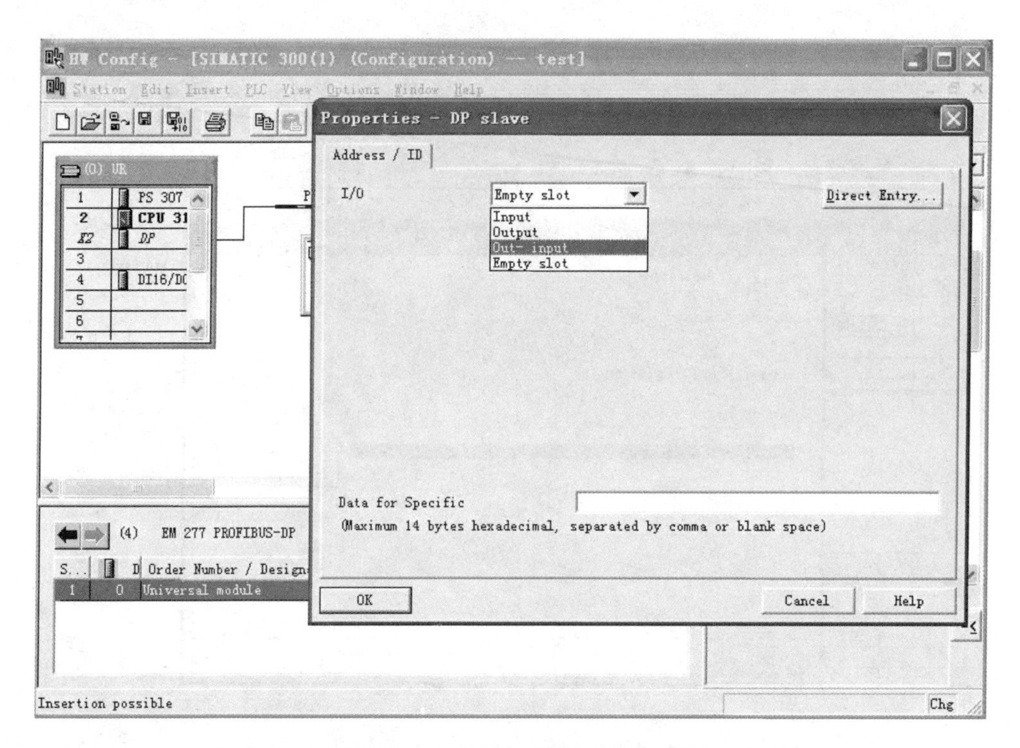

图 6-32　设置 S7-200 与 S7-300 通信时需要使用的地址(1)

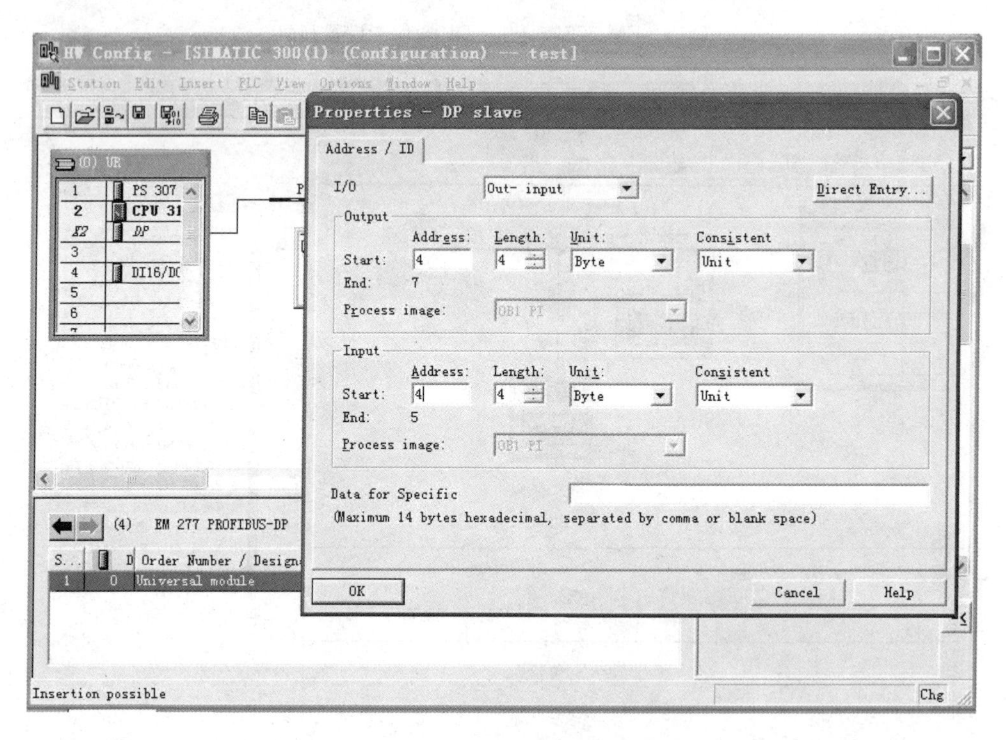

图 6-33　设置 S7-200 与 S7-300 通信时需要使用的地址(2)

单击按钮，Save and Compile，存盘并编译硬件组态，完成硬件组态工作。

检查组态，单击 STATION \Consistency Check，如果弹出对话框显示 NO error，则表示

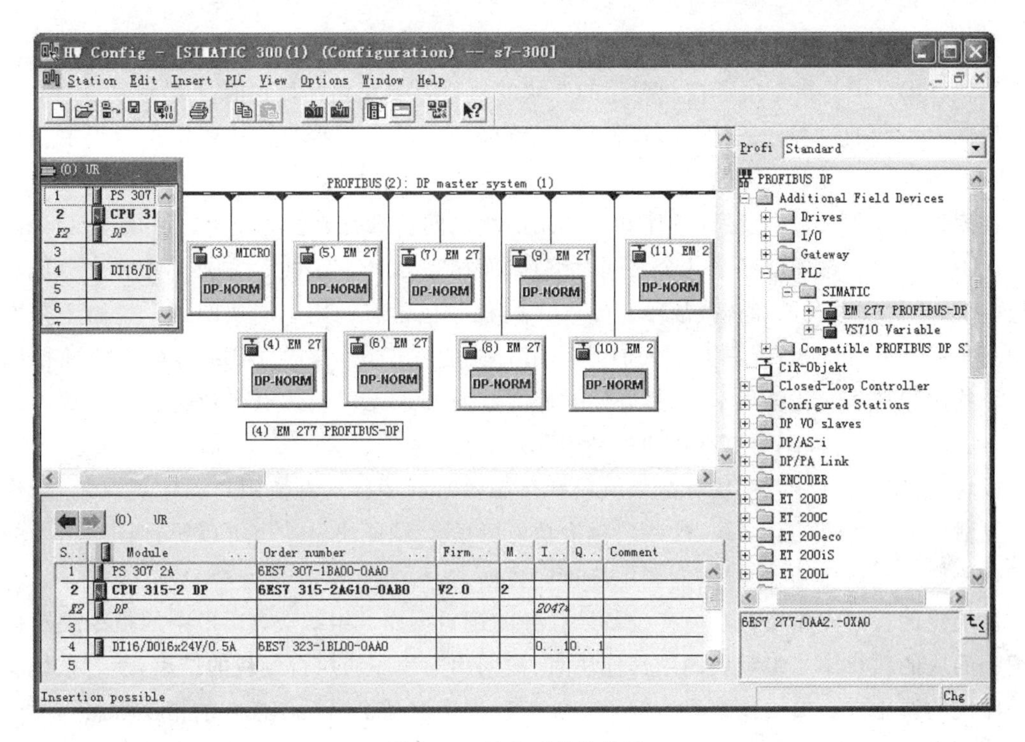

图 6-34　组态后的整体图

没有错误产生，如图 6-35 所示。

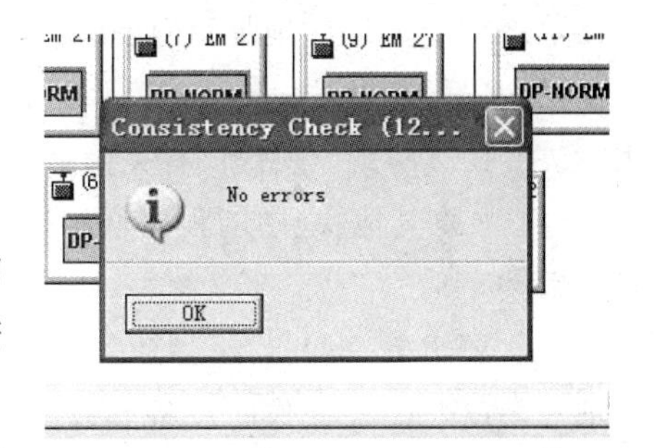

图 6-35　检查组态界面

三、软件编程

STEP 7 为设计程序提供三种方法。

1. 线性化编程

所有的程序都在一个连续的指令块中。这种结构和 PLC 所代替的固定接线的继电器线路类似。系统按照顺序处理各个指令。

线性化编程具有不带分支的简单结构：一个简单的程序块包含系统的所有指令。线性编程类似于硬接线的继电器逻辑。顾名思义，线性化程序描述了一条一条重复执行的一组指令。所有的指令都在一个块内(通常是组织块)。块是连续执行的，在每个 CPU 扫描周期内都处理线性化程序。所有的指令都在一个块内，此方法适于单人编写程序的工程。由于仅有一个程序文件，软件管理的功能相对简单。但是，由于所有的指令都在一个块内，即使程序的某些部分并没有使用每个扫描周期所有的程序也都要执行一次，此方法没有有效地利用 CPU。

另外，如果在程序中有多个设备，其指令相同，但参数不同，将只得用不同的参数重复编写这部分程序。

2. 模块化编程

程序分成不同的块，每个块包含了一些设备和任务的逻辑指令。组织块中的指令决定是否调用有关的控制程序模块。例如，一个模块程序包含有一个被控加工过程的各个操作模式。

模块化编程是把程序分成若干个程序块，每个程序块含有一些设备和任务的逻辑指令。在组织块(OB1)中的指令决定控制程序的模块的执行。模块化编程功能(FC)或功能块(FB)。它们控制着不同的过程任务，例如，操作模式、诊断或实际控制程序。这些块相当于主循环程序的子程序。

在模块化编程中，在主循环程序和被调用的块之间仍没有数据的交换。但是，每个功能区被分成不同的块。这样就易于几个人同时编程，而相互之间没有冲突。另外，把程序分成若干小块，将易于对程序调试和查找故障。OB1 中的程序包含有调用不同块的指令。由于每次循环中不是所有的块都执行，只有需要时才调用有关的程序块，这样，CPU 将更有效地得到利用。一些用户对模块化编程不熟悉，开始时此方法看起来无任何优点，但是，一旦理解了这个技术，编程人员将可以编写更有效和更易于开发的程序。

模块化编程允许任务按块分配。块只有在需要时调用。这将使用户程序更有效，给你更多的灵活性写出更小的程序块，这些块称为功能(FC)。功能块是一个可以执行任何指令的简单的代码块。它执行结束时，不向调用块返回数据。

模块化编程的程序块包含一些设备或任务的逻辑操作。组织块(OB1)中的指令决定模块化编程的块的执行。当组织块调用其他块时，被调用的程序块执行到块的结束，然后系统返回到程序块的调用点。模块化编程的例子是加工过程中控制不同操作模式的指令块。

3. 结构化编程

结构化程序包含有带有参数的用户自定义的指令块。这些块可以设计成一般调用。实际的参数(输入/输出的地址)在调用时进行赋值。

结构化程序把过程要求的类似或相关的功能进行分类，并试图提供可以用于几个任务的通用解决方案。向指令块提供有关信息(以参数形式)，结构化程序能够重复利用这些通用模块。

OB1 (或其他块)中的程序调用这些通用执行块。这与模块化编程不同，通用的数据和代码可以共享。

不需要重复这些指令，然后对不同的设备代入不同的地址，可以在一个块中写程序，用程序把参数(例如：要操作的设备或数据的地址)传给程序块。这样，可以写一个通用模块，更多的设备或过程可以使用此模块。当使用结构化编程方法时，需要管理程序存储和使用数据。

编程完成后即可下载至 PLC 300 中。

四、计算机与 PLC 300 的通信

将 CP5611 接口卡插入计算机扩展槽中并联结 MPI 通信电缆至 PLC 300 的 MPI 插口上，然后启动计算机与 PLC 300 即可完成计算机与 PLC 300 的通信连接。

CP5611 网卡：

(1) CP5611 自身不带微处理器；CP5411 是短 ISA 卡、CP5511 是 Type Ⅱ PCMCIA 卡、CP5611 是短 PCI 卡。

(2) CP5611 可运行多种软件包，9 针 D 型插头可成为 Profibus-DP 或 MPI 接口。

(3) CP5611 运行软件包 Softnet-DP/Windows95，NT4.0 fro Profibus，具有如下功能：

① DP 功能：PG/PC 成为一个 Profibus-DP 一类主站，可连接 DP 分型 I/O 设备。主站具有 DP 协议诸如初始化、数据库管理、故障诊断、数据传送及控制等功能。

② S7 Function：实现 SIMATIC S7 设备之间的通信。用户可使用 PG/PC 对 SIMATIC S7/S7 编程。

③ 支持 Send/Receive 功能。

④ PG Function：使用 STEP 7PG/PC 支持 MPI 接口。

五、下位机设置

将下位机 EM 277 总线模块的地址分别进行设置，只要和 S7-300 硬件组态时设置的地址相对应即可。

以其中下料、加盖单元为例，只有当加盖没有工作时，下料单元才能放行，工件才能到加盖单元进行加盖。

以加盖单元的托盘检测为检测点，当有托盘时，下料单元不放行，其 I/O 分配，如表 6-4、表 6-5 所示。

表 6-4　从站下料单元 I/O 口分配

形式	序号	名　称	地　址	对应 300 地址
输入	1	托盘检测 2	I0.0	I22.0
	2	工件检测 2	I0.1	I22.1
	3	上料检测 2	I0.2	I22.2
	4	行程开关	I0.3	I22.3
	5	手动/自动按钮 2	I2.0	—
	6	启动按钮 2	I2.1	—
	7	停止按钮 2	I2.2	—
	8	急停按钮 2	I2.3	—
输出	1	传送电动机 2	Q0.0	I24.0
	2	直流电磁吸铁 2	Q0.1	I24.1
	3	下料电动机 2	Q0.2	I24.2
	4	工作指示灯 2	Q0.3	I24.3
	5	转角单元电动机 2	Q0.4	I24.4
发送地址		V4.0～V7.7		
接收地址		V0.0～V3.7		

表 6-5　从站加盖单元 I/O 口分配

形式	序号	名称	地址	对应 300 地址
输入	1	托盘检测 3	I0.0	I26.0
	2	上盖检测 3	I0.1	I26.1
	3	外限位 3	I0.2	I26.2
	4	内限位 3	I0.3	I26.3
	5	手动/自动按钮 3	I2.0	—
	6	启动按钮 3	I2.1	—
	7	停止按钮 3	I2.2	—
	8	急停按钮 3	I2.3	—

续表

形式	序号	名称	地址	对应 300 地址
输出	1	下料电动机取件 3	Q0.0	I28.0
	2	下料电动机放件 3	Q0.1	I28.1
	3	直流电磁吸铁 3	Q0.2	I28.2
	4	传送电动机 3	Q0.3	I28.3
	5	工作指示灯 3	Q0.4	I28.4
发送地址		V4.0～V7.7		
接收地址		V0.0～V3.7		

从站上传数据用 V4.0～V7.7；主站下传数据用 V0.0～V3.7。

步骤如下：

（1）在从站加盖单元中写下图 6-36 所示程序，把加盖单元 I0.0 传送到主站 V4.0；

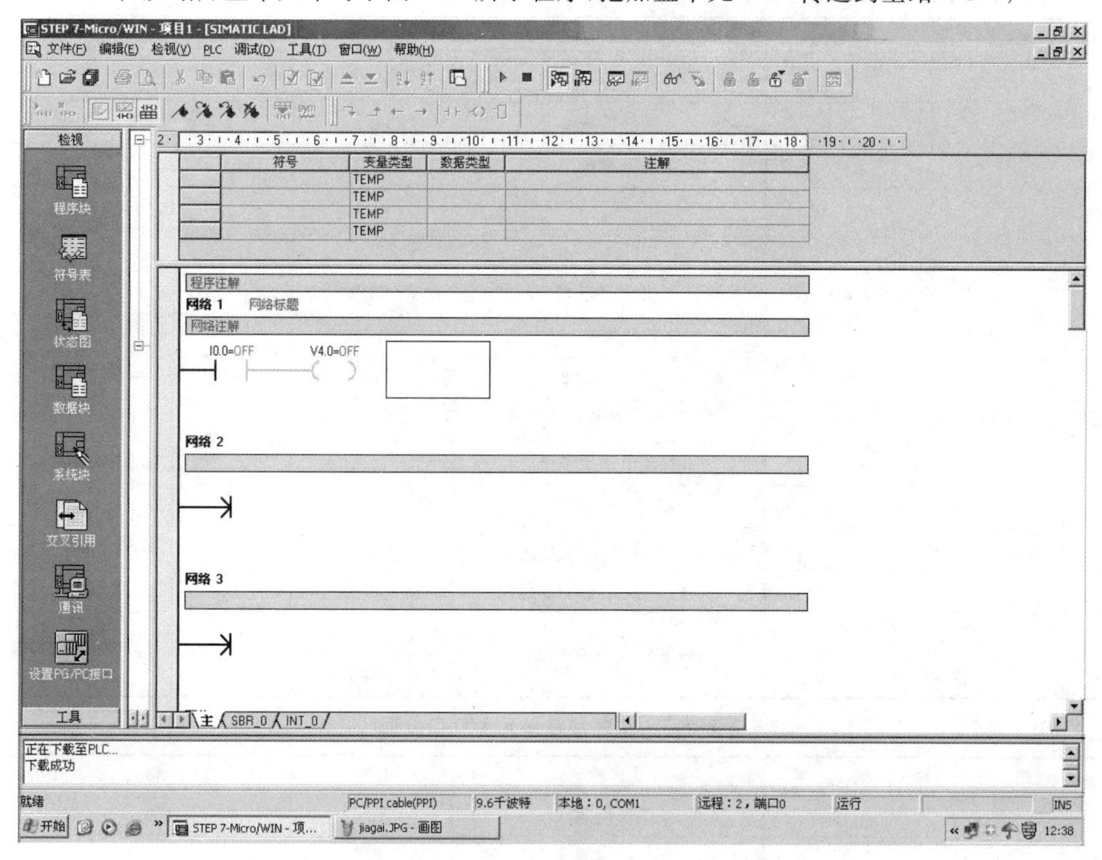

图 6-36　从站加盖单元中程序

（2）在主站中写下图 6-37 所示程序，在主站中 I26.0 对应的是从站加盖单元的 I0.0；

（3）在下料单元中写下图 6-38 所示程序，只有加盖单元没有工作时此站电磁吸铁才工作，即才放行，可以运行到加盖单元。

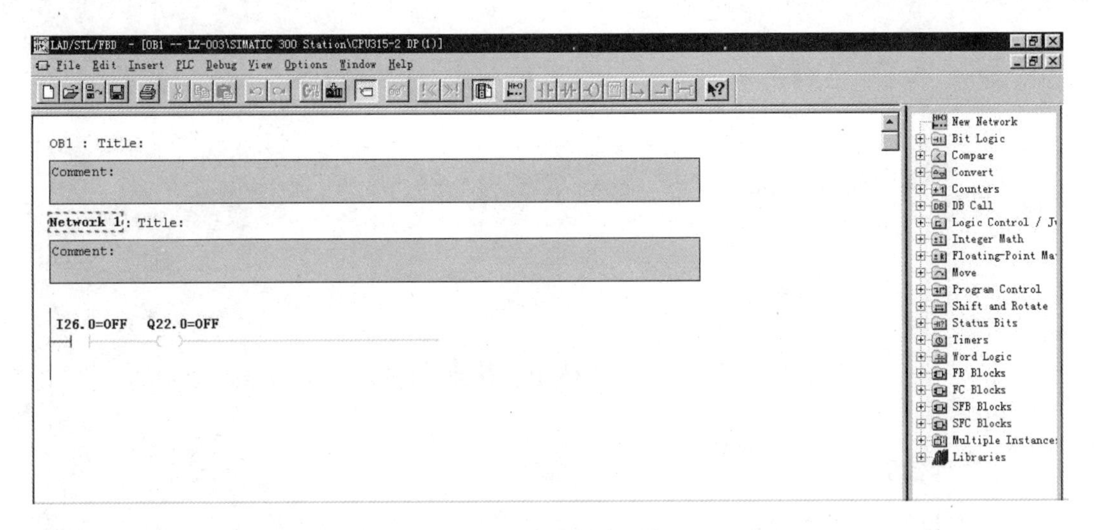

图 6-37　在主站中程序

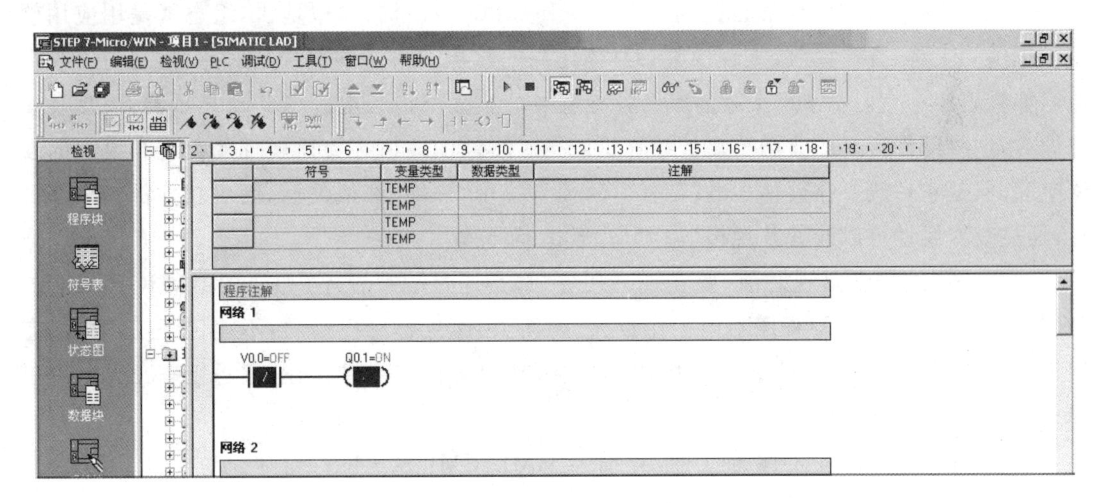

图 6-38　下料单元中程序

习　题

1. 试述什么是 Profibus 现场总线？

2. Profibus 都有哪几种传输技术？

3. 试分析 Profibus-FMS、Profibus-DP 和 Profibus-PA 之间的异同点？

4. Profibus-DP 现场总线具有什么特征？

5. EM 277 通信模块在 Profibus 控制系统中起到什么作用？

6. 如何组建立一个 Profibus 控制系统？

7. 计算机如何与 PLC 300 进行通信？

模块七 认识基于现场总线的监控软件

任务一　认识组态软件

一、软件简介

1. 组态软件

在使用工控软件中，经常会提到组态(Configuration)一词，简单地讲，组态就是用应用软件中提供的工具、方法，完成工程中某一具体任务的过程。与硬件生产相对照，组态与组装类似。如果组装一台计算机，首先会提供各种型号的主板、机箱、电源、CPU、显示器、硬盘及光驱等，用这些部件拼凑成自己需要的计算机。当然软件中的组态要比硬件的组装有更大的发挥空间，但是它一般要比硬件中的"部件"多，而且每个"部件"都很灵活，因为软件都有内部属性，通过改变属性可以改变其规格(如大小、形状、颜色等)。

在"组态"的概念出现之前，要实现某任务，都是通过编写程序(如使用BASIC、C、FORTRAN等)来实现。编写程序不但工作量大、周期长，而且容易犯错误，不能保证工期。组态软件的出现，解决了这个问题。对于过去需要几个月才能完成的工作，通过组态几天就可以完成。

组态软件一般英文简称有三种，分别为HMI/MMI/SCADA，对应全称为Human and Machine Interface/Man and Machine Interface/Supervisory Control and Data Acquisition。HMI/MMI翻译为人机接口；SCADA翻译为监视控制与数据采集。目前组态软件的发展迅猛，已经扩展到企业信息管理系统，管理和控制一体化，远程诊断和维护以及在互联网上的一系列的数据整合。

"组态"的概念是伴随着集散型控制系统(Distributed Control System，DCS)的出现才开始被广大的生产过程自动化技术人员所熟知的。在工业控制技术的不断发展和应用过程中，PC(包括工控机)相比以前的专用系统具有的优势日趋明显。这些优势主要体现在：PC技术保持了较快的发展速度，各种相关技术成熟；由PC构建的工业控制系统具有相对较低的成本；PC的软件资源和硬件资源丰富，软件之间的互操作性强；基于PC的控制系统易于学习和使用，可以容易地得到技术方面的支持。在PC技术向工业控制领域的渗透中，组态软件占据着非常特殊而且重要的地位。

组态软件是指一些数据采集与过程控制的专用软件，它是在自动控制系统监控层一级的软件平台和开发环境，使用灵活的组态方式，为用户提供快速构建工业自动控制系统监控功能的、通用层次的软件工具。组态软件应该能支持各种工控设备和常见的通信协议，并且通常应提供分布式数据管理和网络功能。对应于原有的HMI的概念，组态软件应该是一个使用户能快速建立自己的HMI的软件工具或开发环境。在组态软件出现之前，工控领域的用户通过手工或委托第三方编写HMI应用，开发时间长、效率低、可靠性差；或者购买专用的工控系统，通常是封闭的系统，选择余地小，往往不能满足需求，很难与外界进行数据交互，升级和增加功能都受到严重的限制。组态软件的出现，把用户从这些困境中解脱出来，用户可以利用组态软件的功能，构建一套最适合自己的应用系统。随着它的快速发展，实时数据库、实时控制、SCADA、通信及联网、开放数据接口、对I/O设备的广泛支持已经成为它的主要内容，随着技术的发展，监控组态软件将会不断被赋予新的内容。

2. 组态王软件

组态王是一种通用的工业监控软件，它融过程控制设计、现场操作以及工厂资源管理于一体，将一个企业内部的各种生产系统和应用以及信息交流汇集在一起，实现最优化管理。它基于Microsoft Windows XP/NT/2000操作系统，用户可以在企业网络的所有层次的各个位置上都可以及时获得系统的实时信息。采用组态王软件开发工业监控工程，可以极大地增强用户生产线的能力、提高工厂的生产力和生产效率、提高产品的质量、减少成本及原材料的消耗。它适用于从单一设备的生产运营管理和故障诊断，到网络结构分布式大型集中监控管理系统的开发。

3. 建立应用工程的一般步骤

通常情况下，建立一个应用工程大致可分为以下步骤：

(1) 创建新工程。为工程创建一个目录用来存放与工程相关的文件。

(2) 定义硬件设备并添加工程变量。添加工程中需要的硬件设备和工程中使用的变量，包括内存变量和I/O变量。

(3) 制作图形画面并定义动画链接。按照实际工程的要求绘制监控画面并根据实际现场的监控要求使静态画面随着过程控制对象产生动态效果。

(4) 编写命令语言。用以完成较复杂的控制过程。

(5) 进行运行系统的配置。对系统数据保存时间、网络参数、打印机、运行模式等进行设置，是系统运行前的必备工作。

(6) 保存工程并运行。完成以上步骤后，一个简单的工程就制作完成了。

二、在工程管理器中创建新工程

在组态王中，所建立的每一个组态称为一个工程。每个工程反映到操作系统中是一个包括多个文件的文件夹。工程的建立则通过工程管理器。组态王工程管理器是用来建立新工程，对添加到工程管理器的工程做统一的管理。工程管理器的主要功能包括：新建、删除工程，对工程重命名，搜索组态王工程，修改工程属性，工程备份、恢复，数据词典的导入导出，切换到组态王开发或运行环境等。假设已经正确安装了“组态王6.52”，可以通过以下方式启动工程管理器：

单击“开始”→“程序”→“组态王6.52”(或直接双击桌面上“组态王”图标)，启动后的工程管理窗口，如图7-1所示。

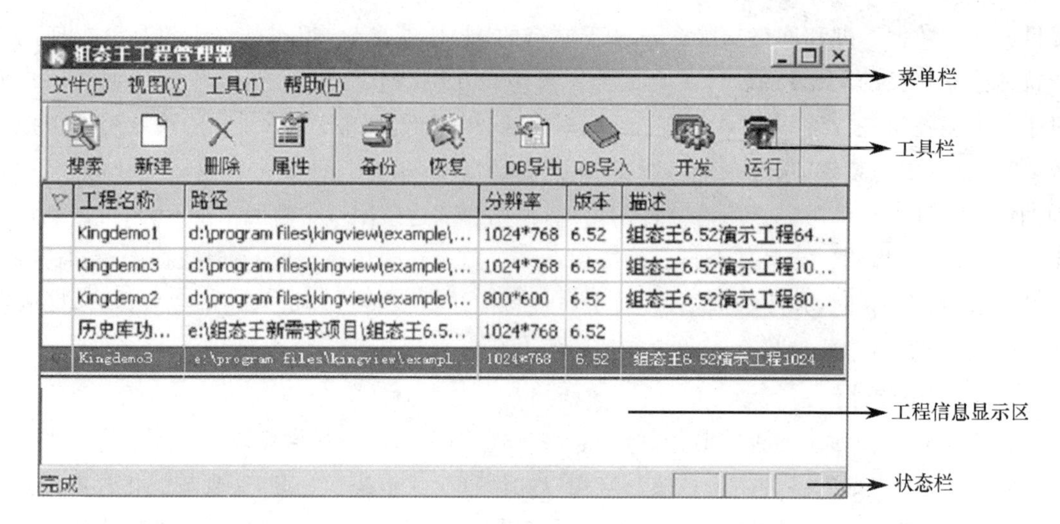

图 7-1　工程管理器界面

1. 将指定目录下的工程调入软件环境

单击“搜索”按钮，在弹出的“浏览文件夹”对话框中选择某一驱动器或某一文件夹，浏览文件夹对话框，如图 7-2 所示。系统将搜索指定目录下的组态王工程，并将搜索完毕的工程显示在工程列表区中。

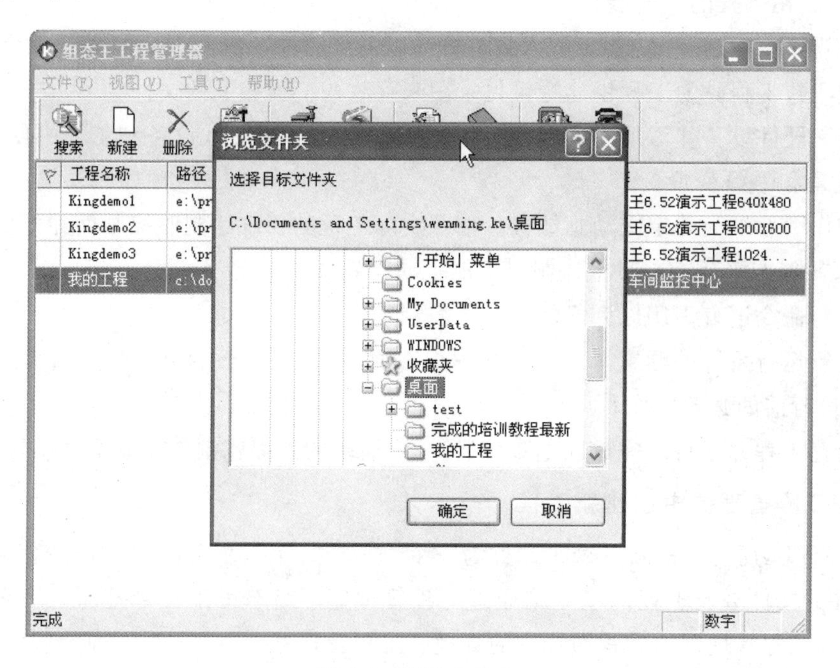

图 7-2　浏览文件夹

“搜索工程”是用来把计算机的某个路径下的所有的工程一起添加到组态王的工程管理器中，它能够自动识别所选路径下的组态王工程，为一次添加多个工程提供了方便。单击“搜索”按钮，在弹出“浏览文件夹”对话框中，选定要添加工程的路径，工程的路径如图 7-3 所示。

组态王工程管理器
文件(F) 视图(V) 工具(T) 帮助(H)
搜索 新建 删除
浏览文件夹
选择目标文件夹
D:\客户工程\客户工程
哈尔滨光宇
哈尔滨瑞业
客户工程
aier
liti
更新软件
杭州
天津红翔锅炉
綿阳九院三所
确定 取消
完成 数字

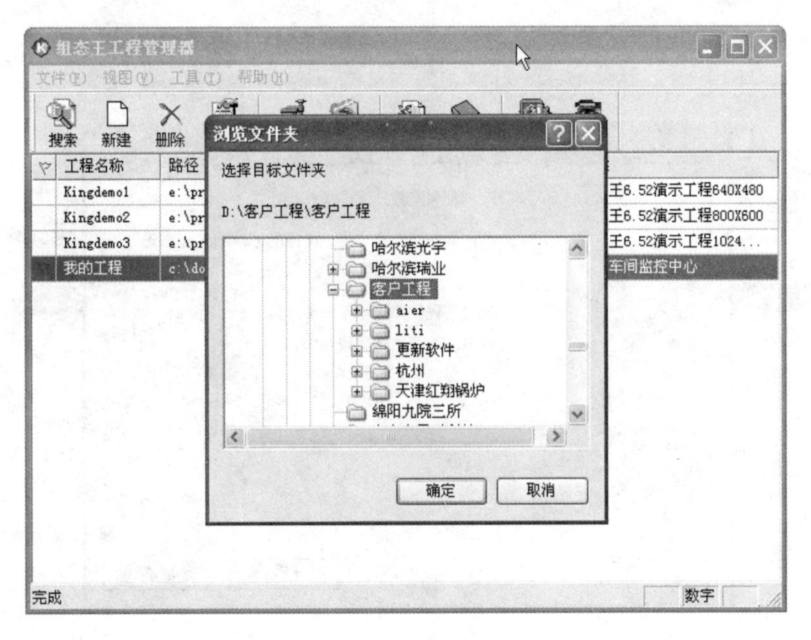

图 7-3 工程的路径

将要添加的工程添加到工程管理器中，工程管理器如图 7-4 所示，方便工程的集中管理。

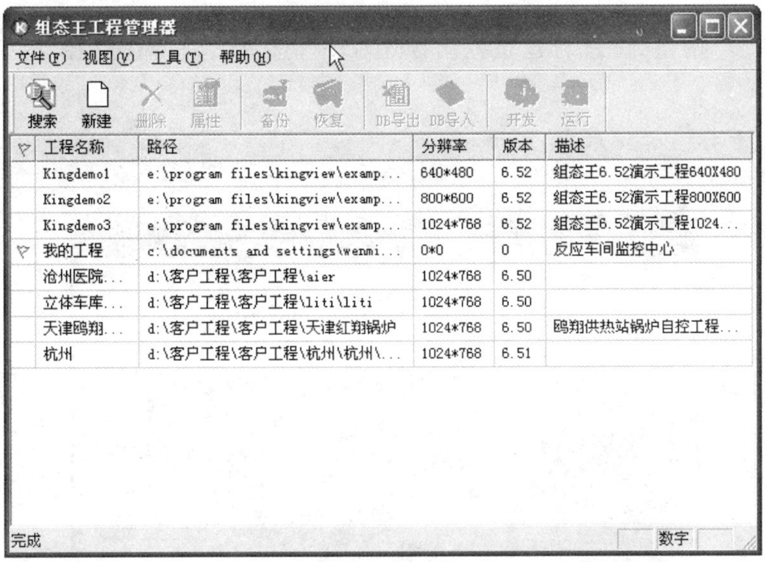

组态王工程管理器
文件(F) 视图(V) 工具(T) 帮助(H)
搜索 新建 删除 属性 备份 恢复 DB导出 DB导入 开发 运行
工程名称 路径 分辨率 版本 描述
Kingdemo1 e:\program files\kingview\examp... 640*480 6.52 组态王6.52演示工程640X480
Kingdemo2 e:\program files\kingview\examp... 800*600 6.52 组态王6.52演示工程800X600
Kingdemo3 e:\program files\kingview\examp... 1024*768 6.52 组态王6.52演示工程1024...
我的工程 c:\documents and settings\wenmi... 0*0 0 反应车间监控中心
沧州医院... d:\客户工程\客户工程\aier 1024*768 6.50
立体车库... d:\客户工程\客户工程\liti\liti 1024*768 6.50
天津鸥翔... d:\客户工程\客户工程\天津红翔锅炉 1024*768 6.50 鸥翔供热站锅炉自控工程...
杭州 d:\客户工程\客户工程\杭州\杭州\... 1024*768 6.51
完成 数字

图 7-4 工程管理器

单击工程浏览窗口“文件”菜单选择“添加”命令，可将保存在目录中指定的组态王工程添加到工程列表区中，以备对工程进行管理。

2. 新建一个工程

单击“新建”按钮，弹出“新建工程”对话框建立组态王工程。

单击工程管理器上的“新建”按钮，弹出“新建工程向导之一——欢迎使用本向导”对话框，如图 7-5 所示。

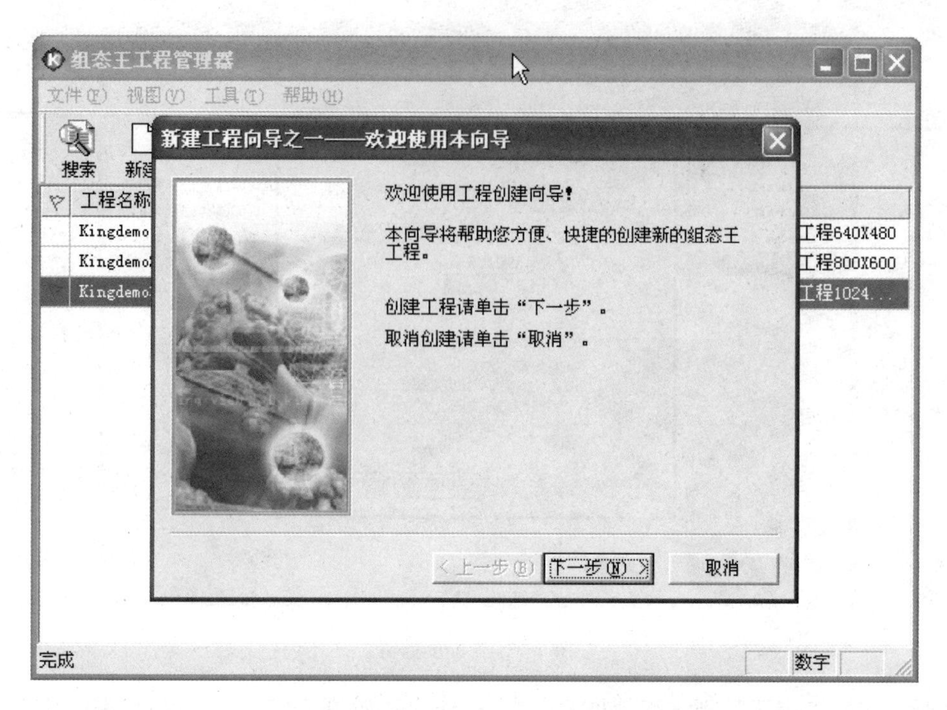

图 7-5　新建工程向导之一——欢迎使用本向导

单击“下一步”按钮弹出“新建工程向导之二——选择工程所在路径”对话框，如图 7-6 所示。

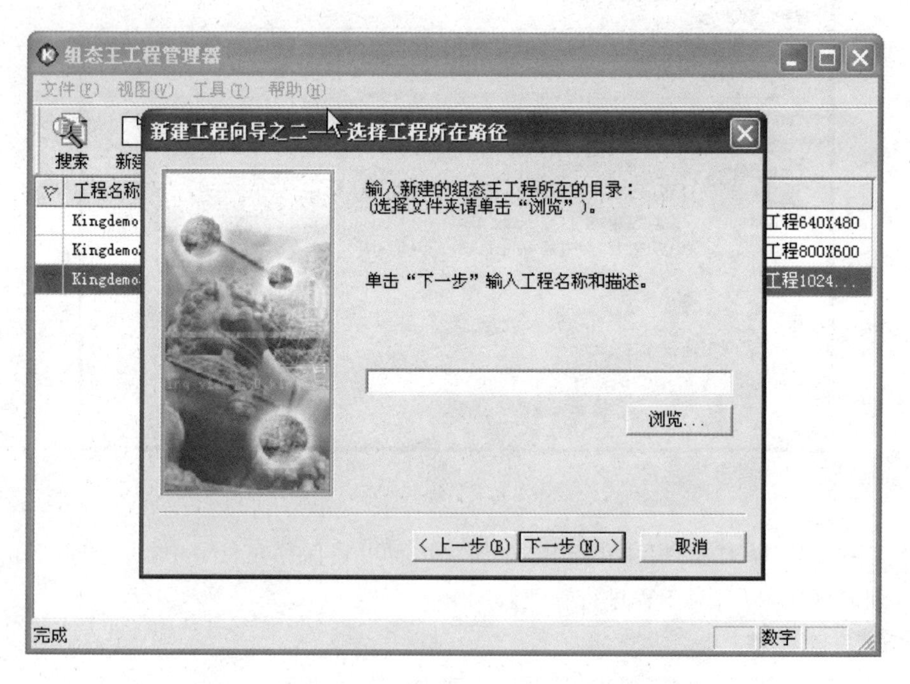

图 7-6　新建工程向导之二——选择工程所在路径

单击“浏览”按钮，选择新建工程所要存放的路径，如图 7-7 所示。

单击“打开”按钮，选择路径。

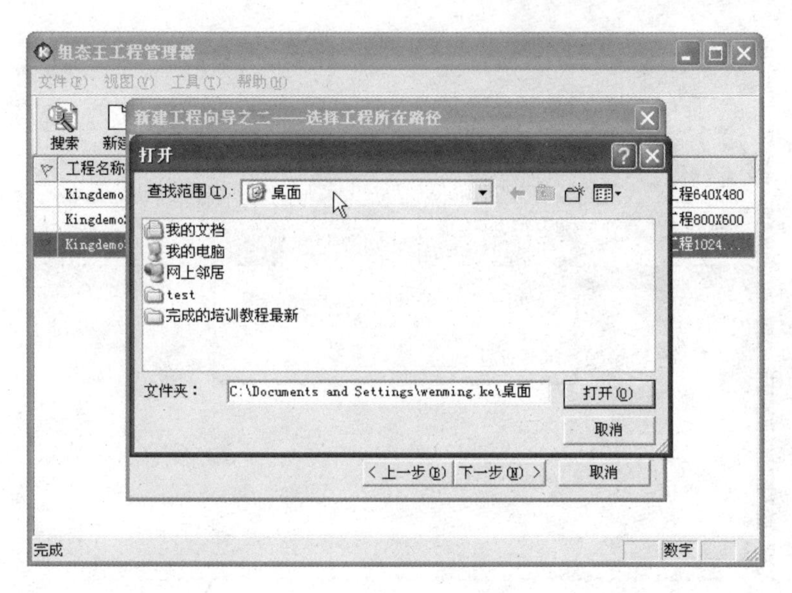

图 7-7　工程存放的路径

单击"下一步"按钮，弹出"新建工程向导之三——工程名称和描述"对话框，如图 7-8 所示，在"工程名称"文本框处输入工程的名字。"工程描述"是对工程进详细说明(注释作用)，这里工程名称是"我的工程"，工程描述是"加盖单元"。

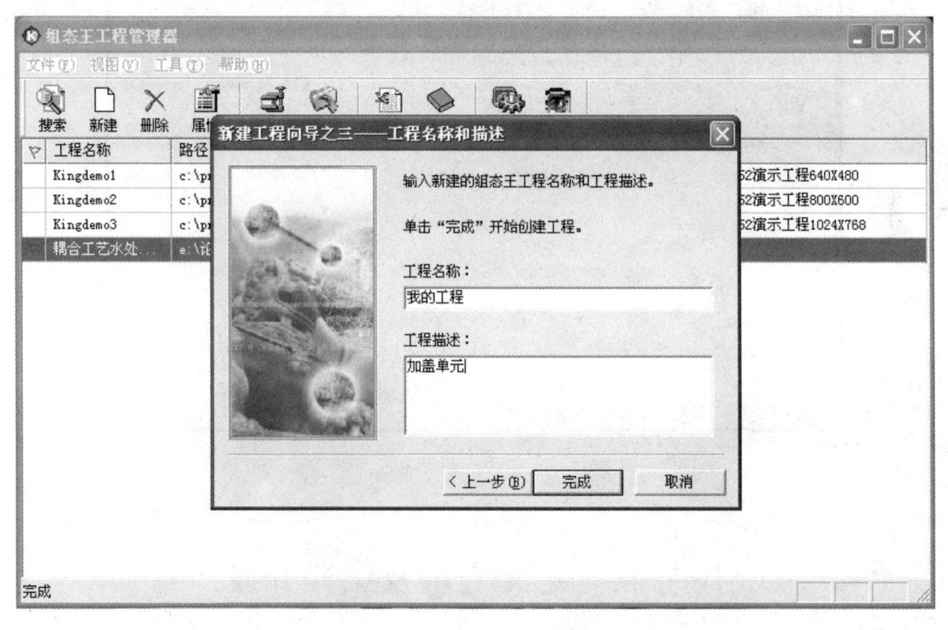

图 7-8　新建工程向导之三——工程名称和描述

单击"完成"按钮，弹出"新建组态王工程"对话框，如图 7-9 所示。

单击"是"按钮，工程管理界面指定此工程为当前开发工程。指定新建工程为当前开发工程界面，如图 7-10 所示。

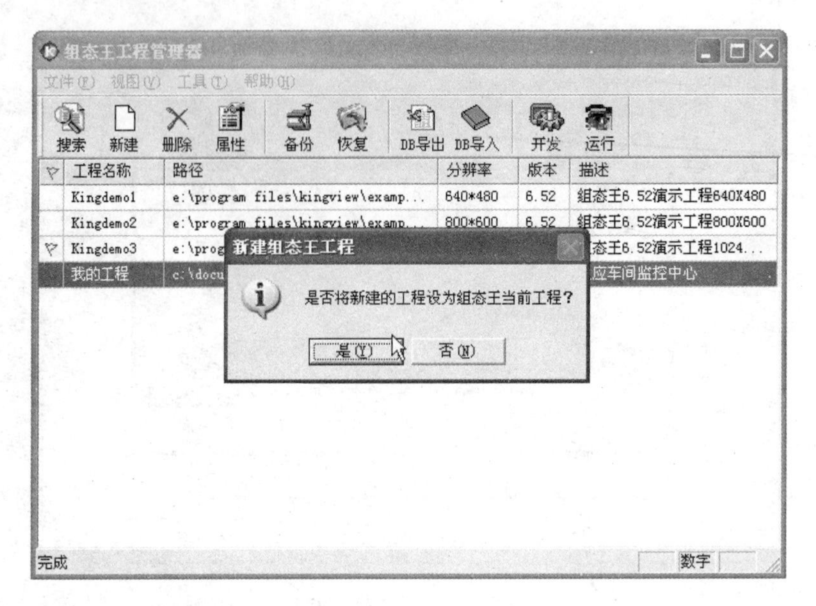

图 7-9　设置当前工程提示

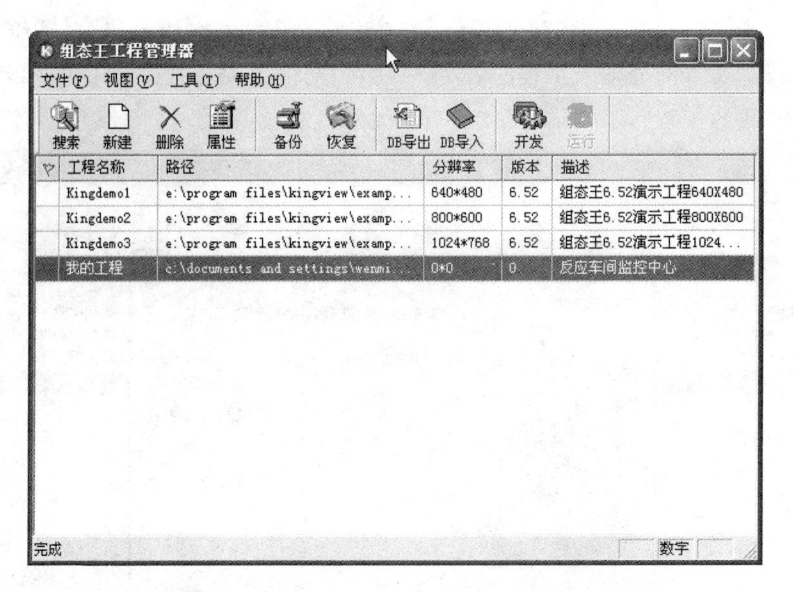

图 7-10　指定新建工程为当前开发工程界面

任务二　定义变量及工程开发

一、定义外围设备变量

1. 设备通信

组态王把那些需要与之交换数据的硬件设备或软件程序都作为外围设备使用。外围硬件设备通常包括 PLC、仪表、模块、变频器、板卡等；外围软件程序通常指包括 DDE、OPCS 等服务程序。按照计算机和外围设备的通信连接方式分为：串行通信(232/422/485)、以太网、专用通信卡(如 CP5611)等。

在计算机和外围设备硬件连接好后，为了实现组态王和外围设备的实时数据通信，必须在组态王的开发环境中对外围设备和相关变量加以定义。为方便定义外围设备，组态王设计了“设备配置向导”引导完成设备的连接。

本书以组态王软件和亚控公司自行设计的仿真 PLC（仿真程序）的通信为例来讲解在组态王中如何定义设备和相关变量（实际硬件设备和变量定义方式与其类似）。注意：在实际的工程中，组态王连接现场的实际采集设备，采集现场的数据。

(1) 在组态王工程浏览器树型目录中，选择设备，在右边的工作区中出现了“新建”图标，双击此“新建”图标，弹出“设备配置向导——生产厂家、设备名称、通讯方式”对话框，如图 7-11 所示。

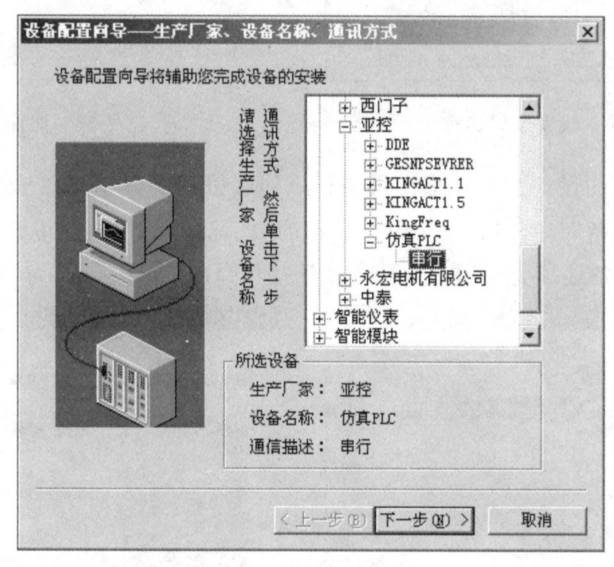

图 7-11　设备配置向导

说明：“设备”下的子项中默认列出的项目表示组态王和外围设备几种常用的通信方式，如 COM1、COM2、DDE、板卡、OPC 服务器、网络站点，其中 COM1、COM2 表示组态王支持的串口的通信方式，DDE 表示支持通过 DDE 数据传输标准进行数据通信，其他类似。（特别说明：标准的计算机都有两个串口，所以此处作为一种固定显示形式，这种形式不表示组态王只支持 COM1、COM2，也不表示组态王计算机上肯定有两个串口；并且“设备”项下面也不会显示计算机中实际的串口数目，用户通过设备定义向导选择实际设备所连接的 PC 串口即可）

(2) 在上述对话框选择亚控提供的“仿真 PLC”的“串行”项后单击“下一步”按钮，弹出“设备配置向导——逻辑名称”对话框，如图 7-12 所示。

(3) 为仿真 PLC 设备取一个名称，如：PLC1，单击“下一步”按钮，弹出“设备配置向导——选择串口号”对话框，如图 7-13 所示。

(4) 为设备选择连接的串口为 COM1，单击“下一步”按钮，弹出“设备配置向导——设备地址设置指南”对话框，如图 7-14 所示。

在连接现场设备时，设备地址处填写的地址要和实际设备地址完全一致。

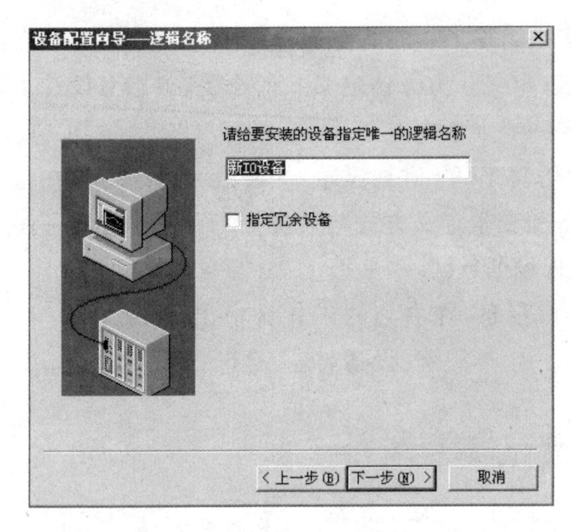

图 7-12　通信设备逻辑名称

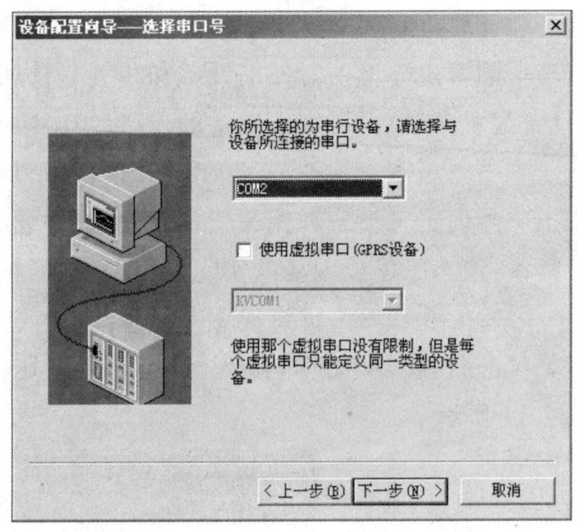

图 7-13　通信口定义

组态王对所支持的设备及软件都提供了相应的联机帮助，指导用户进行设备的定义，用户在实际定义相关的设备时单击图 7-14 中所显示的"地址帮助"按钮即可获取相关帮助信息。

(5) 此处填写设备地址为 0，单击"下一步"按钮，弹出"通信参数"对话框，如图 7-15 所示。

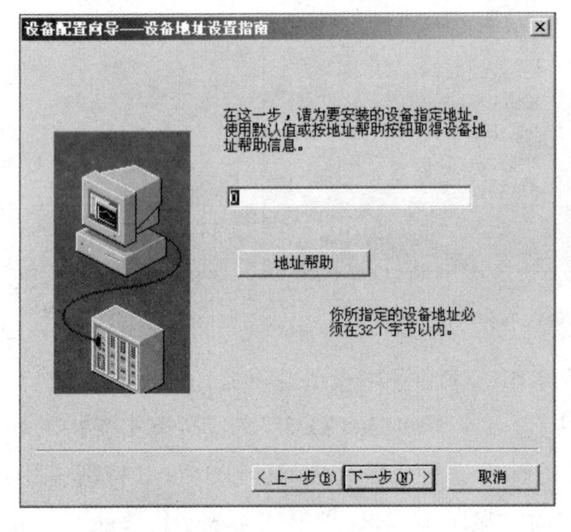

图 7-14　通信地址定义

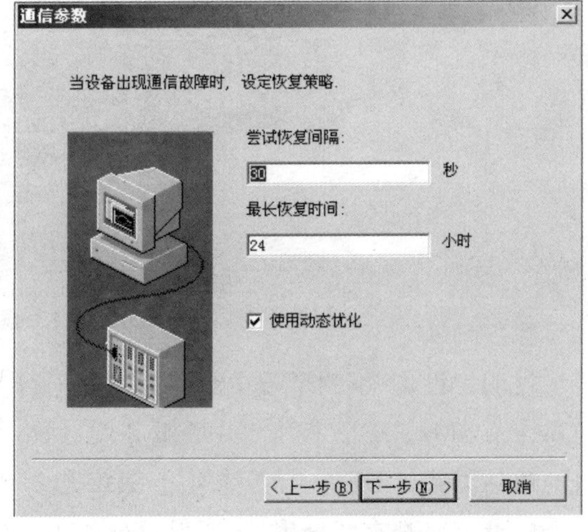

图 7-15　通信参数设置

(6) 设置通信故障恢复参数(一般情况下使用系统默认设置即可)。图 7-15 中的重要设置项说明：①尝试恢复间隔：当组态王和设备通信失败后，组态王将根据此处设定时间定期和设备尝试通信一次；②最长恢复时间：当组态王和设备通信失败后，超过此设定时间仍然和设备通信不上的，组态王将不再尝试和此设备进行通信，除非重新启动运行组态王；③动态优化：此项参数可以优化组态王的数据采集。

如果选中动态优化选项的话，则以下任一条件满足时组态王将执行该设备的数据采集：

① 当前显示画面上正在使用的变量；

② 历史数据库正在使用的变量；

③ 报警记录正在使用的变量；

④ 命令语言中正在使用的变量。

任一条件都不满足时将不采集；当动态优化项不选择时，组态王将按变量的采集频率周期性地执行数据采集任务。单击“下一步”按钮，弹出“设备安装向导——信息总结”对话框，如图 7-16所示。

(7) 请检查各项设置是否正确，确认无误后，单击“完成”按钮。

设备定义完成后，您可以在 COM1 项下看到新建的设备“PLC1”。

(8) 双击 COM1 口，弹出“设备串口——COM1”对话框，如图 7-17 所示。

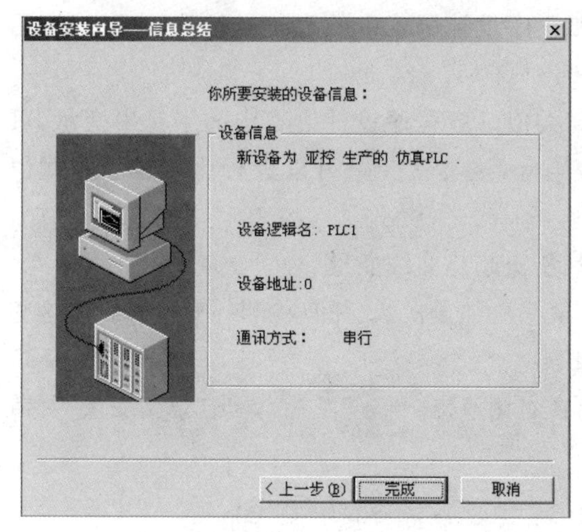

图 7-16 通信设备信息总结

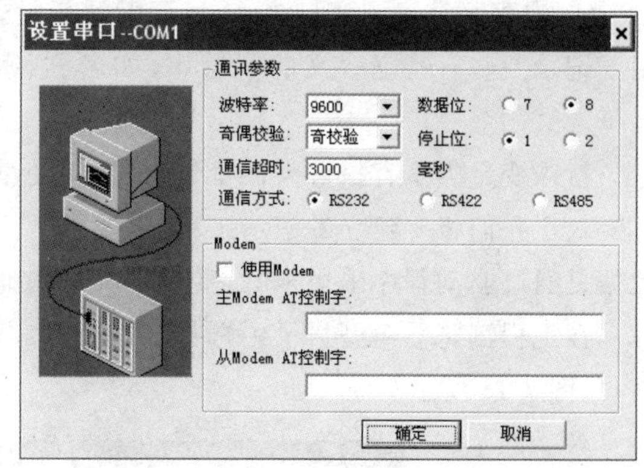

图 7-17 通信串口设置

由于定义的是一个仿真设备，所以串口通信参数可以不必设置，但在工程中连接实际的I/O设备时，必须对串口通信参数进行设置且设置项要与实际设备中的设置项完全一致(包括：波特率、数据位、停止位、奇偶检验选项的设置)，否则会导致通信失败。

2. 定义外围设备变量

(1) 数据库的作用。在组态王工程浏览器中提供了“数据库”项供用户定义设备变量。数据库是“组态王”最核心的部分。在 TouchView 运行时，工业现场的生产状况要以动画的形式反映在屏幕上，操作者在计算机前发布的指令也要迅速送达生产现场，所有这一切都是以实时数据库为核心，所以说数据库是联系上位机和下位机的桥梁。

数据库中变量的集合形象地称为“数据词典”，数据词典记录了所有用户可使用的数据变量的详细信息。注：在组态王软件中数据库分为实时数据库和历史数据库两大类。

(2) 数据词典中变量的类型。数据词典中存放的是应用工程中定义的变量以及系统变量。变量可以分为基本类型和特殊类型两大类，基本类型的变量又分为内存变量和 I/O 变量两类。

“I/O 变量”指的是组态王与外围设备或其他应用程序交换的变量。这种数据交换是双向的、动态的，即在组态王系统运行过程中，每当 I/O 变量的值改变时，该值就会自动写入外围设备或远程应用程序；每当外围设备或远程应用程序中的值改变时，组态王系统中的变量值也会自动改变。所以，那些从下位机采集来的数据、发送给下位机的指令，比如小盒位移、电源开关等变量，都需要设置成“I/O 变量”。那些不需要和外围设备或其他应用程序交换，只在组态王内使用的变量，比如计算过程的中间变量，就可以设置成“内存变量”。

基本类型的变量也可以按照数据类型分为离散型、实型、整型和字符串型。

① 内存离散变量、I/O 离散变量。类似一般程序设计语言中的布尔(BOOL)变量，只有 0、1 两种取值，用于表示一些开关量。

② 内存实型变量、I/O 实型变量。类似一般程序设计语言中的浮点型变量，用于表示浮点数据，取值范围 10^{-38}～10^{38}，有效值 7 位。

③ 内存整数变量、I/O 整数变量。类似一般程序设计语言中的有符号长整数型变量，用于表示带符号的整型数据，取值范围 2 147 483 648～2 147 483 647。

④ 内存字符串型变量、I/O 字符串型变量。类似一般程序设计语言中的字符串变量，可用于记录一些有特定含义的字符串，如名称、密码等，该类型变量可以进行比较运算和赋值运算。

特殊变量类型有报警窗口变量、报警组变量、历史趋势曲线变量、时间变量四种。

对于我们将要建立的演示工程，需要从下位机采集加盖次数、托盘检测等变量。因为这些数据是通过驱动程序采集来的，变量定义方法如下：

在工程浏览器树型目录中选择“数据词典”，在右侧双击“新建”图标，弹出“定义变量”对话框，如图 7-18 所示。

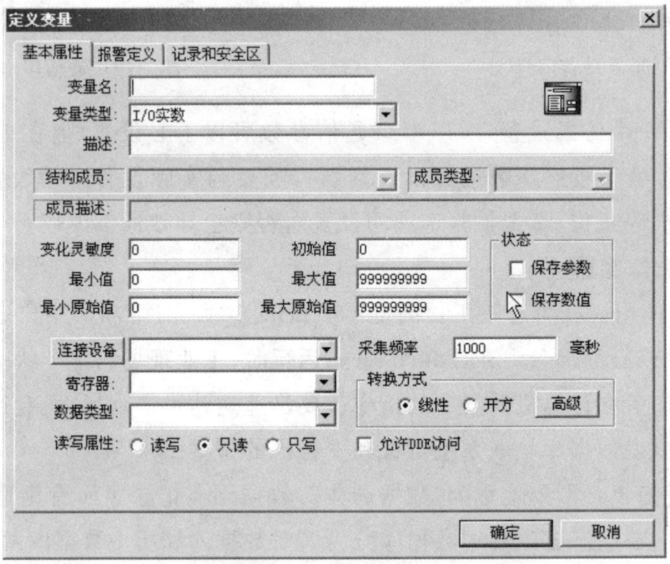

图 7-18 “定义变量”对话框

在对话框中添加变量如下：

变量名：小盒位移。

变量类型：I/O 实数。

变化灵敏度：0。

初始值：0。

最小值:0。

最大值:100。

最小原始值:0。

最大原始值:100。

转换方式:线性。

连接设备:PLC1。

寄存器:DECREA100。

数据类型:SHORT。

采集频率:1000 毫秒。

读写属性:只读。

英文字母的大小写无关紧要,设置完成后单击“确定”按钮。

用类似的方法建立另外变量。此外由于演示工程的需要还须建立离散型内存变量。

在该演示工程中使用的设备为上述建立的仿真 PLC,仿真 PLC 提供四种类型的内部寄存器:INCREA、DECREA 、RADOM 、STATIC,寄存器 INCREA 、DECREA 、RADOM、STATIC 的编号从 1～1000,变量的数据类型均为整型(即 SHORT)。

递增寄存器 INCREA100 变化范围 0～100,表示该寄存器的值周而复始的由 0 递增到 100。

递减寄存器 DECREA100 变化范围 0～100,表示该寄存器的值周而复始的由 100 递减为 0。

随机寄存器 RADOM100 变化范围 0～100,表示该寄存器的值在 0 到 100 之间随机的变动。

静态寄存器 STATIC100 该寄存器变量是一个静态变量,可保存用户下发的数据,当用户写入数据后就保存下来,并可供用户读出。STATIC100 表示该寄存器变量能够接收 0～100 之间的任意一个整数。

3. 变量重要属性说明

(1) 变化灵敏度。数据类型为实数型或整数型时此项有效,只有当该数据变量的值变化幅度超过设置的“变化灵敏度”时,组态王才更新与之相连接的图素(默认为 0)。

(2) 保存参数。选择此项后,在系统运行时,如果您修改了此变量的域值(可读可写型),系统将自动保存修改后的域值。当系统退出后再次启动时,变量的域值保持为最后一次修改的域值,无需用户再去重新设置。

(3) 保存数值。选择此项后,在系统运行时,当变量的值发生变化后,系统将自动保存该值。当系统退出后再次启动时,变量的值保持为最后一次变化的值。

(4) 最小原始值。针对 I/O 整型、实型变量,为组态王直接从外围设备中读取到的最小值。

(5) 最大原始值。针对 I/O 整型、实型变量,为组态王直接从外围设备中读取到的最大值。

(6) 最小值。用于在组态王中将读取到的原始值转化为具有实际工程意义的工程值,并在画面中显示,与最小原始值对应。

(7) 最大值。用于在组态王中将读取到的原始值转化为具有实际工程意义的工程值,并在画面中显示,与最大原始值对应。

最小原始值、最大原始值和最小值、最大值这四个数值是用来确定原始值与工程值之间的转换比例(当最小值和最小原始值一样,最大值和最大原始值一样时,则组态王中显示的值和外围设备中对应寄存器的值一样)。原始值到工程值之间的转换方式有线性和平方根两种,线性方式是把最小原始值到最大原始值之间的原始值,线性转换到最小值至最大值之间。工程中比较常用的转换方式是线性转换,下面将以具体的实例进行讲解。

示例1:以ISA板卡的模拟量输入信号(A/D)为例进行讲解最小原始值、最大原始值为组态王ISA总线上获取到模拟信号转换值。当板卡的A/D转换分辨率为12位时,则经过板卡的A/D转换器传送到ISA总线上的二进制数据为0～4095。所以原始最小值定为0,最大原始值为4095,如果用户希望在画面中显示板卡模拟通道实际输入的电压,则可以将最小值和最大值分别定义为板卡该通道的允许电压和电流的输入范围:例如板卡输入范围0～5V,则最大值是5,最小值是0。

示例2:以PLC为例进行讲解以组态王读取西门子S7-200系列PLC中VW0的数据为例,如果用户希望读取到PLC中对应地址的值,则其最小原始值和最大原始值必须和PLC中VW0的值范围完全一致,例如,当PLC中VW0值范围为0～65535,则组态王中最小原始值为0、最大原始值为65535;当用户希望在组态王中将此值对应一个0～100℃的温度范围时,则可以将最小值设置为0,最大值设置为100即可。

(8) 数据类型。只对I/O类型的变量起作用,共有9种类型:

① Bit:1位,0或1。

② Byte:8位,1字节。

③ Short:16位,2字节。

④ Ushort:16位,2字节。

⑤ BCD:16位,2字节。

⑥ Long:32位,4字节。

⑦ LongBCD:32位,4字节。

⑧ Float:32位,4字节。

⑨ String:128个字符。

至此,数据变量已经完全建立起来,而对于大批同一类型的变量,组态王还提供了可以快速成批定义变量的方法——即结构变量的定义。下一节的任务将是使画面上的图素运动起来,实现一个动画效果的监控系统。

二、在工程浏览器中开发工程

工程浏览器是组态王6.52的集成开发环境。在这里可以看到工程的各个组成部分包括Web、文件、数据库、设备、系统配置、SQL访问管理器,它们以树形结构显示在工程浏览器窗口的左侧。组态王开发系统内嵌于组态王工程浏览器,又称画面开发系统,是应用程序的集成开发环境,工程人员在这个环境里进行系统开发。

1. 工程浏览器

工程浏览器的使用和 Windows 的资源管理器类似，如图 7-19 所示。

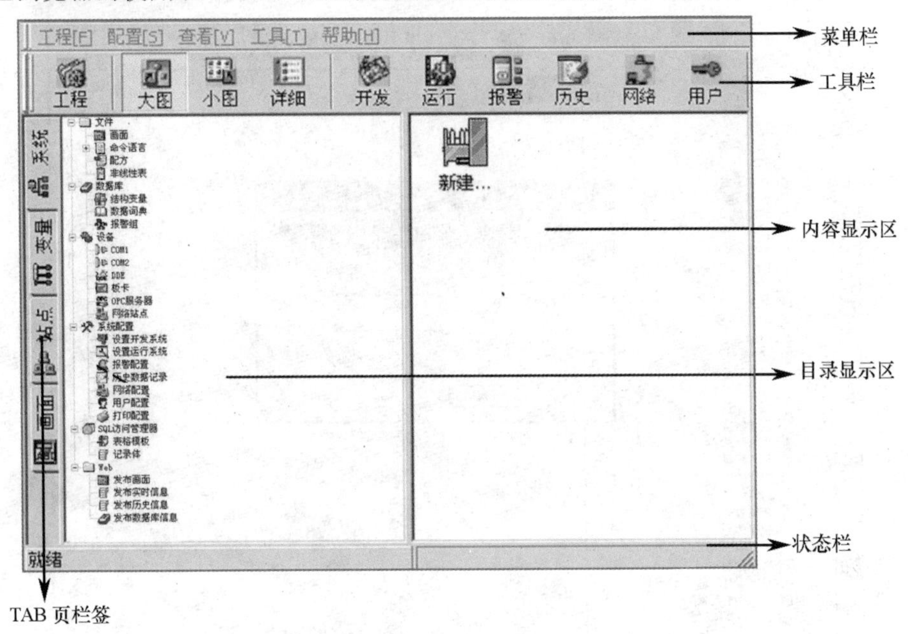

图 7-19　组态王工程浏览器

工程浏览器由菜单栏、工具条、工程目录显示区、目录内容显示区、状态条组成。开发新工程鼠标双击图 7-19 中的“新建”。

2. 工程加密

工程加密是为了保护工程文件不被其他人随意修改，只有设定密码的人或知道密码的人才可以对工程做编辑或修改。加密的步骤如下：

单击“工具”菜单选择“工程加密”命令，如图 7-20 所示。

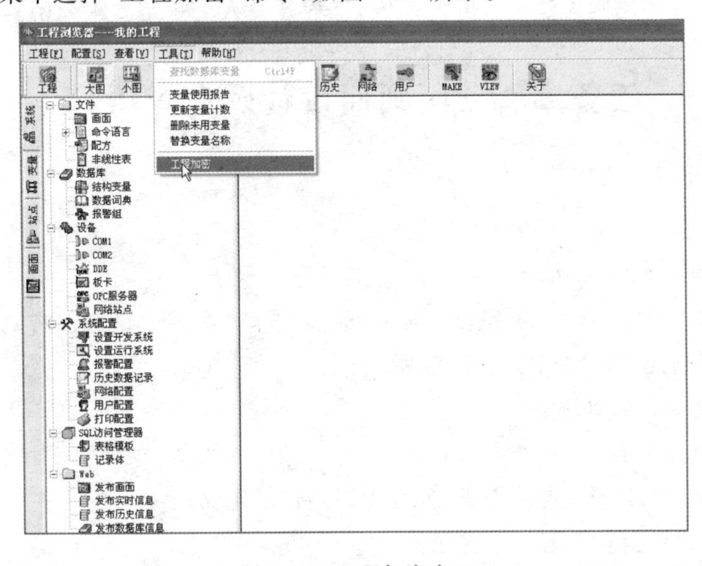

图 7-20　工程加密窗口

弹出“工程加密处理”对话框，设定密码。工程加密处理窗口，如图 7-21 所示。

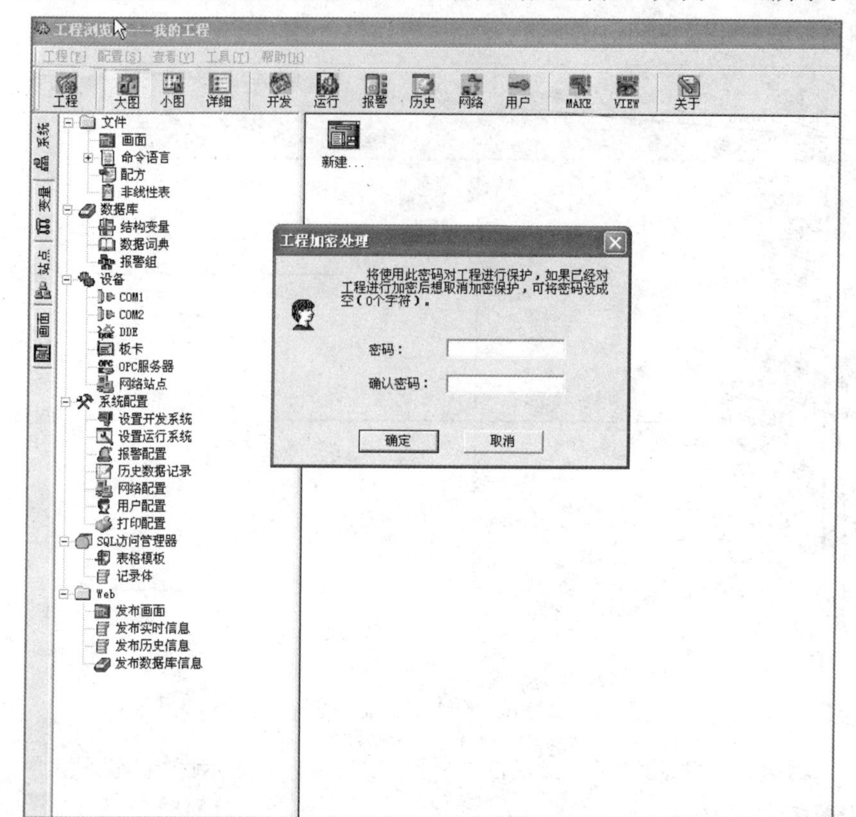

图 7-21　工程加密处理窗口

单击“确定”按钮，密码设定成功，如果退出开发系统，下次再进的时候就会提示要输入密码。

注意：如果没有密码则无法进入开发系统，工程开发人员一定要牢记密码。

任务三　动画画面设计及命令语言

一、设计画面

1. 建立新画面

为建立一个新的画面请执行以下操作：

(1) 在工程浏览器左侧的“工程目录显示区”中选择“画面”选项，在右侧视图中双击“新建”图标，弹出“新画面”对话框，如图 7-22 所示。

(2) 新画面属性设置如下：

画面名称：监控中心。

对应文件：pic00001. pic(自动生成，也可以用户自己定义)。

注释：加盖单元的监控中心——主画面。

画面风格：覆盖式。

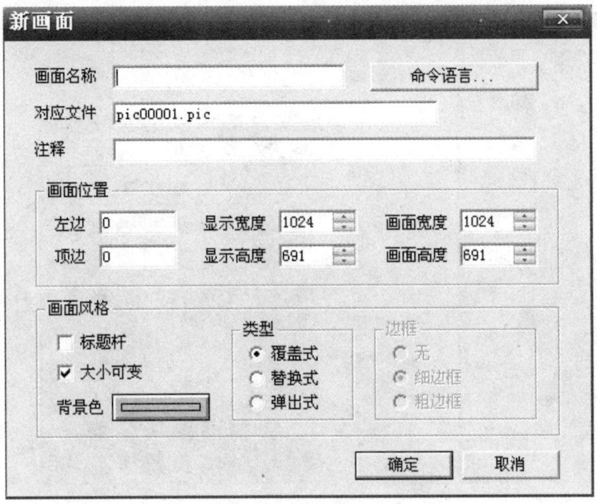

图 7-22　新建画面对话框

画面位置：

左边：0。

顶边：0。

显示宽度：800。

显示高度：600。

画面宽度：800。

画面高度：600。

标题杆：无效。

大小可变：有效。

(3) 在“新画面”对话框中单击“确定”按钮

TouchExplorer 按照指定的风格产生出一幅名为“监控中心”的画面。

2. 使用工具箱

接下来在此画面中绘制各种图素。绘制图素的主要工具放置在图形编辑工具箱内。当画面打开时，工具箱自动显示。工具箱中的每个工具按钮都有“浮动提示”，帮助您了解工具的用途。

(1) 如果工具箱没有出现，单击“工具”菜单，选择“显示工具箱”命令，或按【F10】键将其打开，工具箱中各种基本工具的使用方法和 Windows 中的“画笔”类似，如图 7-23 所示。

(2) 在工具箱中单击文本工具，在画面上输入文字：加盖单元监控画面。

(3) 如果要改变文本的字体，颜色和字号，先选中文本对象，然后在工具箱内选择字体工具。在弹出的“字体”对话框中修改文本属性。

3. 使用调色板

单击“工具”菜单，选择“显示调色板”命令，或在工具箱中单击“显示调色”按钮，弹出调色板画面(注意：再次单击“显示调色”就会关闭调色板画面)，如图 7-24 所示。

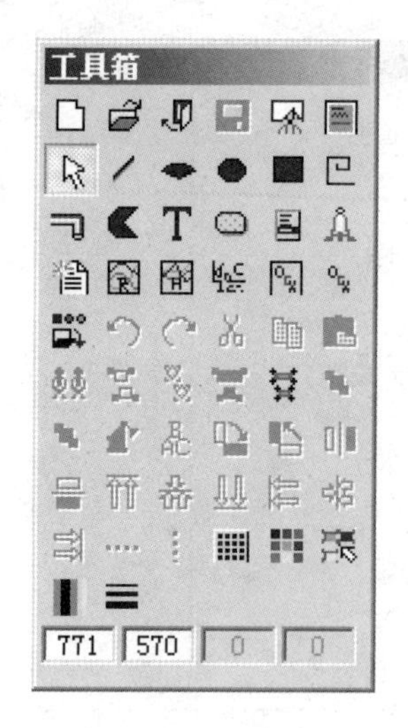

图 7-23　画面工具箱

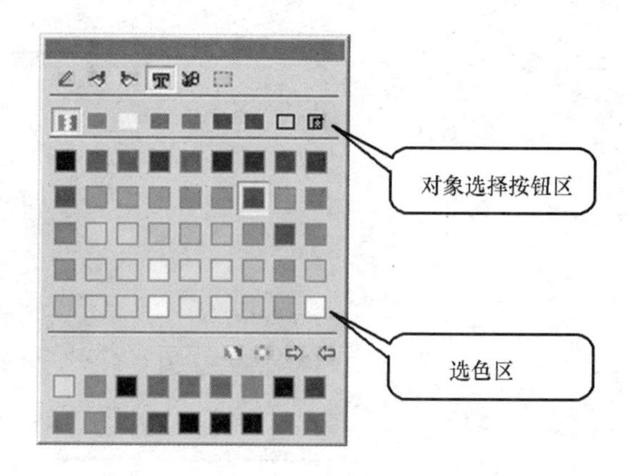

图 7-24　调色板

选中文本，在调色板上按下“对象选择按钮区”中“字符色”按钮(图 7-24 所示)，然后在“选色区”选择某种颜色，则该文本就变为相应的颜色。

4. 使用图库管理器

单击“图库”菜单，选择“打开图库”命令，或按【F2】键打开图库管理器，如图 7-25 所示。

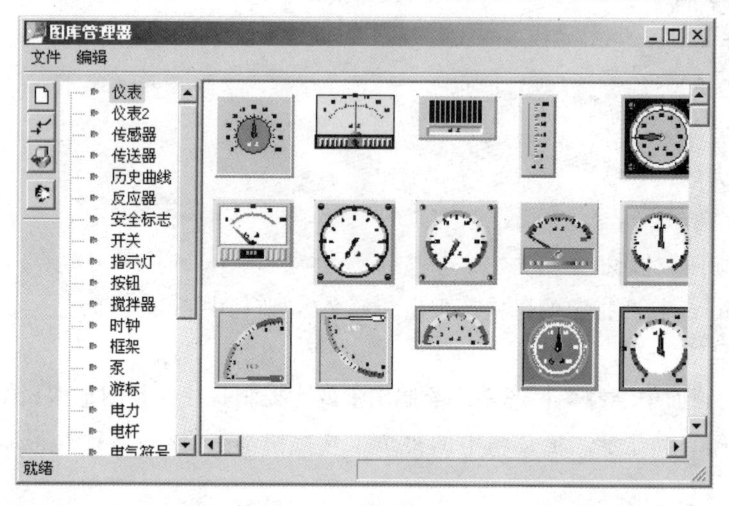

图 7-25　图库管理器

使用图库管理器降低了工程人员设计界面的难度，用户更加集中精力于维护数据库和增强软件内部的逻辑控制，缩短开发周期；同时用图库开发的软件将具有统一的外观，方便工程人员学习和掌握；另外利用图库的开放性，工程人员可以生成自己的图库元素。(目前公司另提供付费软件开发包给高级的用户，进行图库开发，驱动开发等)。

5. 继续生成画面

(1) 选择工具箱中的圆形和方形，画出加盖小盒的盒体、旋转加盖的机械手臂等部件，对需要实现动画的各个部件进行组合。注意：组合的时候有动画效果的对象要“合成组合图素”。

(2) 打开图库管理器，在阀门图库中选择图素，双击后在加盖单元监控画面上单击，则该图素出现在相应的位置，移动到报警画面的示意图上，并拖动边框改变其大小，并在其旁边添加文字：无上盖报警。

最后生成的画面，如图 7-26 所示。

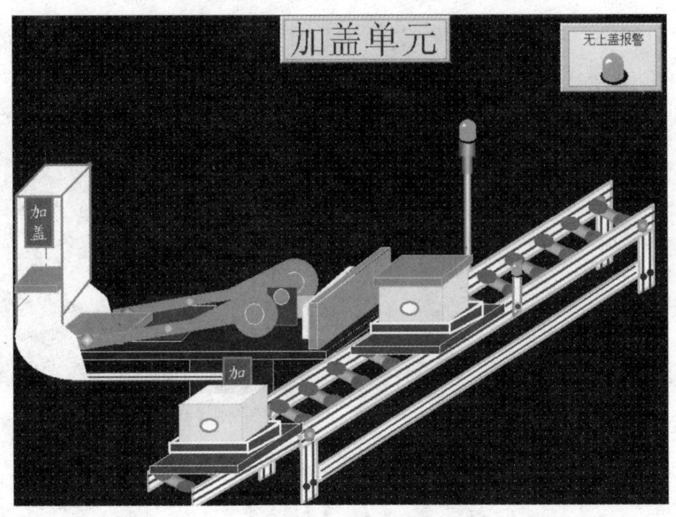

图 7-26　整体画面

至此，一个简单的加盖单元监控画面就建立起来了。

（3）单击“文件”菜单，选择“全部存”命令将所完成的画面进行保存。

二、动画连接

1. 动画连接的作用

所谓“动画连接”就是建立画面的图素与数据库变量的对应关系。

2. 示值动画设置

（1）打开“监控中心”画面，在画面上双击“物料”图形，弹出“动画连接”对话框，如图 7-27 所示。

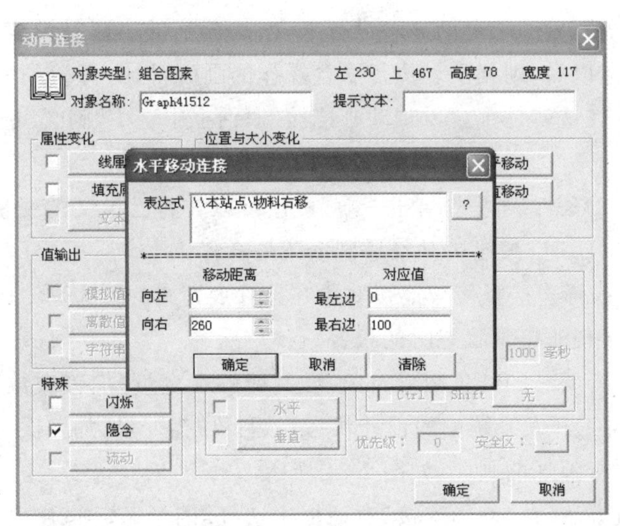

图 7-27　“动画连接”对话框

(2) 单击“确定”按钮,完成物料位移的动画连接。

(3) 在工具箱中选择文本 T 工具,在物料旁边输入字符串“# # # #”,这个字符串是任意的,当工程运行时,字符串的内容将被需要输出的模拟值所取代。

(4) 双击文本对象“# # # #”,弹出“动画连接”对话框,在此对话框中选中“模拟量输出”选项,弹出“模拟值输出连接”对话框,如图 7-28 所示。

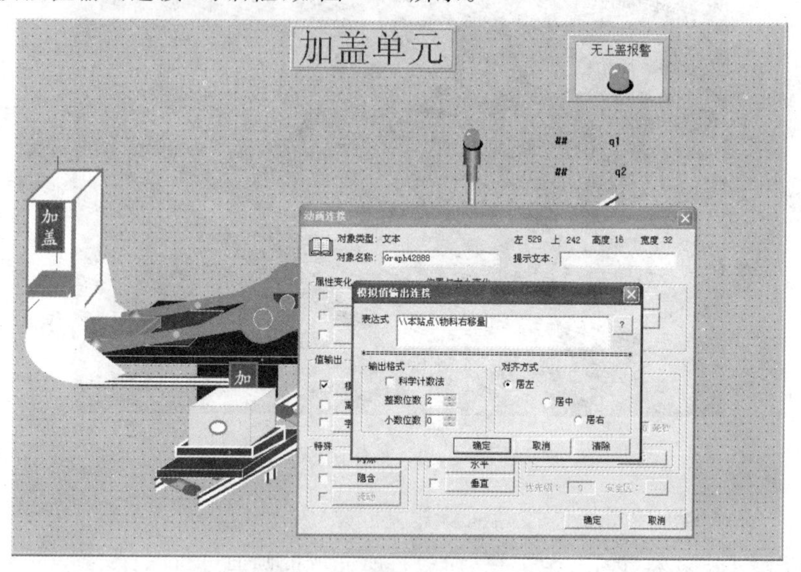

图 7-28 “模拟值输出连接”对话框

(5) 单击“确定”按钮完成动画连接的设置。当系统处于运行状态时在文本框“# # # #”中将显示原料物料位移实际值。用同样方法加盖摆臂的动画连接。

3. 动画属性的介绍

(1) 隐含连接。隐含连接是使被连接对象根据条件表达式的值而显示或隐含。建立两个小盒的对象,一个是加盖以前的,一个是加盖以后的,因为这两个盒体在加盖前后的画面是不一样的,所以要对加盖前后的小盒的显示进行隐含,加盖前的小盒是没有盖的显示,有盖的隐含,而执行完加盖任务以后,则相反。执行隐含操作的画面,如图 7-29 所示。

双击被隐含对象在这就是小盒,在“动画连接”对话框中选中“隐含”选项,弹出“隐含连接”对话框,如图 7-30 所示。

输入显示或隐含的条件表达式,单击“ ? ”按钮可以查看已定义的变量名和变量域。当条件表达式值为 1(TRUE)时,被连接对象是显示还是隐含。

(2) 闪烁连接。闪烁连接是使被连接对象在条件表达式的值为真时闪烁。闪烁效果易于引起注意,故常用于出现非正常状态时的报警。

建立一个表示报警状态的红色圆形对象,使其能够在变量“加盖次数”的值大于 5 次时闪烁。图 7-31 是在组态王开发系统中的设计状态。运行中当变量“加盖次数”的值大于 5 时,红色对象开始闪烁。执行闪烁的画面,如图 7-31 所示。

闪烁连接的设置方法:在“动画连接”对话框中选择“闪烁”选项,弹出“闪烁连接”对话框,如图 7-32 所示。

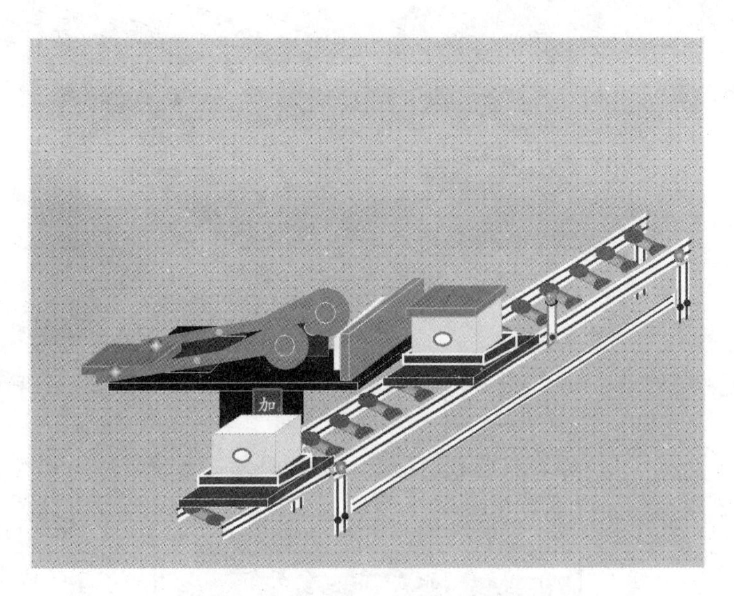

图 7-29　执行隐含操作的画面

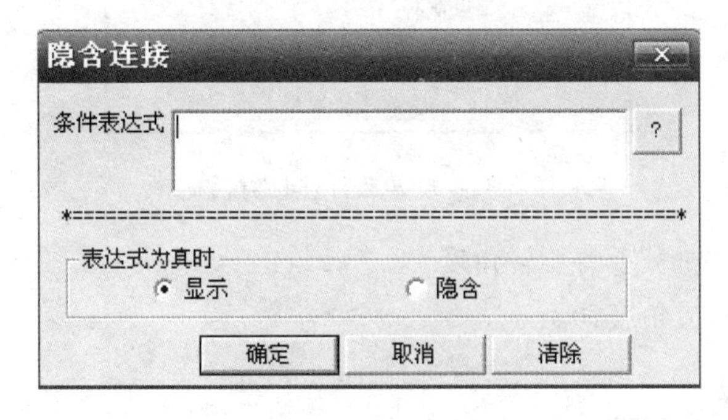

图 7-30　“隐含连接”对话框

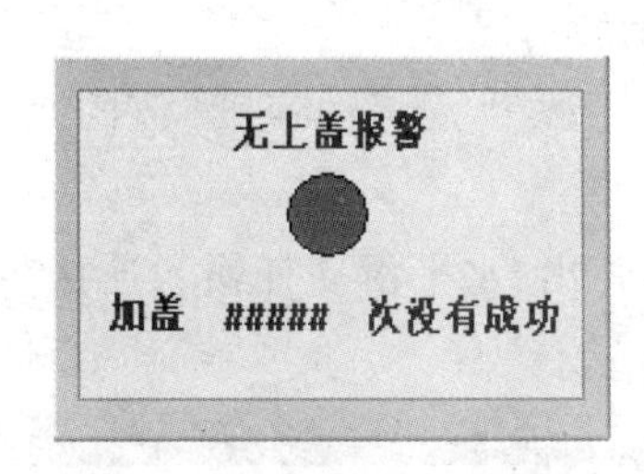

图 7-31　执行闪烁的画面

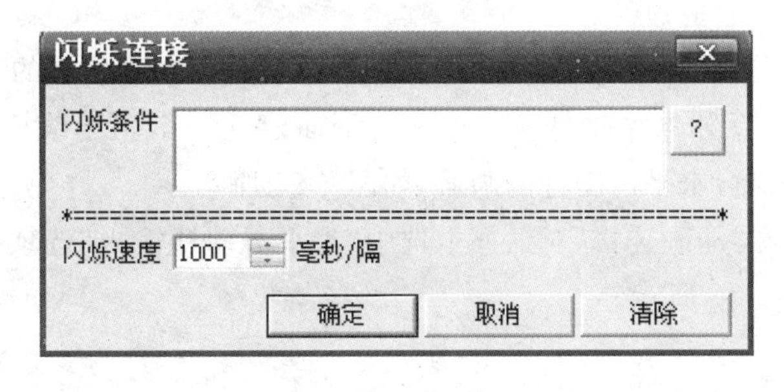

图 7-32　“闪烁连接”对话框

输入闪烁的条件表达式，当此条件表达式的值为“真”时，图形对象开始闪烁。表达式的值为“假”时闪烁自动停止。单击“?”按钮可以查看已定义的变量名和变量域。

(3) 旋转连接。旋转连接是使对象在画面中的位置随连接表达式的值而旋转。图 7-33 就建立了一个有加盖机械手臂旋转，实时跟踪机械手臂的旋转角度。执行旋转的画面，如图 7-33所示。

在“动画连接”对话框中选中“旋转连接”选项，弹出“旋转连接”对话框，如图 7-34 所示。

在编辑框内输入合法的连接表达式，单击“?”按钮可以查看已定义的变量名和变量域。

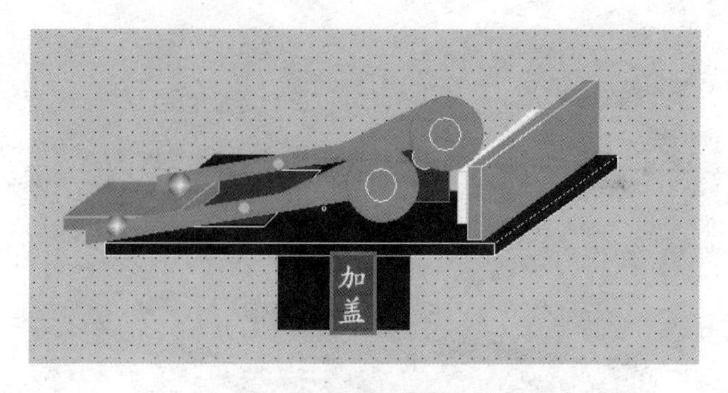

图 7-33　执行旋转的画面

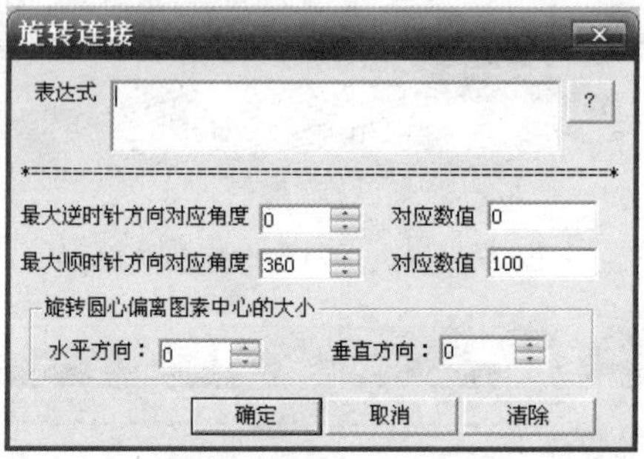

旋转连接
表达式
最大逆时针方向对应角度 0　对应数值 0
最大顺时针方向对应角度 360　对应数值 100
旋转圆心偏离图素中心的大小
水平方向：0　垂直方向：0
确定　取消　清除

图 7-34　旋转条件连接对话框

表达式：\\本站点\机械手臂旋转角度。

最大逆时针方向对应角度：0。

对应值：0。

最大顺时针方向对应角度：180。

对应值：100。

单击“确定”按钮，保存，切换到运行画面查看仪表的旋转情况。

(4) 水平滑动杆输入连接。下面建立一个用于改变变量“小盒移动速度”值的水平滑动杆。执行水平滑动杆的画面，如图 7-35 所示。

在“动画连接”对话框中选中“水平滑动杆输入”选项，弹出“水平滑动杆输入连接”对话框如图 7-36 所示。

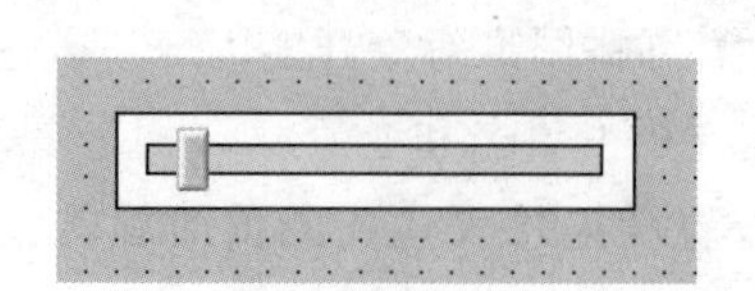

图 7-35　执行水平滑动杆的画面

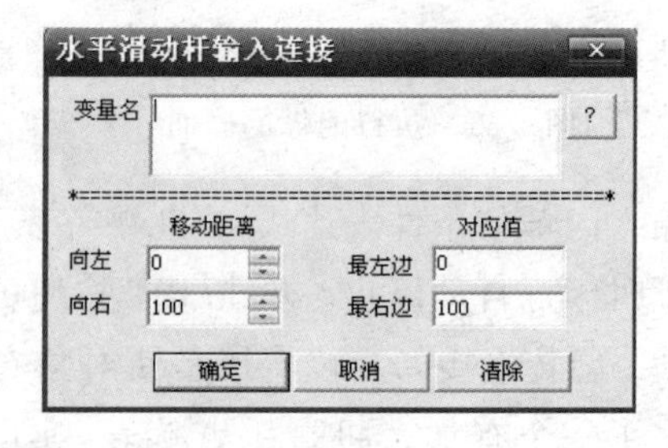

图 7-36　“水平滑动杆输入连接”对话框

输入与图形对象相联系的变量，单击 ? 按钮可以查看已定义的变量名和变量域。

变量名：\\本站点\小盒移动速度。

移动距离：

向左：0。

向右：100。

对应值：

最左边：0。

最右边：100。

单击“确定”按钮，保存，切换到运行画面。当有滑动杆输入连接的图形对象被鼠标拖动时，与之连接的变量的值将会被改变。当变量的值改变时，图形对象的位置也会发生变化。用同样的方法可以设置垂直滑动杆的动画连接。

(5) 缩放连接。缩放连接是使被连接对象的大小随连接表达式的值而变化，在加盖这个系统上没有应用，但是在石油化工等把液体作为操作对象的工程上经常用到。比如建立一个温度计，用一矩形表示水银柱(将其设置“缩放连接”动画连接属性)，以反映变量“温度”的变化。在“动画连接”对话框中选中“缩放”选项，弹出“缩放连接”对话框，如图 7-37 所示。

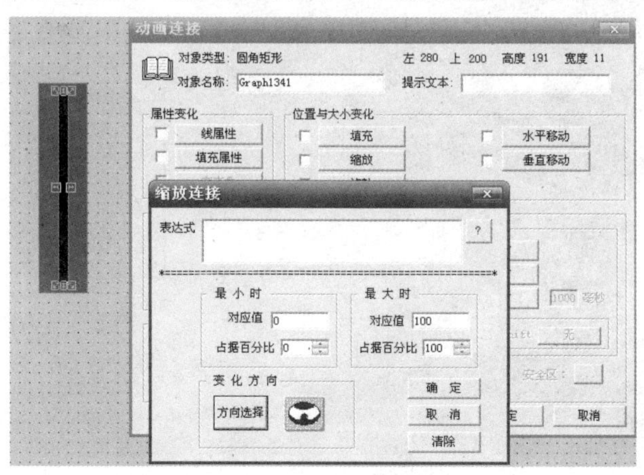

图 7-37 “缩放连接”对话框

在表达式编辑框内输入合法的连接表达式，单击“?”按钮可以查看已定义的变量名和变量域。

表达式：\\本站点\温度。

最小时：

对应值：0。

占据百分比：0。

最大时：

对应值：100。

占据百分比：100。

选择缩放变化的方向，变化方向共有五种，用“方向选择”按钮旁边的指示器来形象地表示。箭头是变化的方向，蓝点是参考点。单击“方向选择”按钮，可选择五种变化方向之一。单击“确定”按钮，保存，切换到运行画面，可以看到温度计的缩放效果。

4. 点位图

（1）准备一张图片，如图 7-38 所示。

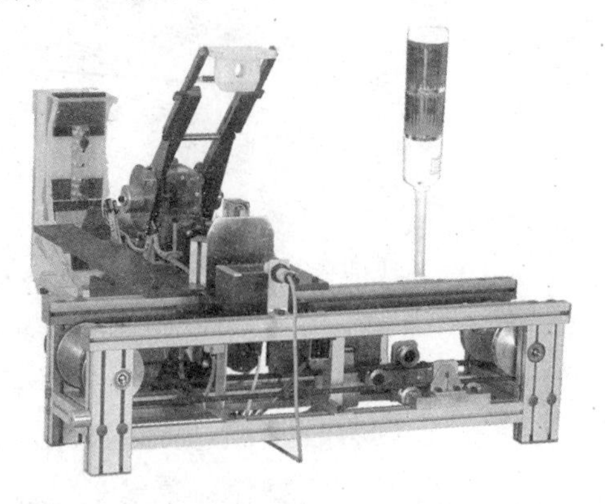

图 7-38　需要插入的位图

（2）进入组态王开发系统，单击工具箱中“点位图”图标，移动鼠标，在画面上画出一个矩形方框，如图 7-39 所示。

图 7-39　画面上新建的矩形方框

（3）选中该点位图对象，右击鼠标，弹出浮动式菜单。

（4）选择“从文件中加载”命令即可将事先准备好的图片粘贴过来，如图 7-40 所示。

图 7-40　将位图插入画面

三、命令语言

1. 命令语言

(1) 热键命令语言编辑。在实际的工业现场,为了操作的需要可能需要定义一些热键,当某键被按下时使系统执行相应的控制命令。例如,当按下【F1】键时,使加盖单元开启或停止。这可以使用命令语言的一种热键命令语言来实现。

(2) 在工程浏览器左侧的"工程目录显示区"内选择"命令语言"下的"热键命令语言"选项,双击"目录内容显示区"的新建图标弹出"热键命令语言"窗口,如图 7-41 所示。

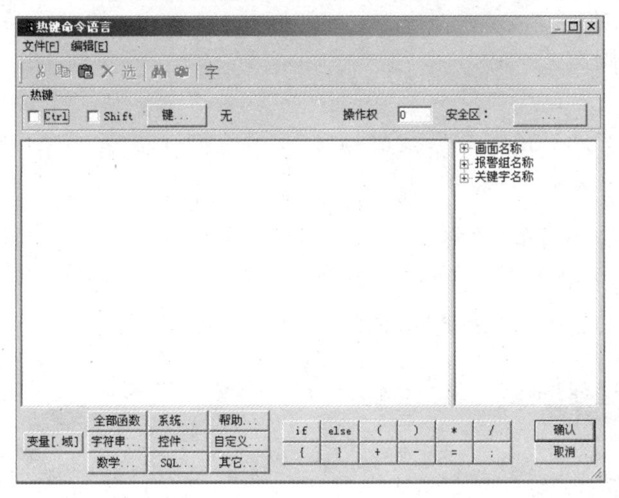

图 7-41 "热键命令语言"对话框

(3) 对话框中单击"键"按钮,在弹出的"选择键"对话框中选择"F1"键后关闭对话框。

(4) 在命令语言编辑区中输入如下命令语言:

```
if (\\本站点\开启按钮==1)
\\本站点\开启按钮= 0;
Else
\\本站点\开启按钮=1;
```

(5) 单击"确认"按钮关闭对话框。当系统进入运行状态时,按下"F1"键执行上述命令语言:首先判断开启按钮的当前状态,如果是开启的则将其关闭,否则将其打开,从而实现了按钮开和关的切换功能。

2. 实现画面切换功能

利用系统提供的"菜单"工具和 ShowPicture()函数能够实现在主画面中切换到其他任一画面的功能。具体操作如下:

(1) 单击工具箱中的按钮,将鼠标放到监控画面的任一位置并按住鼠标左键画一个按钮大小的菜单对象并双击,弹出"菜单定义"对话框,如图 7-42 所示。

对话框设置如下:

菜单文本:画面切换。

菜单项:

报警和事件画面。

实时趋势曲线画面。

历史趋势曲线画面。

XY 控件画面。

日历控件画面：

实时数据报表画面。

实时数据报表查询画面。

历史数据报表画面。

1 分钟数据报表画面。

数据库操作画面。

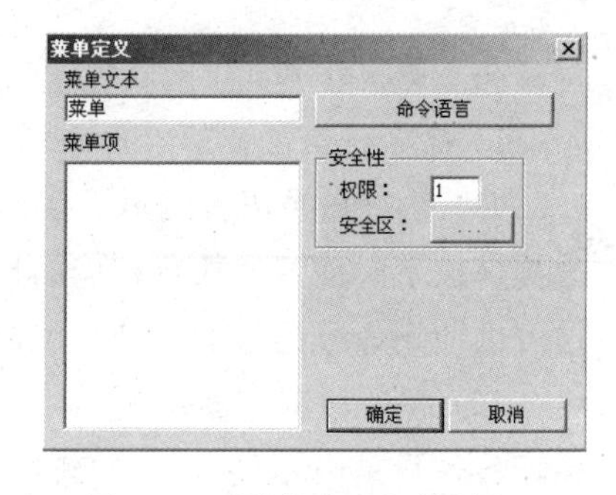

图 7-42 “菜单定义”对话框

注：“菜单项”的输入方法为在“菜单项”编辑区中右击鼠标，在弹出的下拉菜单中选择“新建项”命令即可编辑菜单项。菜单项中的画面是在工程后面建立的。

(2) 菜单项输入完毕后单击“命令语言”按钮，弹出“命令语言”窗口，在编辑框中输入如下命令语言，如图 7-43 所示。

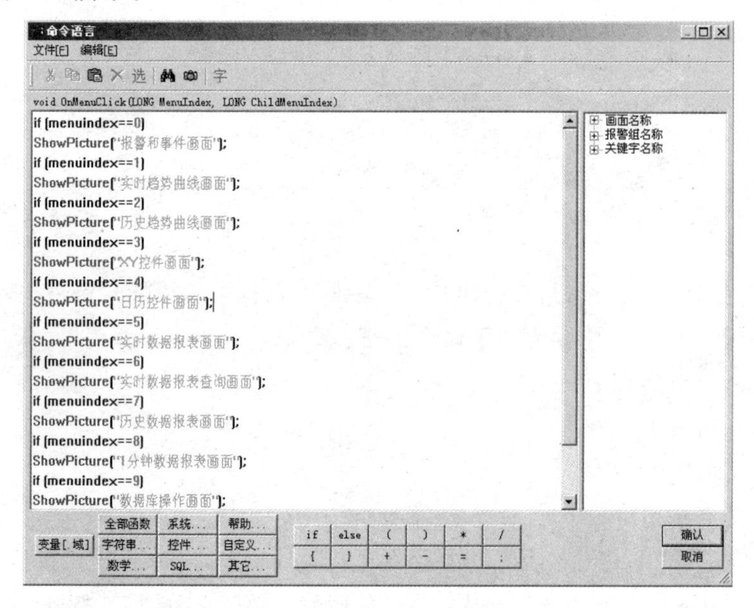

图 7-43 命令语言编辑框

(3) 单击“确认”按钮，关闭对话框，当系统进入运行状态时单击菜单中的每一项，进入相应的画面中。

任务四 加盖单元项目设计

本项目的设计中主要是针对柔性制造系统中的生产加盖单元进行的工程项目设计，在画面设计以及程序设计中并不能代表所有的自动化监控系统，但是项目新建、画面制作、程序编辑等步骤是相同的。下面具体介绍加盖单元设计的具体步骤。

一、画面制作

学生制订加盖单元监控工程工作方案，建立工程，画出实时监控画面，如图 7-44 所示。

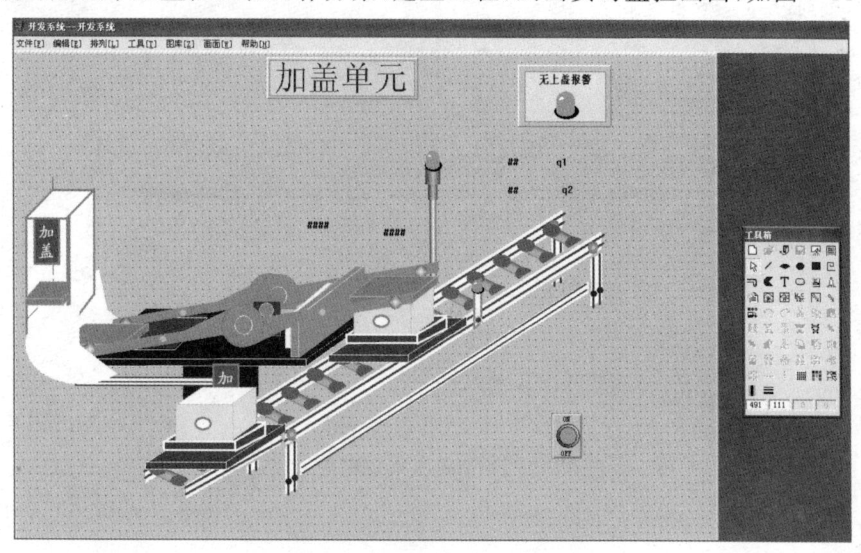

图 7-44　加盖单元监控画面

二、建立变量

定义监控画面所需的内存变量、I/O 变量，如图 7-45 所示，建立监控工程数据辞典，如图 7-46所示。

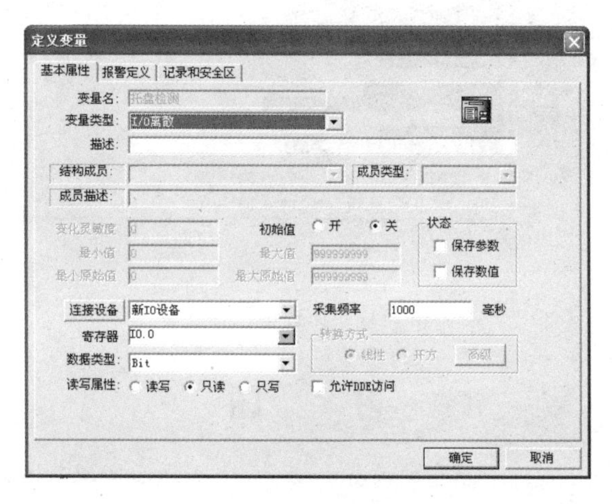

图 7-45　加盖单元变量建立

三、编写加盖单元控制程序

编写加盖单元中加盖电动机动作及盒体运动画面的对应程序，如图 7-47 所示。完成监控工程制作，并进行编译和调试。

监控软件是在工业控制场合使用的，在项目的系统建立方面不光要考虑系统的功能全面性，还要考虑系统的安全性及稳定性，所以对于报警系统、管理系统的建立要给予重视。

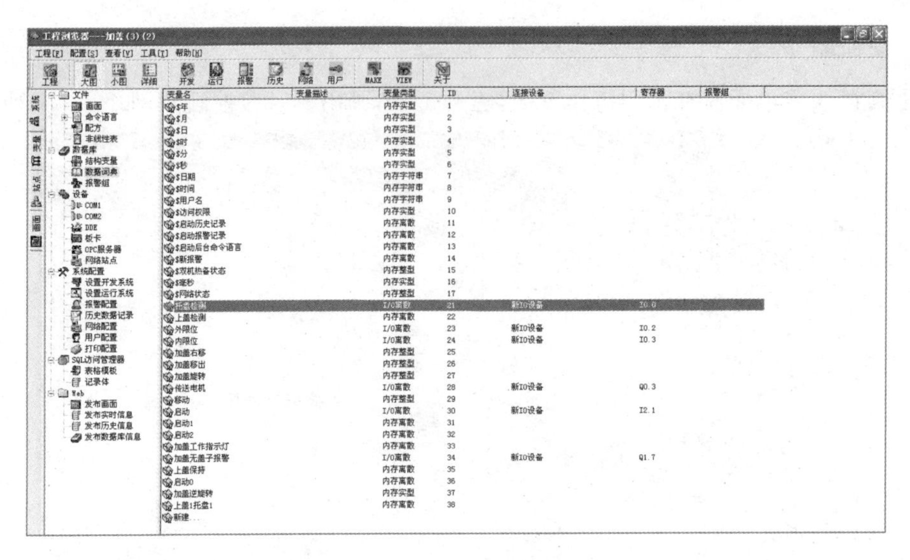

图 7-46　加盖单元数据辞典

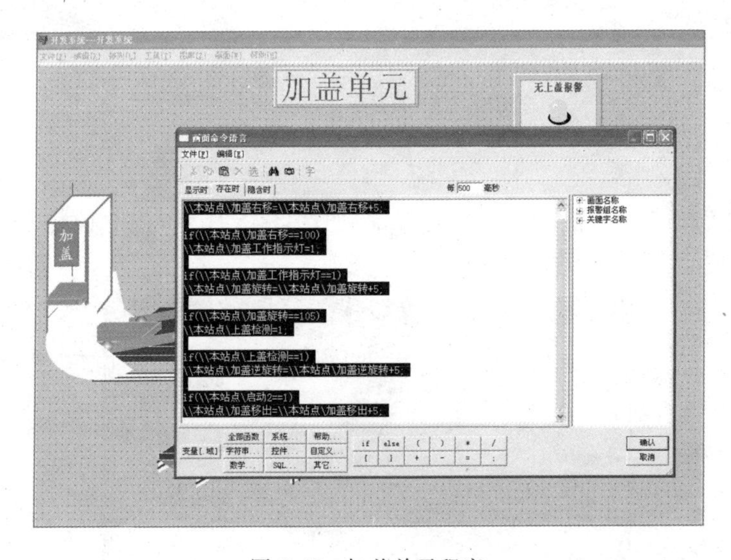

图 7-47　加盖单元程序

习　　题

1. 练习在新工程中定义几个熟悉的设备和变量,建立画面实现基本旋转,水平移动的动作。
2. 完善你的练习工程,对报警组、变量进行相关的配置。
3. 在画面中得到报警的显示输出。
4. 在用户的工程中添加一个实时曲线画面。
5. 在用户的工程中添加一个历史曲线画面。
6. 制作一个日报表,包括自动保存、保存的报表等功能。
7. 配置两个用户分别能够操作不同的对象。
8. 实现工程加密的功能。

模块八 完成TVT-90HC实训项目

可编程序控制器课程强调实际操作技能、设计能力、独立工作能力的培养；注重理论联系实际，课堂教学与生产实际相结合；重视实验、程序设计等教学环节。讲授的内容对学生毕业后从事实际控制工作具有重要的指导作用。课程的主要任务是使学生掌握可编程序控制器的操作技能和程序设计的方法，具备一定的设备安装、维护，掌握基本的故障诊断方法和检修能力，为学生将来从事工程技术工作打好基础。

为增加可编程序控制器这门课程教学的实用性，满足读者对新的前沿知识的渴求，本书进行了与企业的联合，经常与企业有经验的工程技术人员座谈、交流，甚至将他们请进课堂，定期开展教研活动。将企业中最新的技术借鉴过来，并将企业中 PLC 控制存在的问题带过来，一起研讨，使我们的教学不断得到完善，实习实训等实践内容不断丰富，学生的学习兴趣日益浓厚。学生们经常提出各式各样的甚至是让老师意想不到的问题，师生共同研究、解决，确实体现出了教学相长。彼此都受益颇深。长期经验的积累和丰富的知识，使我们有条件、有资历参与 PLC 教材的建设。

可编程序控制器(PLC)实验、实训部分由基本技能训练和综合程序设计调试两部分构成。

任务一　熟悉 TVT-90HC 实训设备及 STEP7 软件

一、实训目的

(1) 熟悉 TVT-90HC 实训设备的组成。

(2) 学会使用西门子 S7-200 的 STEP7 软件。

二、实训设备

(1) TVT-90HC 可编程序控制器训练装置。

(2) 多媒体计算机。

(3) 电源模块、输入/输出模块和 8 块模拟控制对象单元实验板。

三、TVT-90HC PLC 训练装置结构示意图

TVT-90HC PLC 训练装置结构图，如图 8-1 所示。

四、实训设备简介

(一) TVT-90HC 可编程序控制器训练装置的基本配置及其结构

用实验连接导线将主机板上的有关部分与输入/输出模块连接可完成指令系统训练，用实验连接导线将主机板与模拟实验板有关部分连接可以完成程序设计训练，用连接导线将主机

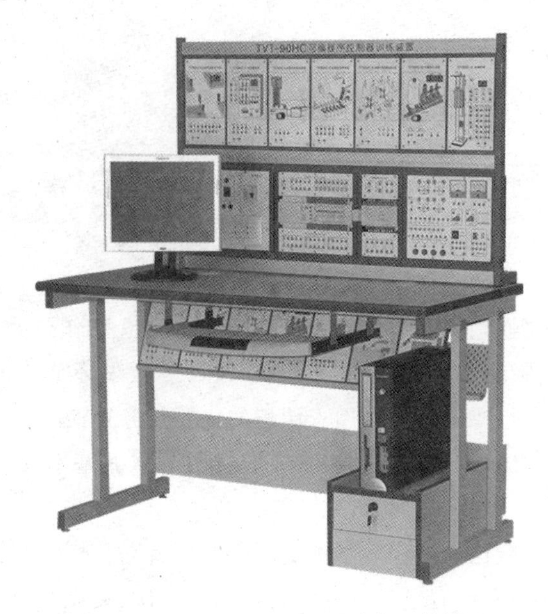

图 8-1　TVT-90HC PLC 训练装置结构图

与实际系统的部件连接可作为开发机使用，进行现场调试。

主机(S7-226PLC)	1 个
编程/监控用计算机	1 台
电源模块	1 块
输入/输出模块	1 块
实验单元板	8 块
PC/PPI 下载电缆	1 根
实验台	1 张
实验连接导线	1 套

(二) 主要技术参数

主机采用德国西门子 S7-226 型 PLC，其主要技术数据如下：

输入点数	24
输入信号类型	开关量
输出点数	16
主机电源	AC 220 V

五、电源模块的使用

电源模块上装有 24 V 直流稳压电源，供输入输出单元及模拟实验板使用。电源具有短路保护功能，对于可能出现的误操作，均能确保主机的安全。主机上的 24 V 直流电源不必使用。

使用时将小型断路器 QF 合上，并合上 SA2，DC 24 V 灯亮，即表示 DC 24 V 电源工作正常，如图 8-2 所示。

电源模块上的三眼插座为 AC 220 V 电源，供计算机和 PLC 主机使用，其他插线请勿插入！

⚠注意：SA1 为 AC 220 V 电源开关，不用时，请不要闭合。L、N 输出为 AC 220 V 高电压，小心触电！

系统模块及 PLC 输入均使用 DC 24 V 电源，严禁接入 AC 220 V 电源，以免损坏设备。

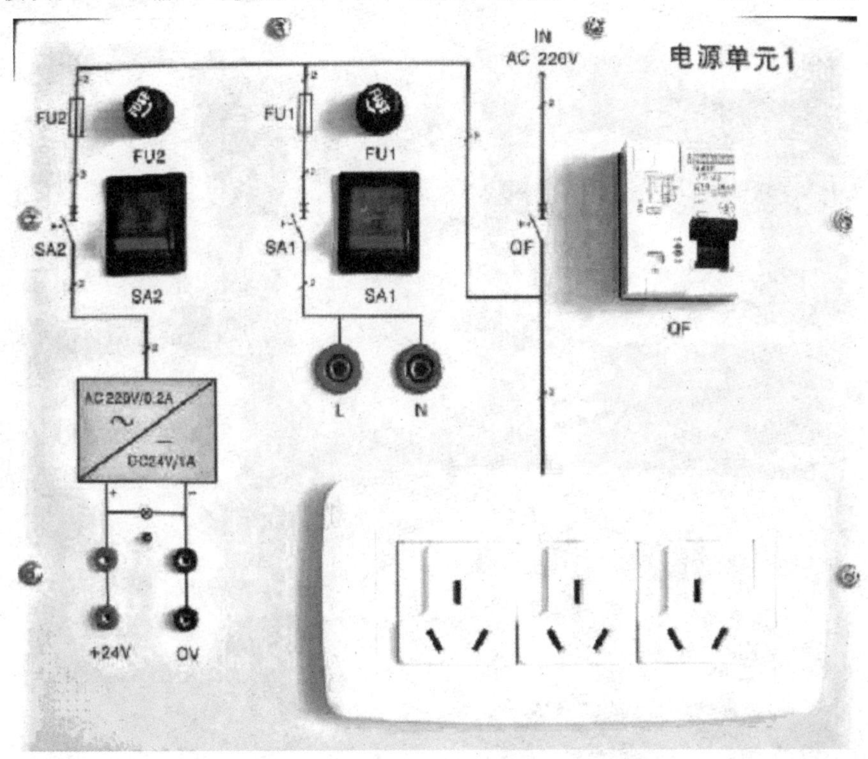

图 8-2　TVT-90HC 训练装置电源模块

六、主机板模块的使用

使用实验连接线将 PLC 的 I/O 口与相关的实验模块锁孔相连 PLC 的数字量输入部分的 1M、2M、3M 接电源板的 DC +24 V 端，数字量输出口部分的 1L+、2L+与电源的 DC 0 V 端相连。严禁接错，以免发生短路！实验系统连接好后，打开 PLC 电源开关，电源指示灯亮。

下载程序时将 PLC 右侧盖板打开，钮子开关下拨在“STOP”位。

运行程序时将 PLC 右侧盖板打开，钮子开关上拨在“RUN”位。

七、输入/输出模块的使用

(一) 输入单元

输入单元由 4 个按钮和 8 个钮子开关组成。如果将按钮或钮子开关与主机输入点（I0.0～I2.7）相接，改变这些开关的通断状态，即可对主机输入所需要的开关量；利用 BCD 拨码器可对主机输入 8421 开关量；电压源、电流源可为模拟量模块提供工业标准的 0～5 V 电压和 4～20 mA 电流信号，将电压/电流表与电压/电流源相接，即可读出电压/电流值。拨码器的作用是将十进制数码转换为 BCD 码。C 锁孔接 DC 0 V 端。模块左侧的 DC 24 V 须与电源模块的 DC 24 V 相连，注意极性！

(二) 输出单元

输出单元由一个8个八段数码管和4个继电器组成,如图8-3所示。

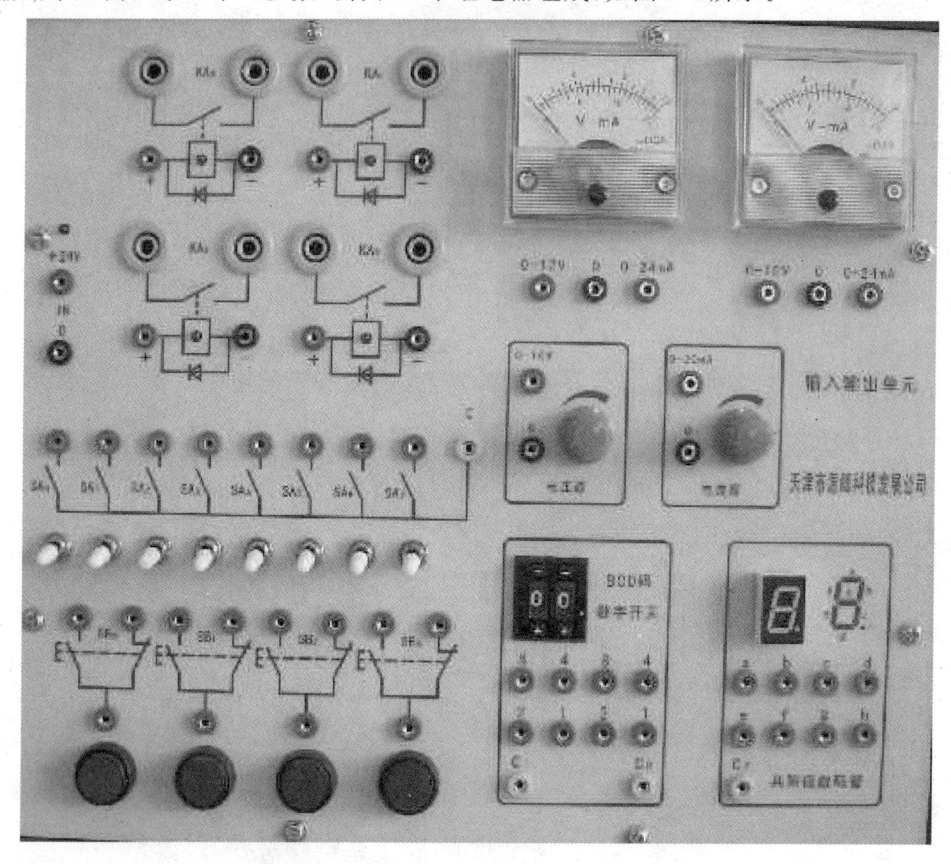

图8-3 TVT-90HC训练装置输入/输出模块

八、实验单元板的使用

TVT-90HC可编程序控制器训练装置共配置模拟实验板8块:

(1) TVT-90HC-1 电动机控制;

(2) TVT-90HC-2 天塔之光;

(3) TVT-90HC-3 交通信号灯自控和手控;

(4) TVT-90HC-4 水塔水位自动控制;

(5) TVT-90HC-7 多种液体自动混合;

(6) TVT-90HC-9 邮件分拣机;

(7) TVT-90HC-11 自动售货机;

(8) TVT-90HC-16 机械手装配搬运系统。

模拟实验板依据系统原理图接线。DC 24 V连接电源模块,注意极性!开关量S、SQ输入电路连接对应的PLC的I口,输出Y、M、L接PLC的O口。应当注意,个别实验模板为了形象,采用动态LED指示,传感器的状态系统随程序要求自动给定。

九、STEP 7 编程软件介绍

（一）硬件环境和系统要求

1. 系统要求

操作系统：Windows 95、Windows 98、Windows ME 或 Windows 2000。计算机：IBM 486 以上兼容机，内存 8 MB 以上，VGA 显示器，至少 50 MB 以上硬盘空间，Windows 支持的鼠标。通信电缆：PC/PPI 电缆（或使用一个通信处理器卡），用来将计算机与 PLC 相连。

2. 硬件连接

可以用 PC/PPI 电缆建立个人计算机与 PLC 之间的通信。这是单主机与个人计算机的连接，不需要其他硬件，如调制解调器和编程设备等。典型的单主机连接及 CPU 组态，如图 8-4 所示。

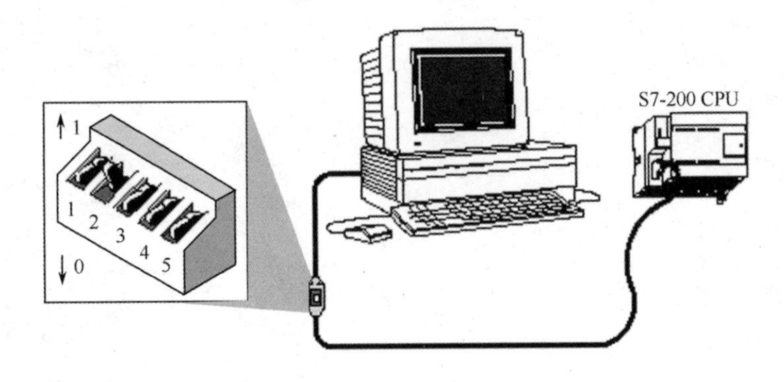

图 8-4 计算机与 PLC 连线示意图

（二）计算机与 PLC 通信

1. 参数设置

安装完软件并且设置连接好硬件之后，可以按下面的步骤核实默认的参数：

（1）在 STEP 7-Micro/WIN 32 运行时单击通信图标，或从菜单中选择 View 中 Communications 选项，则会出现一个通信对话框。

（2）在对话框中双击 PC/PPI 电缆的图标，将出现 PG/PC 接口的对话框。

（3）单击 Properties 按钮，将出现接口属性对话框。检查各参数的属性是否正确，其中通信波特率默认值为 9 600 Baud。

2. 在线联系

前几步如果都顺利完成，则可以建立与 SIMATIC S7-200 CPU 的在线联系，步骤如下：

（1）在 STEP 7-Micro/WIN 32 下，单击通信图标，或从菜单中选择 View 中 Communications 选项，则会出现一个通信建立结果对话框，显示是否连接了 CPU 主机。

（2）双击通信建立对话框中的刷新图标，STEP 7-Micro/WIN 32 将检查所连接的所有 S7-200 CPU 站，并为每个站建立一个 CPU 图标。

（3）双击要进行通信的站，在通信建立对话框中可以显示所选站的通信参数。

3. 设置修改 PLC 通信参数

如果建立了计算机和 PLC 的在线联系，就可利用软件检查、设置和修改 PLC 的通信参数。步骤如下：

(1) 单击引导条中的系统块图标，或从主菜单中选择 View 菜单中的“System Block”选项，将出现系统块对话框。

(2) 单击“Port(s)”选项卡。检查各参数，认为无误单击 OK 按钮确认。如果需要修改某些参数，可以先进行有关的修改，然后单击 Apply 按钮，再单击 OK 按钮确认后退出。

(3) 单击工具条中的下装图标，即可把修改后的参数下装到 PLC 主机。

(三) 软件使用简介

1. 基本功能

程序编辑中的语法检查功能可以提前避免一些语法和数据类型方面的错误。梯形图和语句表的错误检查结果，如图 8-5 所示。

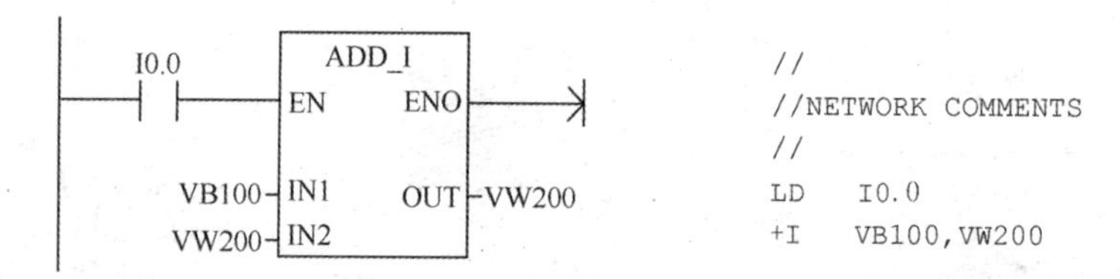

图 8-5 编译错误信息提示

软件功能的实现可以在联机工作方式(在线方式)下进行，部分功能的实现也可以在离线工作方式下进行。

联机方式：有编程软件的计算机或编程器与 PLC 连接，此时允许两者之间做直接的通信。

离线方式：有编程软件的计算机或编程器与 PLC 断开连接，此时能完成大部分基本功能。如编程、编译和调试程序、系统组态等。

2. 软件外观(图 8-6)

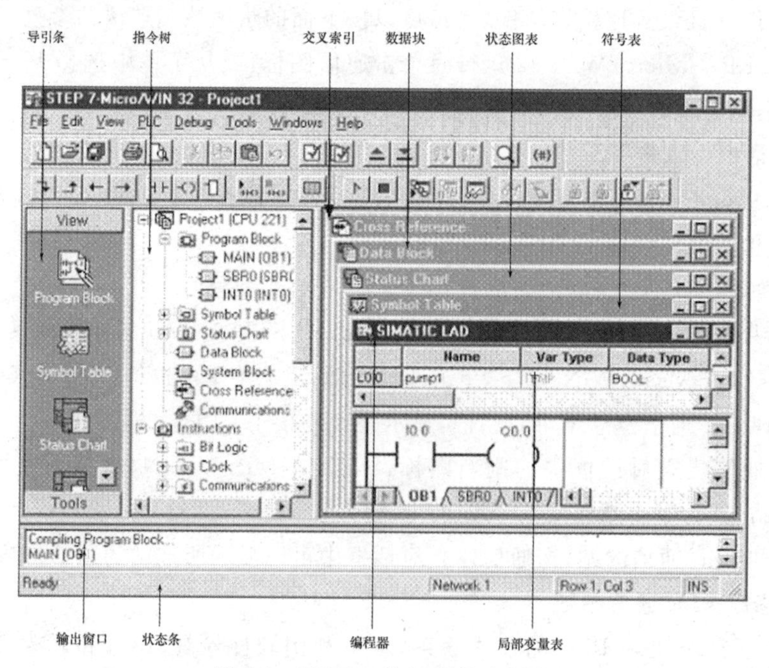

图 8-6 STEP 7 软件外观示意图

任务二　逻辑指令程序设计

利用 TVT-90HC 可编程序控制器训练装置的主机箱和输入/输出模块即可完成指令系统训练。指令系统训练侧重于熟悉指令，运行简单程序，了解指令的特点及其功能，为编制综合应用程序打下基础。

每次实验前，学生必须仔细阅读有关的指令部分，分析实验中可能得到的结果。在实验过程中，要认真观察 PLC 的输入/输出状态，以验证分析结果是否正确。

一、实训目的

(1) 加深对逻辑指令的理解。

(2) 进一步熟悉 S7-200 编程软件的使用方法。

二、实训设备

(1) TVT-90HC 可编程序控制器训练装置。

(2) 多媒体计算机。

(3) 电源模块、输入/输出模块。

三、实训内容与操作

(一) 启、保、停电路实验

(1) 打开 STEP 7-Micro/WIN32 编程软件，单击"文件"菜单，选择"新建"命令，生成一个新的项目。单击"文件"菜单，选择"打开"命令，可打开一个已有的项目。单击"文件"菜单选择"另存为"命令，可修改项目的名称。

(2) 单击 PLC 菜单"选择类型"命令，设置可编序程序控制器的型号。可以单击对话框中的"通信"按钮，设置与可编程序控制器通信的参数。

(3) 用"检视"菜单可选择可编程序控制器的编程语言，单击"工具"菜单，选择"选项"命令，单击窗口中的"通用"标签，选择 SIMATIC 指令集，还可以选择使用梯形图或 STL(语句表)。

(4) 输入图 8-7 所示的梯形图程序。

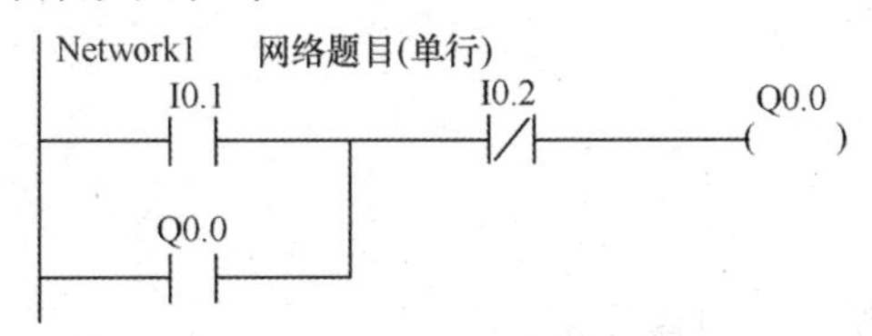

图 8-7　启、保、停电路梯形图

(5) 用 PLC 菜单中的命令或单击工具条中的"编译"或"全部编译"按钮来编译输入的程序。

如果程序有错误，编译后在输出窗口显示与错误有关的信息。双击显示的某一条错误指令，程序编辑器中的矩形光标将移到该错误所在的位置。必须改正程序中所有的错误，编译成功后，才能下载程序。

(6) 设置通信参数。

(7) 将编译好的程序下载到可编程序控制器之前,它应处于 STOP 工作方式。将可编程序控制器上的方式开关拨到非 STOP 位置,单击工具栏的“停止”按钮,可进入 STOP 状态。

单击工具栏的“下载”按钮,或单击“文件”菜单选择“下载”命令,在下载对话框中选择下载程序块,单击“确认”按钮,开始下载。

(8) 断开数字量输入板上的全部输入开关,输入侧的 LED 全部熄灭。下载成功后,单击工具栏的“运行”按钮,用户程序开始运行,“RUN”LED 亮。

用接在端子 I0.1 和 I0.2 的开关模拟按钮的操作,即将开关接通后马上断开,发出启动信号和停止信号,观察 Q0.0 对应的 LED 的状态。

(二) 基本指令编程训练

输入图 8-8 所示的梯形图程序,编译成功后运行该程序。单击“检视”菜单选择 STL 命令,可将梯形图转换为语句表。分别在梯形图和语句表方式用“程序状态”功能监视程序的运行情况。改变各输入点的状态,观察 Q0.3 和 M1.0 的状态是否符合图 8-8 给出的逻辑关系。

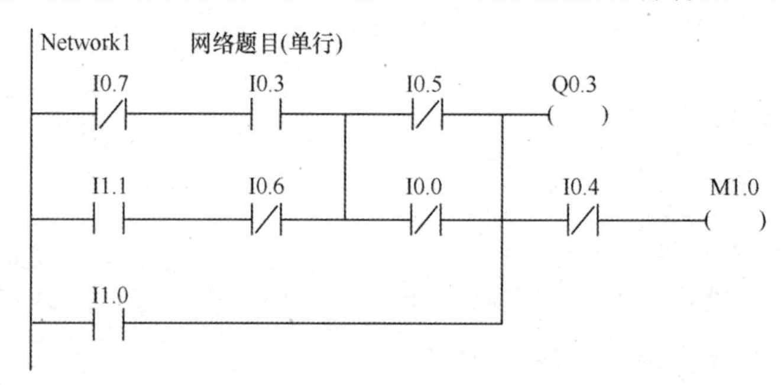

图 8-8　基本指令梯形图

任务三　定时器指令程序设计与调试

一、实训目的

(1) 熟悉定时指令。

(2) 掌握定时指令的基本应用。

二、实训设备

(1) TVT-90HC 可编程序控制器训练装置。

(2) 多媒体计算机。

(3) 电源模块、输入/输出模块。

三、实训内容与操作

将图 8-9 的程序输入 PLC 中,观察并记录运行结果。

四、按要求编写程序并上机调试

利用 TON 指令编程,产生连续方波信号输出,其周期设为 3 s,占空间比为 2∶1。

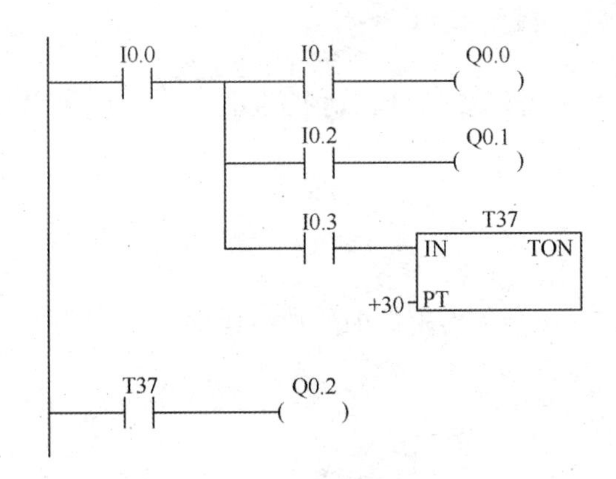

图 8-9　定时器编程示例

五、思考与讨论

1. 利用 TOF 指令编写程序时，应注意什么问题，它与 TON 指令的区别是什么？
2. 不同时基的定时器，如何选择和使用？

任务四　计数器指令程序设计与调试

一、实训目的

(1) 熟悉计数指令。
(2) 掌握计数指令的基本应用。

二、实训设备

(1) TVT-90HC 可编程序控制器训练装置。
(2) 多媒体计算机。
(3) 电源模块、输入/输出模块。

三、实训内容与操作

将图 8-10 中的程序输入 PLC 中，观察并记录运行结果。

四、按要求编程并上机调试

1. 用一个按钮开关（I0.2）控制 3 个灯（Q0.1、Q0.2、Q0.3），按钮按 3 下 1# 灯亮，再按 3 下 2# 灯亮，再按 3 下 3# 灯亮，再按一下全灭。以此反复。

2. 编程提示：CTU 为加 1 计数器，应先预置数。计数脉冲可以是内部继电器提供，也可以是外部开关提供。当复位信号到来时，CTU 重新装入预置数，CTU 加到预置数时，该继电器为 ON。

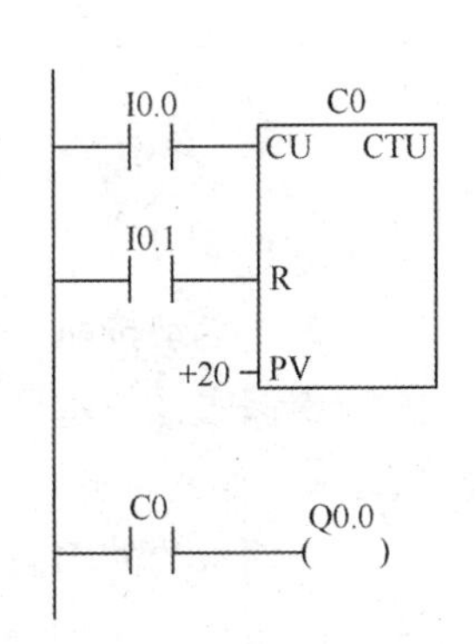

图 8-10　计数器编程示例

五、思考与讨论

不同的计数器工作原理有何不同点和相同点。

任务五　水塔水位自动控制综合程序设计实例

一、实训目的

(1) 熟悉 S7-200 系列 PLC 的指令系统。

(2) 学会应用 PLC 自动控制水塔水位的编程与调试。

二、实训设备

(1) TVT-90HC 可编程序控制器训练装置。

(2) 多媒体计算机。

(3) 电源模块、输入/输出模块和水塔水位模拟控制单元实验板。

该系统由储水池、水塔、进水电磁阀、出水电磁阀、水泵及 4 个液位传感器 S1、S2、S3、S4 所组成。液位传感器用于检测储水池和水塔的临界液位。

三、控制面板结构示意图

控制面板结构示意图如图 8-11 所示。

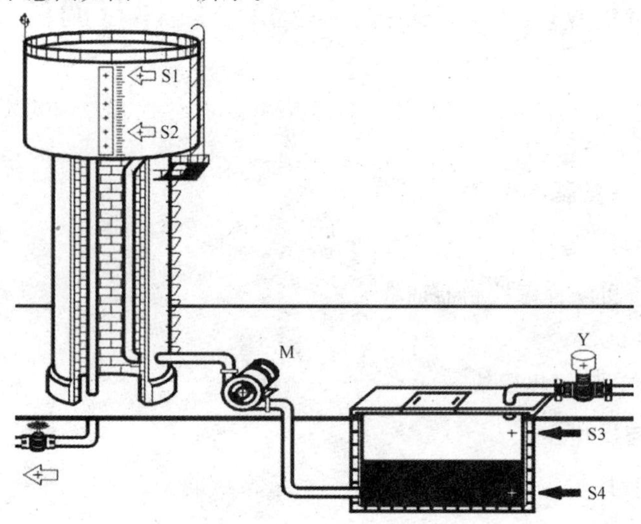

图 8-11　水塔水位控制示意图

四、控制要求

(1) 按下启动按钮，进水电磁阀 Y 打开，水位开始上升。

(2) 当储水池的水位达到其上水位界时，其上水位检测传感器(S3)输出信号，进水电磁阀 Y 关闭，水位停止上升。

(3) 当储水池的水满时，水泵 M 开始动作，将储水池的水传送到水塔中去。

(4) 当水塔的水位上升到其上水位界时，其上水位检测传感器(S1)输出信号，水泵 M 停止抽水。

(5) 水塔的出水电磁阀根据用户用水的大小可进行调节，当水塔的水位下降到其下水位时，其下水位检测传感器(S2)停止输出信号，水泵会再次打开。为了保证水塔的水量，储水池也会在其水位处于下水位界(液位传感器 S4 没有信号)时,自动打开进水电磁阀 Y。

五、系统 I/O 分配

系统 I/O 分配表,如表 8-1 所示。

表 8-1　水塔水位控制 I/O 分配表

输入接口			输出接口		
PLC 端	外接端口	注释	PLC 端	面板接口	注释
I0.0	SA0	启动按钮	Q0.0	Y	控制进水电磁阀
I0.1	S1	检测水塔水位上限位	Q0.1	M	控制水泵运行
I0.2	S2	检测水塔水位下限位			
I0.3	S3	检测水池水位上限位			
I0.4	S4	检测水池水位下限位			

六、系统接线示意图

系统接线示意图如图 8-12 所示。

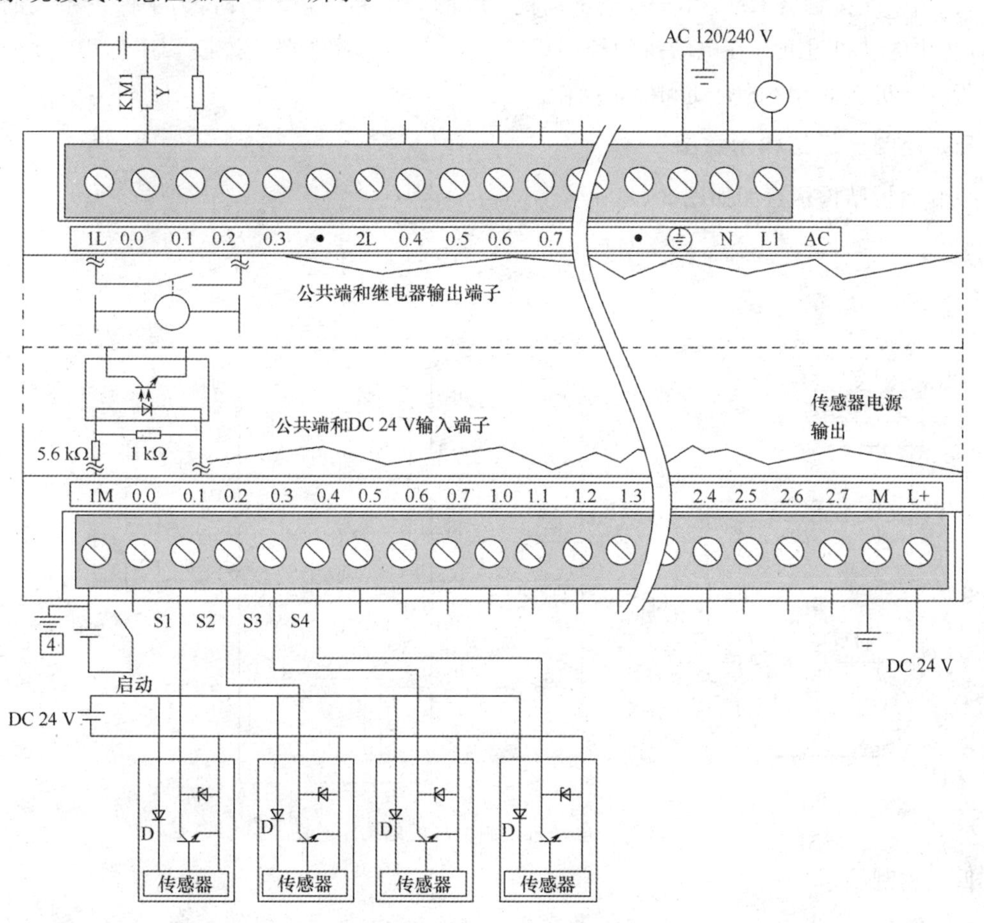

图 8-12　硬件接线示意图

七、编写程序

(略)

任务六　电动机控制程序设计

一、实训目的

(1) 熟悉 S7-200 系列 PLC 的指令系统。

(2) 掌握使用 PLC 实现电动机控制的编程和操作。

二、实训设备

(1) TVT-90HC 可编程序控制器训练装置。

(2) 多媒体计算机。

(3) 电源模块、输入/输出模块和电动机模拟控制单元实验板。

该系统由两台三相交流异步电动机、两组三相交流接触器(KM1、KM2)、4 个开关 SB1、SB2、SB3、SB4 和两个热继电器所组成。三相交流接触器 KM1 用于控制电动机 M1 的启动和停止;三相交流接触器 KM2 用于控制电动机 M2 的启动和停止。同时,为了保护系统的正常运行,防止电动机过载。在电动机的控制回路中加入了热继电器。按钮 SB1～SB4 是分别用于进行电动机 M1、M2 的启动和停止操作。

三、控制面板结构示意图

控制面板结构示意图如图 8-13 所示。

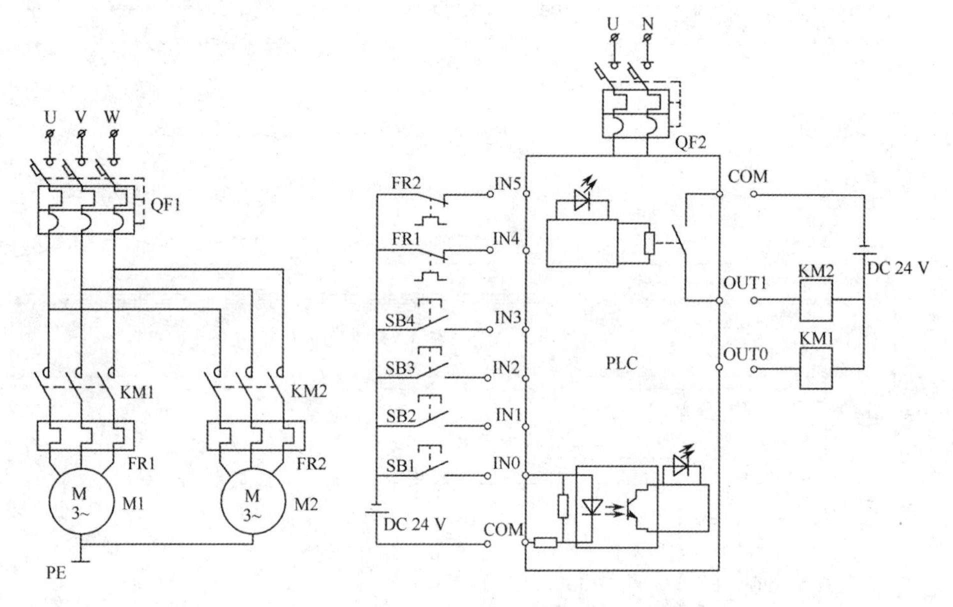

图 8-13　电动机控制面板的结构示意图

四、控制要求

(1) 按下启动按钮 SB2(I0.1),KM1 接通,电动机 M1 运行,按停止按钮SB1(I0.0),电动机停止运行。

(2) 按下启动按钮 SB4(I0.3),KM2 接通,电动机 M2 运行,按停止按钮 SB3(I0.2),电动机 M2 停止运行。

(3) 当电动机 M1 运行时，按下 SB4 按钮，电动机 M2 运行；当电动机 M2 运行时，按下 SB2，电动机 M1 开始运行，形成 M1、M2 的互锁运行电路。

(4) 当热继电器 FR1、FR2 动作时，相应回路的电动机停止运行。

五、系统 I/O 分配表

系统 I/O 分配表，如表 8-2 所示。

表 8-2　电动机控制 I/O 分配表

输入接口			输出接口		
PLC 端	面板接口	注　释	PLC 端	面板接口	注　释
I0.0	SB1	停止电动机 M1	Q0.0	KM1	控制电动机 M1
I0.1	SB2	启动电动机 M1	Q0.1	KM2	控制电动机 M2
I0.2	SB3	停止电动机 M2			
I0.3	SB4	启动电动机 M2			
I0.4	FR1	电动机 M1 过载保护			
I0.5	FR2	电动机 M2 过载保护			

六、系统接线示意图

系统接线示意图如图 8-14 所示。

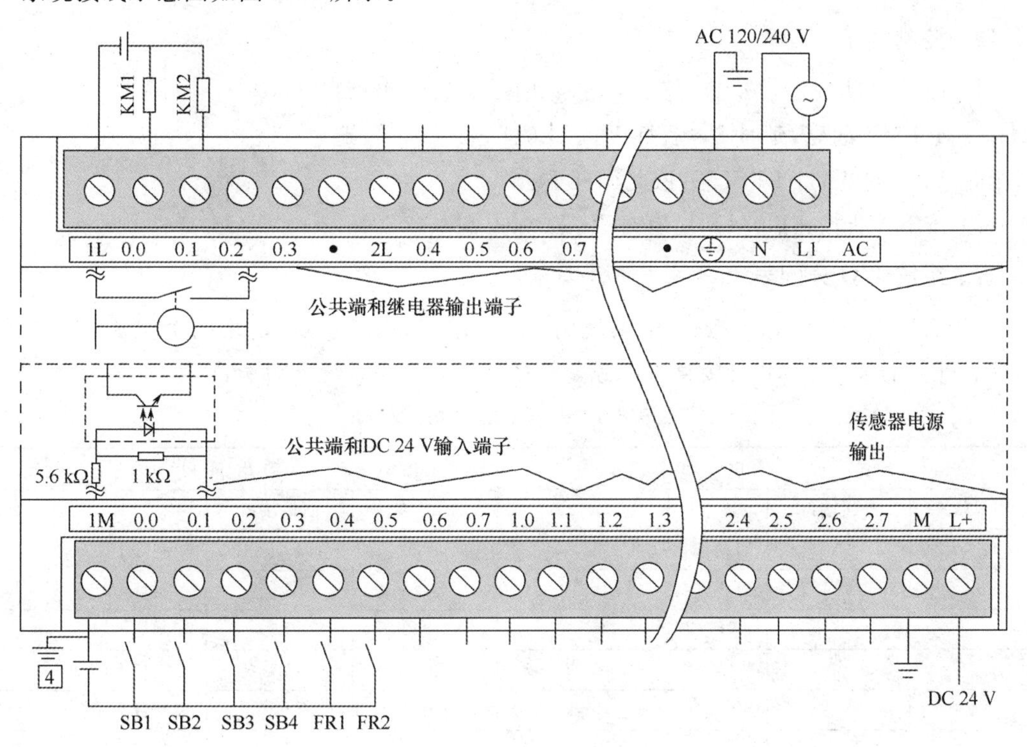

图 8-14　电动机控制接线图

七、编写程序

(略)

任务七　天塔之光

一、实训目的

（1）学会使用不同指令编写控制程序。

（2）掌握 S7-200 系列 PLC 控制天塔之光的编程与应用。

二、实训设备

（1）TVT-90HC 可编程序控制器训练装置。

（2）多媒体计算机。

（3）电源模块、输入/输出模块和天塔之光模拟控制单元实验板。

该系统是模拟天津电视塔夜灯控制系统而设计的，主要由九个环形设计的彩灯组成，通过控制彩灯亮、灭先后的顺序控制，来实现五彩灯光的点缀效果。

三、控制面板结构示意图

控制面板结构示意图如图 8-15 所示。

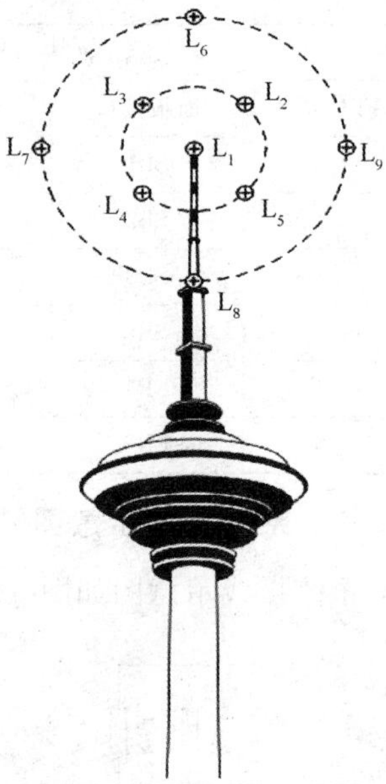

图 8-15　天塔之光示意图

四、控制要求

（1）按下启动按钮（I0.0），灯 L1 亮，延时 2 s 后灯灭；灯 L2、L3、L4、L5 一起亮，延时 2 s 后灯灭；灯 L6、L7、L8、L9 一起亮，延时 2 s 后灯灭；灯 L1 又亮，依此循环下去。

（2）按下停止按钮（I0.1），所有灯灭。

五、系统 I/O 分配表

由于实验面板上无输入按钮，需要使用“输入/输出单元”模块，占用两个钮子开关的输入口，注意开关的公共端“C”应接直流电源“一”极。天塔之光系统 I/O 分配表，如表 8-3 所示。

表 8-3　天塔之光 I/O 分配表

输入接口			输出接口		
PLC 端	外接端口	注　释	PLC 端	面板接口	注　释
I0.0	SA0	启动按钮	Q0.0	L1	控制灯 L1 亮
I0.1	SA1	停止按钮	Q0.1	L2	控制灯 L2 亮
			Q0.2	L3	控制灯 L3 亮
			Q0.3	L4	控制灯 L4 亮
			Q0.4	L5	控制灯 L5 亮
			Q0.5	L6	控制灯 L6 亮
			Q0.6	L7	控制灯 L7 亮
			Q0.7	L8	控制灯 L8 亮
			Q1.0	L9	控制灯 L9 亮

六、系统接线示意图

系统接线示意图如图 8-16 所示。

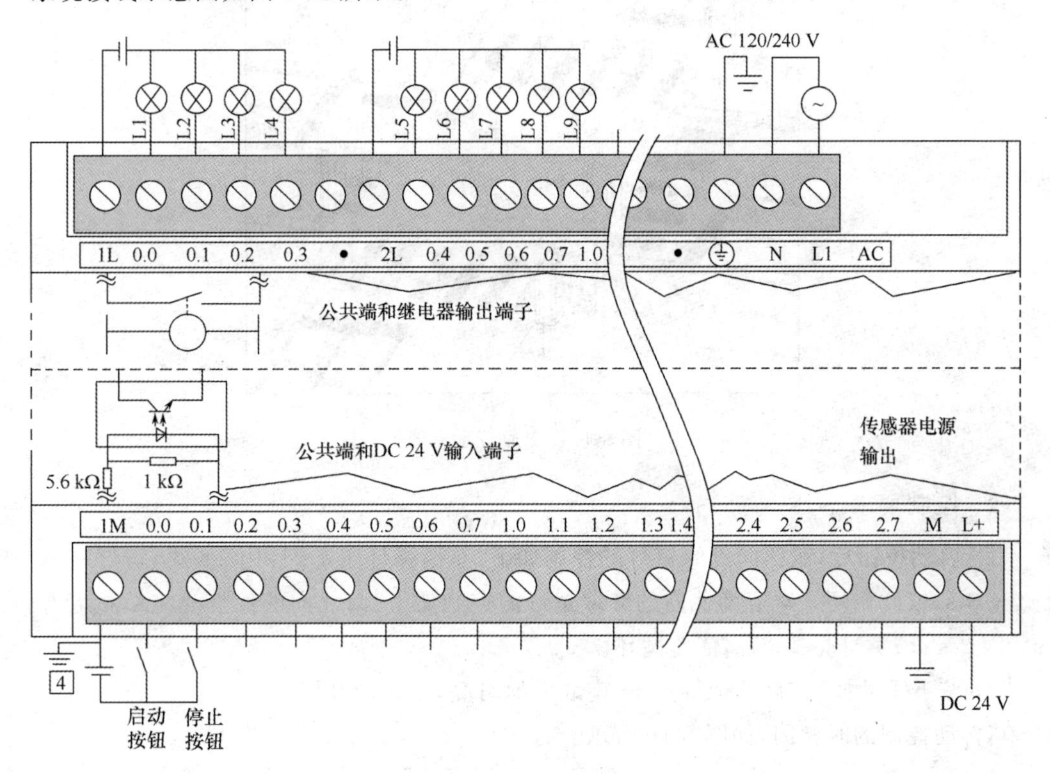

图 8-16　天塔之光接线图

七、编写程序

（略）

任务八　交通灯自控与手控

一、实训目的

（1）熟悉 S7-200 系列 PLC 指令系统。

（2）学会使用 PLC 模拟控制交通灯的编程和应用。

二、实训设备

（1）TVT-90HC 可编程序控制器训练装置。

（2）多媒体计算机。

（3）电源模块、输入/输出模块和交通灯模拟控制单元实验板。

该系统由模拟十字路口交通灯的控制系统而设计制作，主要由 2 个红灯、2 个绿灯、2 个黄灯以及用于显示路口等待时间的八段码显示屏所组成。

三、控制面板结构示意图

控制面板结构示意图如图 8-17 所示。

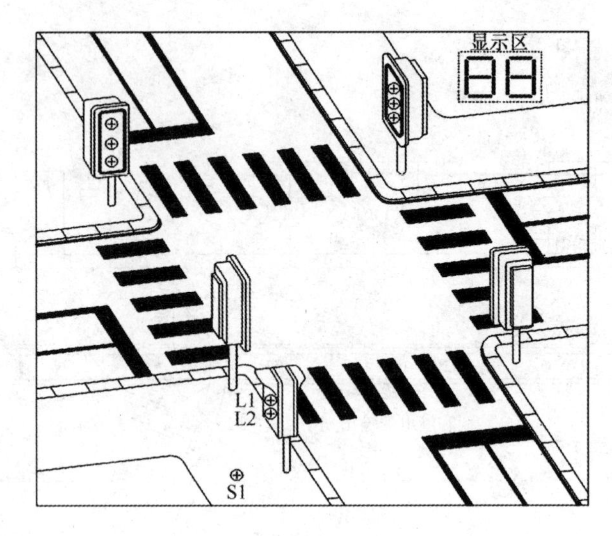

图 8-17　交通灯示意图

四、控制要求

(1) 启动按钮后，东西向红绿黄灯的控制如下：东西绿灯亮 4 s 后闪 2 s 灭；黄灯亮 2 s 灭；红灯亮 8 s，依此循环。对应南北向的红绿黄灯的控制如下：南北向的红灯亮 8 s，接着绿灯亮 4 s后闪 2 s 灭；黄灯亮 2 s 后，依此循环。

(2) 按下手动按钮，自动运行停止，南北向绿灯亮，东西向红灯亮。

其自动控制的时序图，如图 8-18 所示。

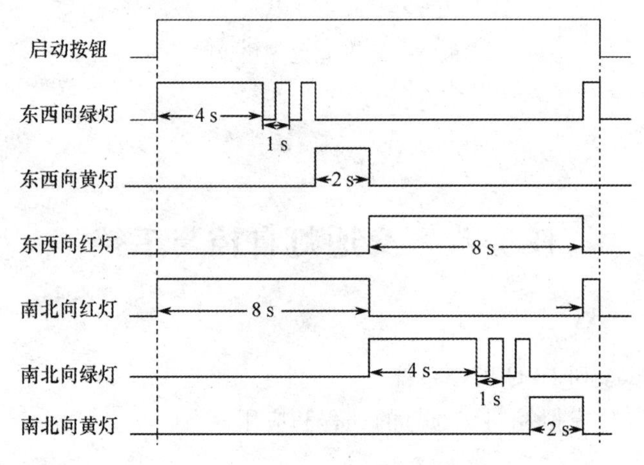

图 8-18　交通灯自动控制时序图

五、系统 I/O 分配表

由于实验面板上的输入按钮为手动控制，故缺少启动按钮，需要使用“输入/输出单元”模块，占用 1 个钮子开关的输入口，注意开关的公共端“C”应接直流电源“－”极。交通灯系统 I/O分配表，如表 8-4 所示。

表 8-4　交通灯 I/O 分配表

输入接口			输出接口		
PLC 端	外接端口	注　释	PLC 端	面板接口	注　释
I0.0	SA0	自动运行	Q0.0	东西红	控制灯东西红亮
I0.1	S1	手动运行	Q0.1	东西黄	控制灯东西黄亮
			Q0.2	东西绿	控制灯东西绿亮
			Q0.3	南北红	控制灯南北红亮
			Q0.4	南北黄	控制灯南北黄亮
			Q0.5	南北绿	控制灯南北绿亮

六、系统接线示意图

系统接线示意图如图 8-19 所示。

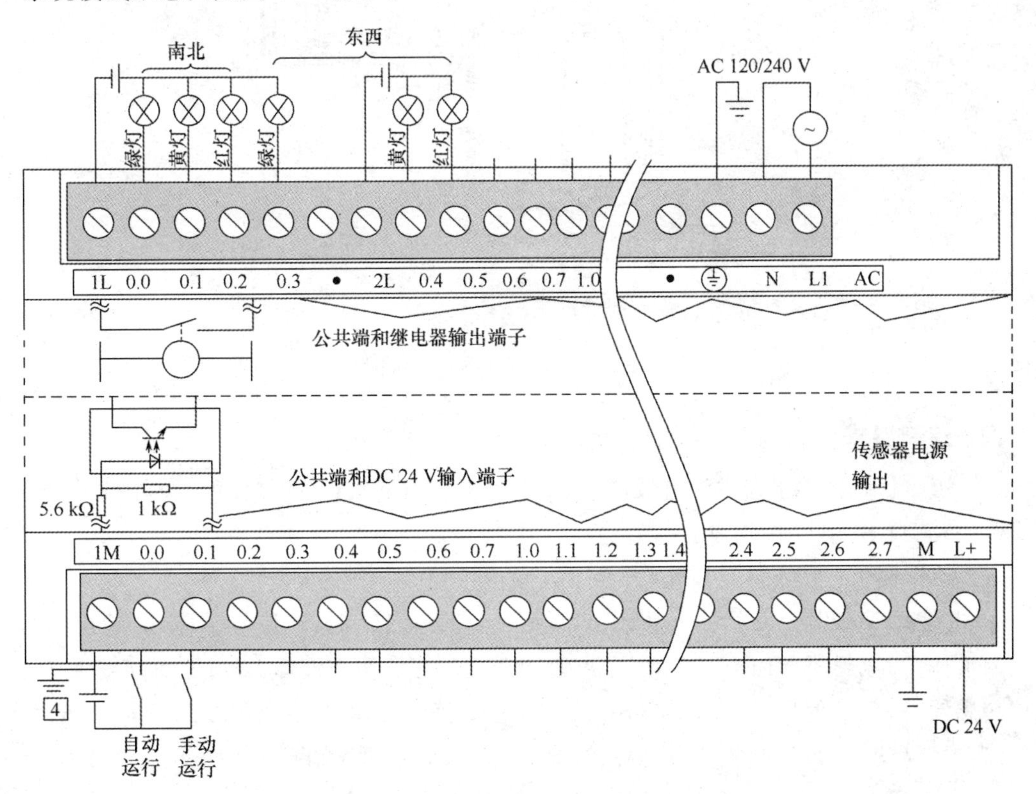

图 8-19　交通灯接线图

七、编写程序

（略）

任务九　多种液体自动混合系统

一、实训目的

（1）熟悉并掌握 S7-200 系列 PLC 的指令系统。

(2) 学会使用S7-200系列PLC控制液体混合系统的编程和调试。

二、实训设备

(1) TVT-90HC可编程序控制器训练装置。

(2) 多媒体计算机。

(3) 电源模块、输入/输出模块和多种液体混合模拟控制单元实验板。

该系统由储水器1台、搅拌机1台、加热器1台、3个液位传感器、1个温度传感器、3个进水电磁阀和1个出水电磁阀所组成。

三、控制面板结构示意图

控制面板结构示意图如图8-20所示。

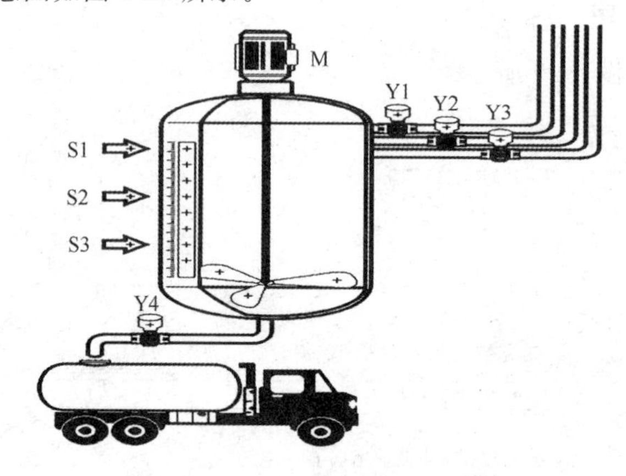

图8-20　多种液体混合示意图

四、控制要求

(1) 初始状态。储水器中没有液体,电磁阀Y1,Y2,Y3,Y4没有使能,搅拌机M停止动作,液面传感器S1,S2,S3均没有信号输出。

(2) 动作要求。按下启动按钮,开始下列操作:

① 电磁阀Y1闭合,开始注入液体A,至液面高度为H1时,液位传感器S3输出信号,停止注入液体A;电磁阀Y1断开,同时电磁阀Y2闭合,开始注入液体B,当液面高度为H2时,液位传感器S2输出信号,电磁阀Y2断开,停止注入液体B;同时电磁阀Y3闭合,开始注入液体C,当液面高度为H3时,液位传感器S1输出信号,电磁阀Y3断开,停止注入液体C。

② 停止液体C注入时,搅拌机M开始动作,搅拌混合时间为10 s。

③ 当搅拌停止后,开始放出混合液体,此时电磁阀Y4闭合,液体开始流出,至液体高度降为H1后,再经5 s停止放出,电磁阀Y4停止动作。

④ 按下停止键后,停止操作,回到初始状态。

五、系统I/O分配表

系统I/O分配表,如表8-5所示。

表 8-5　液体混合 I/O 分配表

输入接口			输出接口		
PLC 端	外接端口	注　释	PLC 端	面板接口	注　释
I0.0	SA0	启动按钮	Q0.0	Y1	控制进水电磁阀 Y1
I0.1	S1	检测水位高度 H1	Q0.1	Y2	控制进水电磁阀 Y2
I0.2	S2	检测水位高度 H2	Q0.2	Y3	控制进水电磁阀 Y3
I0.3	S3	检测水位高度 H3	Q0.3	Y4	控制出水电磁阀 Y4
I0.4	SA1	停止按钮	Q0.4	M	控制搅拌机 M

六、系统接线示意图

系统接线示意图如图 8-21 所示。

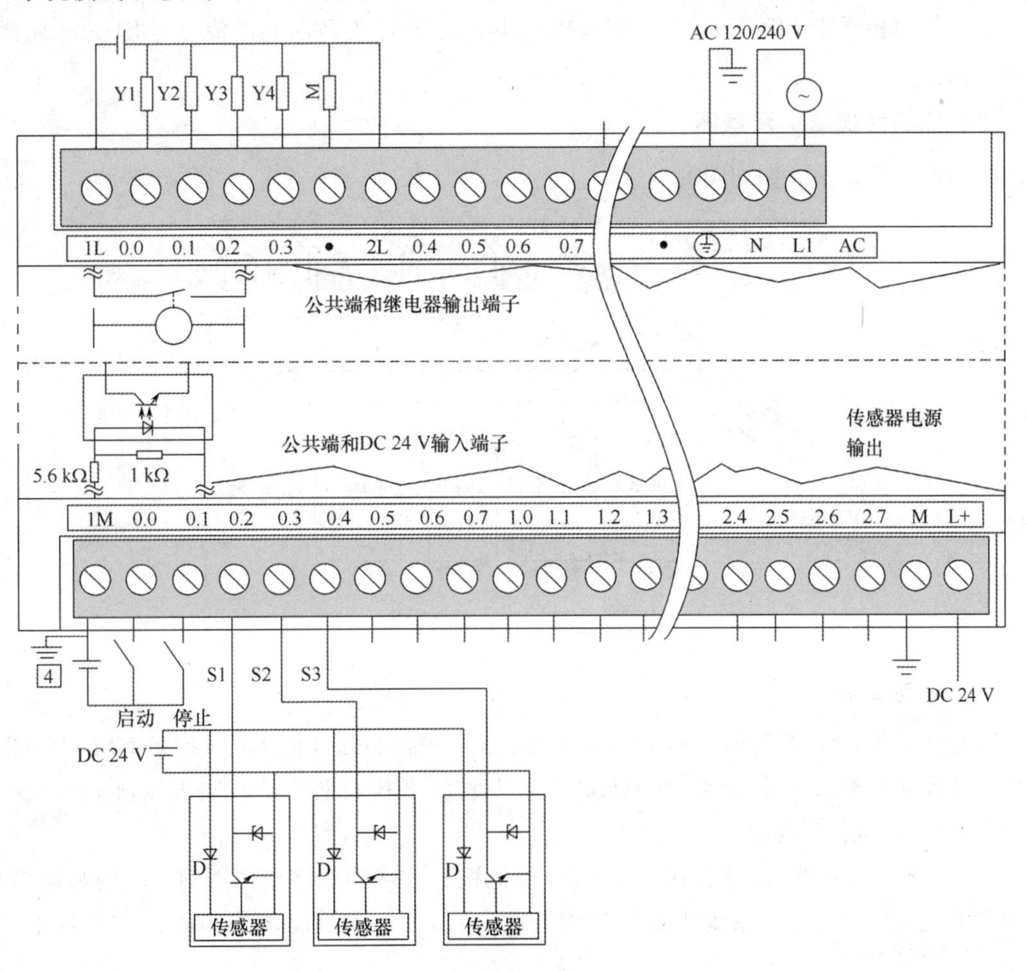

图 8-21　液体混合接线图

七、编写程序

（略）

任务十　邮件分拣机

一、实训目的

(1) 熟悉 S7-200 系列 PLC 的指令系统。

(2) 掌握使用 S7-200 系列 PLC 编程控制邮件分拣机的操作过程。

二、实训设备

(1) TVT-90HC 可编程序控制器训练装置。

(2) 多媒体计算机。

(3) 电源模块、输入/输出模块和邮件分拣机模拟控制单元实验板。

该系统由传送带 M5、气缸(M1、M2、M3、M4)、光电码盘 BV、光电传感器 S1 及一组邮箱筒所组成。

三、控制面板结构示意图

控制面板结构示意图如图 8-22 所示。

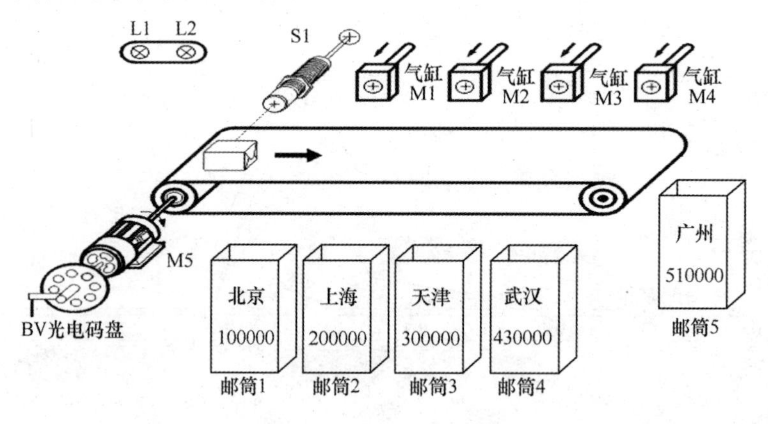

图 8-22　邮件分拣示意图

四、控制要求

(1) 启动系统后,绿灯 L2 亮,表明系统处于工作中。当邮件传送到分拣机上后,由操作人员根据邮政编码输入区域(例如:区域代码 1 代表北京,2 代表上海,3 代表天津,4 代表武汉、5 代表广州)。区域代码的输入由拨码器完成。

(2) 当光电传感器 S2 检测到了邮件,分拣机根据区域代码将信件送到不同的邮筒中去。邮筒相互之间是等间距,系统根据事先设置的行程,通过气缸将不同的邮件送入到不同的邮箱。

(3) 行程的检测通过系统配置的光电码盘来完成,根据光电码盘发出脉冲数的数目来达到判断不同邮筒的目的。

(4) 本系统邮筒的数目为 5 个,若操作人员进行了误操作(例如,输入的区域代码是 1～5 之外的数据),则红灯 L1 闪烁,表示出错,传送带停止,待系统重新启动后,方能正常工作。

五、系统 I/O 分配表

系统 I/O 分配表，如表 8-6 所示。

表 8-6　邮件分拣 I/O 分配表

输入接口			输出接口		
PLC 端	外接端口	注　释	PLC 端	面板接口	注　释
I0.0	BV	旋转脉冲信号	Q0.0	M1	控制气缸 M1
I0.1	S1	检测邮件	Q0.1	M2	控制气缸 M2
I0.2	SA0	系统复位	Q0.2	M3	控制气缸 M3
I1.0	拨码器“1”		Q0.3	M4	控制气缸 M4
I1.1	拨码器“2”		Q0.4	M5	控制传送带电动机 M5
I1.2	拨码器“4”		Q0.5	L1	报警红灯指示
I1.3	拨码器“8”		Q0.6	L2	系统正常运行指示

六、系统接线示意图

系统接线示意图如图 8-23 所示。

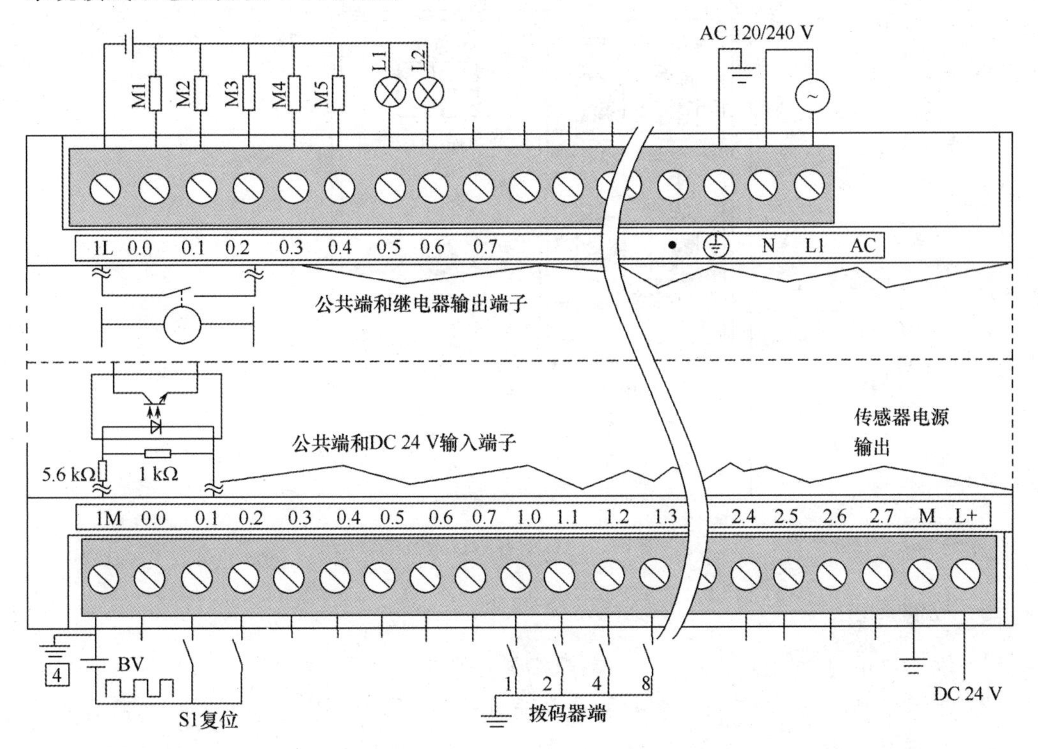

图 8-23　邮件分拣接线图

七、编写程序

（略）

任务十一　自动售货机

一、实训目的

(1) 熟练掌握 S7-200 系列 PLC 的指令系统。

(2) 掌握 S7-200 系列 PLC 控制自动售货机的编程与调试。

二、实训设备

(1) TVT-90HC 可编程序控制器训练装置。

(2) 多媒体计算机。

(3) 电源模块、输入/输出模块和自动售货机模拟控制单元实验板。

该系统模拟实际的自动售货机,由一台自动售货机所组成。

三、控制面板结构示意图

控制面板结构示意图,如图 8-24 所示。

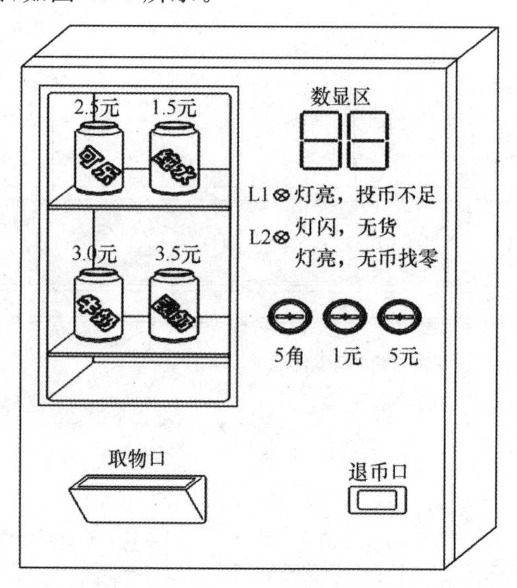

图 8-24　自动售货机示意图

四、控制要求

(1) 按下投币口按钮 5 角、1 元、5 元,数码显示投币金额为 0.5、1.0、5.0。

(2) 显示金额减去所买货物金额后,数码显示余额,可以一次多买,直到金额不足,灯 L1 亮提示余额不足。

(3) 过 4 s 后,如果没有再操作,则取物口灯亮,有余额则退币口灯亮。

(4) 如不买货物,按退币钮则退出全部金额、数码显示为零,退币口灯亮。

五、系统 I/O 分配表

系统 I/O 分配表,如表 8-7 所示。

表 8-7　自动售货机 I/O 分配表

输入接口			输出接口		
PLC 端	外接端口	注　释	PLC 端	面板接口	注　释
I0.0	购货按钮(2.5 元)	用于减 25	Q0.0	A0	
I0.1	购货按钮(1.5 元)	用于减 15	Q0.1	B0	
I0.2	购货按钮(3 元)	用于减 30	Q0.2	C0	
I0.3	购货按钮(3.5 元)	用于减 35	Q0.3	D0	
I0.4	退币钮		Q0.4	取物口灯	
I0.5	投币口(5 角)	用于加 5	Q0.5	退币口灯	
I0.6	投币口(1 元)	用于加 10	Q1.0	A1	
I0.7	投币口(5 元)	用于加 50	Q1.1	B1	
			Q1.2	C1	
			Q1.3	D1	
			Q1.4	L1	

六、系统接线示意图

系统接线示意图如图 8-25 所示。

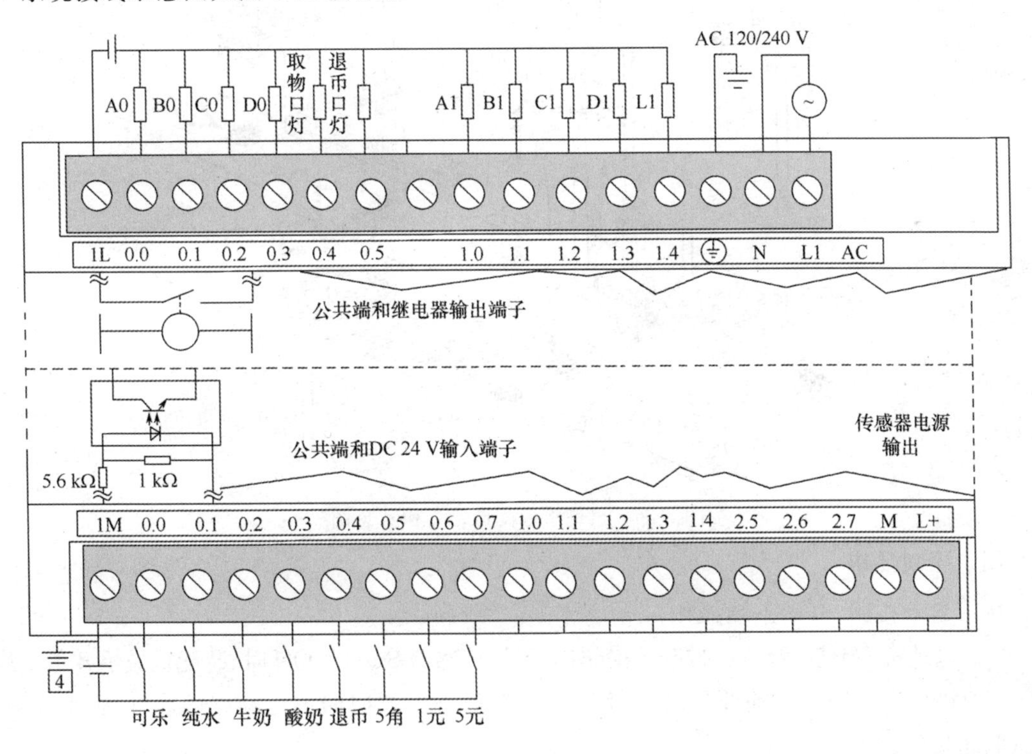

图 8-25　自动售货机接线图

七、编写程序

(略)

任务十二　机械手搬运流水线

一、实训目的

(1) 掌握S7-200系列PLC的指令系统。

(2) 掌握S7-200系列PLC控制机械手的编程与操作。

二、实训设备

(1) TVT-90HC可编程序控制器训练装置。

(2) 多媒体计算机。

(3) 电源模块、输入/输出模块和天塔之光模拟控制单元实验板。

该系统由气动机械手、传输线和货料供给机所组成。

三、控制面板结构示意图

控制面板结构示意图如图8-26所示。

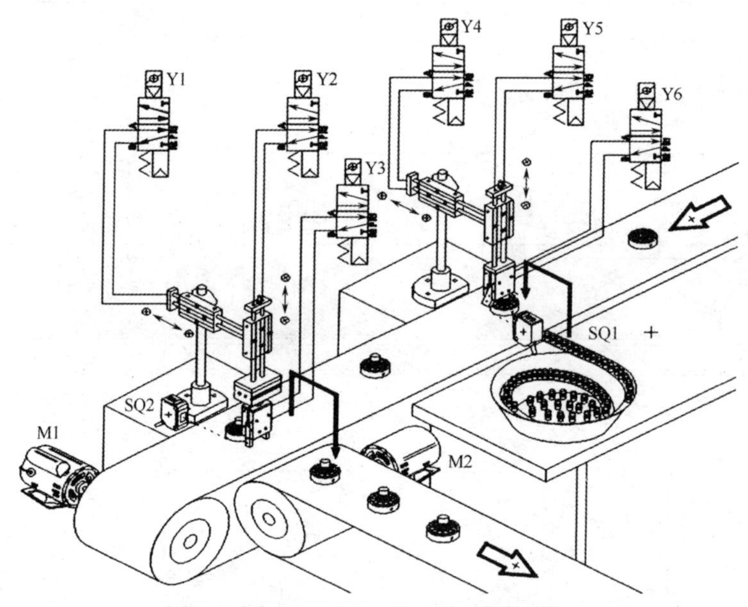

图8-26　机械手装配搬运结构示意图

四、控制要求

按下启动按钮,开始下列操作:

(1) 电动机M1正转,传送带开始工作,当到位传感器SQ1为ON时,装配机械手开始工作。

(2) 机械手水平方向前伸(气缸Y4动作),然后垂直方向向下运动(气缸Y5动作),将料柱抓取起来(气缸Y6吸合)。

(3) 机械手垂直方向向上抬起(Y5为OFF),然后在水平方向向后缩(Y4为OFF),然后垂直方向向下(Y5为ON)运动,将料柱放入到货箱中(Y6为OFF),系统完成机械手装配工作。

(4) 系统完成装配后,当到料传感器SQ2检测到信号后(SQ2灯亮),搬运机械手开始动作。首先机械手垂直方向向下降到一定位置(Y2为ON),然后抓手吸合(Y3为ON),接着机械手抬起(Y2 为 OFF),机械手向前运动(Y1 为 ON),然后下降(Y2 为 ON),机械手张开(Y3 为 OFF),电动机 M2 开始动作,将货物送出。

接下来,完成下一轮的装配任务。

五、系统 I/O 分配表

系统 I/O 分配表,如表 8-8 所示。

表 8-8　机械手 I/O 分配表

输入接口			输出接口		
PLC 端	外接端口	注　释	PLC 端	面板接口	注　释
I0.0	SQ1	用于检测料柱	Q0.0	Y1	搬运机械手前伸
I0.1	SQ2	用于检测货物	Q0.1	Y2	搬运机械手下降
			Q0.2	Y3	夹手动作
			Q0.3	Y4	装配机械手前伸
			Q0.4	Y5	装配机械手下降
			Q0.5	Y6	夹手动作
			Q0.6	M1	控制横轴皮带动作
			Q0.7	M2	控制纵轴皮带动作

六、系统接线示意图

系统接线示意图如图 8-27 所示。

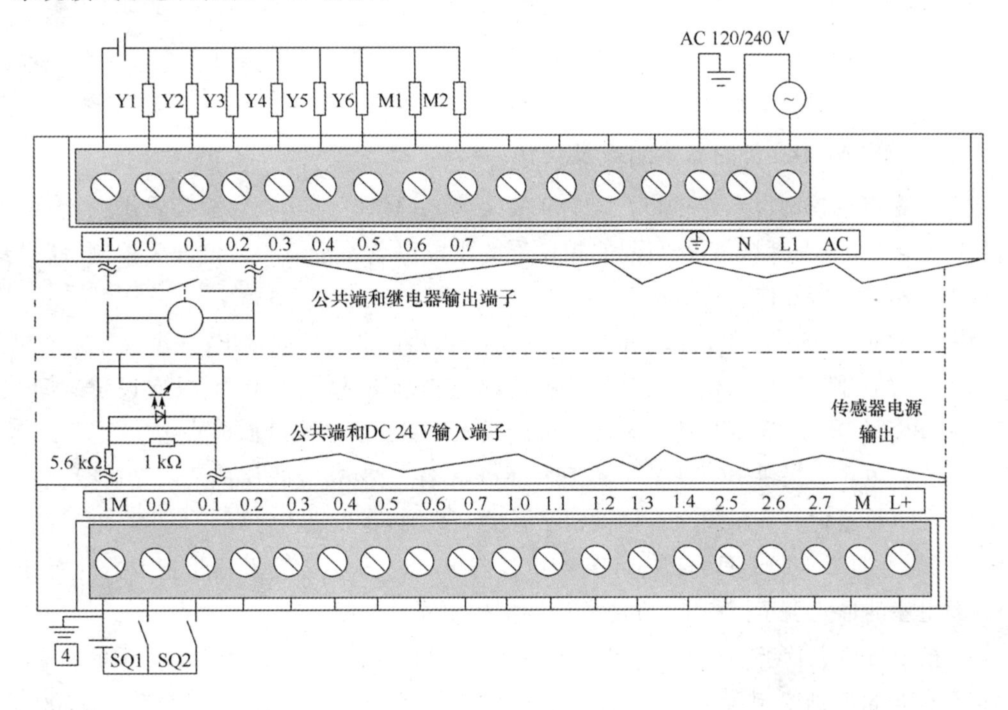

图 8-27　机械手搬运接线图

七、编写程序

(略)

模块九 完成THPFSM-2实训项目

任务一 认识THPFSM-2型网络型可编程序控制器实训装置

“THPFSM-2型网络型可编程序控制器综合实训装置”可直观地进行PLC的基本指令练习、多个PLC实际应用的模拟及实物控制。装置配备的主机采用德国西门子S7-200系列可编程序控制器，配套PC/PPI通信编程电缆、三相鼠笼式异步电动机，并提供实训所需的各种电源。

一、实训目的

（1）了解THPFSM-2型网络型可编程序控制器实训装置的组成及结构。

（2）学会使用以上设备编写和调试PLC应用程序。

二、实训设备

（1）THPFSM-2型可编程序控制器实训装置。

（2）多媒体计算机。

（3）电源模块、输入/输出模块和各个模拟控制单元实验板。

三、THPFSM-2设备的基本组成及结构

（1）交流电源控制单元。三相五线380 V交流电源经空气开关后给装置供电，电网电压表监控电网电压，设有带灯保险丝保护，控制屏的供电由急停按钮和启停开关控制、同时具有漏电报警指示及报警复位。

提供三相四线380 V、单相220 V电源各一组，由启停开关控制输出，并设有保险丝保护。

（2）定时器兼报警记录仪。定时器兼报警记录仪，平时作时钟使用，具有设定时间、定时报警、切断电源等功能；还可自动记录由于接线或操作错误所造成的漏电报警次数。

（3）直流电源。提供DC 24 V/1 A、DC5 V/1 A各一路，带自我保护及恢复功能。

（4）数字量给定及指示单元。提供钮子开关4只、高亮发光二极管8只（共阳接法）、LED数码管1只、方向指示器1只、直流24 V继电器若干；以上输入给定及输出指示器的所有控制端均以弱电座的形式引至面板上，方便操作者搭建不同的控制系统。

（5）模拟量给定及指示单元。1路DC 0～15 V可调输出、1路DC 0～20 mA可调输出；可作为PLC模拟量实训给定值及其他控制信号使用。提供1只直流电压表（量程0～200 V）、1只直流电流表（量程0～200 mA），用于指示各种模拟量信号。

四、主要技术参数

（1）输入电源：三相五线～380 V±10% 50 Hz。

（2）工作环境：温度 -10℃ ~ +40℃ 相对湿度小于 85%（25 ℃）海拔小于 4 000 m。

（3）装置容量：小于 1 000 V · A。

（4）质量：100 kg。

（5）外形尺寸：170 × 75 × 162 cm^3。

（6）安全保护：具有漏电压、漏电流保护装置，安全符合国家标准。

五、实训设备简介

（一）装置的启动、交流电源控制

（1）将装置后侧的四芯电源插头插入三相交流电源插座。

（2）打开电源控制屏的总电源开关定时器兼报警记录仪得电。控制屏旁边单相三孔插座、三相四孔插座得电。

（3）打开电源控制屏的电源总开关，三相电源线电压表指示电网电压，电网电压正常时 U 相、V 相、W 相电压显示范围 380 ± 10% ；同时控制屏右面板得电。

（4）按下电源控制屏的启动按钮三相交流输出 U1、V1、W1 得电。

（二）定时兼报警记录仪

该记录仪平时作为时钟使用，具有设定操作培训的时间、定时报警、提前提醒后切断电源功能，还具有自动记录由于接线或操作错误所造成的报警次数。

（三）继电器

提供四只透明直流继电器，线圈驱动电压为 DC 24 V。“KA1”、“KA2”、“KA3”、“KA4”分别为四个继电器的控制端，继电器线圈的另一端短接到公共端“V +/COM”。

（四）信号转换接口

提供 16 组端子排，端子排的一端分别接 1 ~ 16 号弱电座。

1. 直流数字电压/电流表

打开直流数字电压/电流表电源开关，将直流数字电压表并联到被测电路中，直流数字电压表显示被测电压。将直流数字电流表串接到被测电路中，直流数字电流表显示被测电流。

2. 直流可调电源

打开直流可调电源的开关，调节 0 ~ 15 V 电压源电位器，可输出 0 ~ 15 V 电压；调节 0 ~ 20 mA 电流源电位器，可输出 0 ~ 20 mA 电流。

3. LED 数码显示

数码显示包括八段码显示和方向指示。八段码显示部分带有译码电路，ABCD 按 8421 编码规则输入不同信号，数码管将显示 0 ~ 9，将数码显示部分的 GND 接到 DC 电源的 GND，+5 V接到 DC 电源的 +5 V，数码管显示 0。

4. 主机模块

本实训装置采用的是德国西门子 S7-200 系列可编程序控制器（用户根据需要自行配置）。主机的所有端子已引到面板上，在本装置中数字量输入公共端接主机模块电源的“L +”，此时输入端是低电平有效；数字量输出公共端接主机模块电源的“M”，此时输出端输出的是低电平。

5. 实训挂箱

可将实训挂箱挂置控制屏型材导槽内，挂件的供电全部由外部提供。线路采用定制的锁紧叠插线进行连线或用硬线连接。

6. 注意事项

（1）工作环境：温度-10℃ ~ +40℃ 相对湿度小于 85%（25℃）海拔小于 4 000 m。

（2）在接线的时候应关闭电源总开关，待接线完成，认真检查无误后方可通电。

（3）可编程序控制器的通信电缆请勿带电插拔，带电插拔容易烧坏通信口。

（4）通电中请勿打开控制屏后背盖，防止可能发生的危险。

（5）实训台发生异常报警时，应立即切断电源，查找原因，排除故障。

（6）为了防止可能发生的危险，本产品只有专业技术人员才可以进行维修。

任务二　数码显示控制

一、实训目的

（1）掌握段码指令的使用及编程方法。

（2）掌握 LED 数码显示控制系统的接线、调试、操作方法。

二、实训设备

实训设备，如表 9-1 所示。

表 9-1　实训设备

序号	名　称	型号与规格	数　量	备　　注
1	可编程序控制器实训装置	THPFSM-1/2	1	
2	实训导线	3 号	若干	
3	PC/PPI 通信电缆		1	西门子
4	计算机		1	自备

三、控制面板示意图

控制面板示意图，如图 9-1 所示。

硬件模式一：

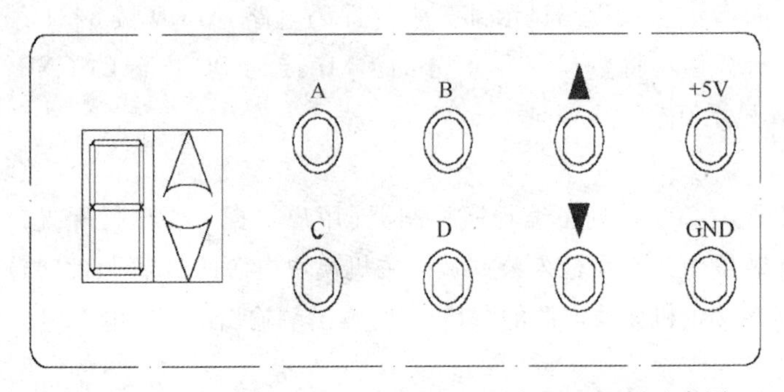

硬件模式二：

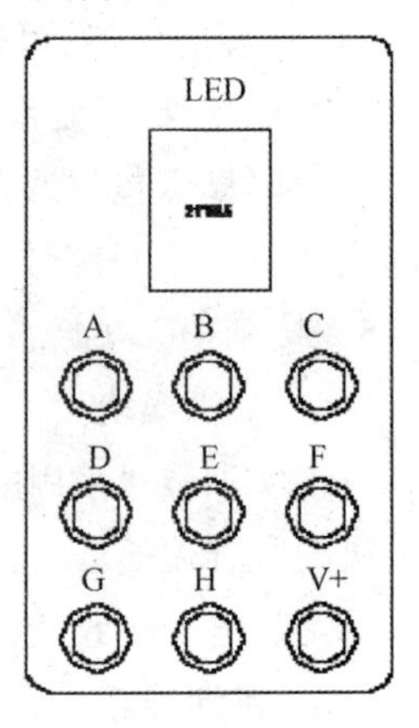

图 9-1　面板示意图

四、控制要求

(1) 硬件模式一:置位启动开关 K0 为 ON 时,LED 数码显示管依次循环显示 0、1、2、3…9;

(2) 硬件模式二:置位启动开关 K0 为 ON 时,LED 数码显示管依次循环显示 0、1、2、3…9、A、B、C…F;

(3) 置位停止开关 K1 为 ON 时,LED 数码显示管停止显示,系统停止工作。

五、功能指令使用及程序流程图

1. 七段码指令使用

七段码指令梯形图,如图 9-2 所示。

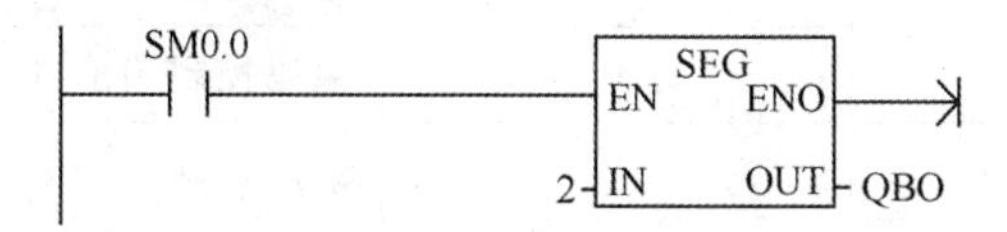

图 9-2　七段码指令示例

段码指令将 IN 中指定的字符(字节)转换生成一个点阵并存入 OUT 指定的变量中;如图 9-2所示,当在 IN 处写入 2,则输出端 OUT 指定的变量 QB0 中的值为 0101 1011;当在 IN 处写入 5,则输出端 OUT 指定的变量 QB0 中的值为 0110 1101,具体如表 9-2 所示。

表 9-2　SEG 指令值表

输　入	输　出	输　入	输　出	输　入	输　出	输　入	输　出
0	0011 1111	4	0110 0110	8	0111 1111	C	0011 1001
1	0000 0110	5	0110 1101	9	0110 0111	D	0101 1110
2	0101 1011	6	0111 1101	A	0111 0111	E	0111 1001
3	0100 1111	7	0000 0111	B	0111 1100	F	0111 0001

2. 程序流程图

程序流程图,如图 9-3 所示。

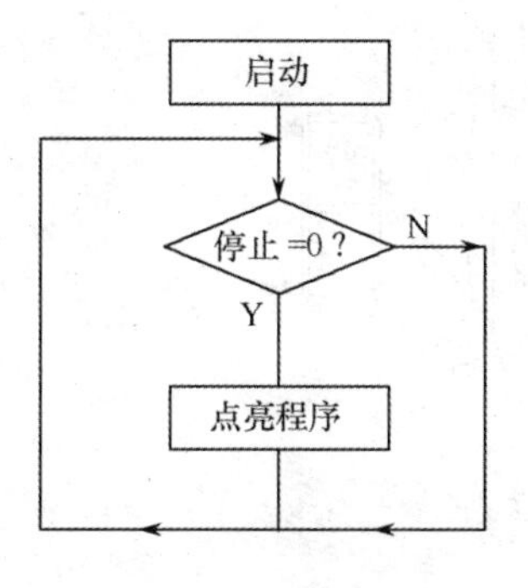

图 9-3　程序流程图

六、端口分配及接线图

1. I/O 端口分配及功能表

I/O 端口分配及功能表，如表 9-3 所示。

表 9-3 I/O 端口分配功能表

序号	PLC 地址 （PLC 端子）	电气符号 （面板端子）	功能说明
1	I0.0	K0	启动
2	I0.1	K1	停止
3	Q0.0	A	数码控制端子 A
4	Q0.1	B	数码控制端子 B
5	Q0.2	C	数码控制端子 C
6	Q0.3	D	数码控制端子 D
7	Q0.4	E	数码控制端子 E（硬件模式二）
8	Q0.5	F	数码控制端子 F（硬件模式二）
9	Q0.6	G	数码控制端子 G（硬件模式二）
10	Q0.7	H	数码控制端子 H（硬件模式二）
11	主机输入 1M 接电源 +24 V；模式一：面板面板 +5 V 接电源 +5 V，模式二：V + 接电源 +24V		电源正端
12	主机 1L、2L、3L、面板 GND 接电源 GND		电源地端

2. PLC 外部接线图

PLC 外部接线图，如图 9-4 所示。

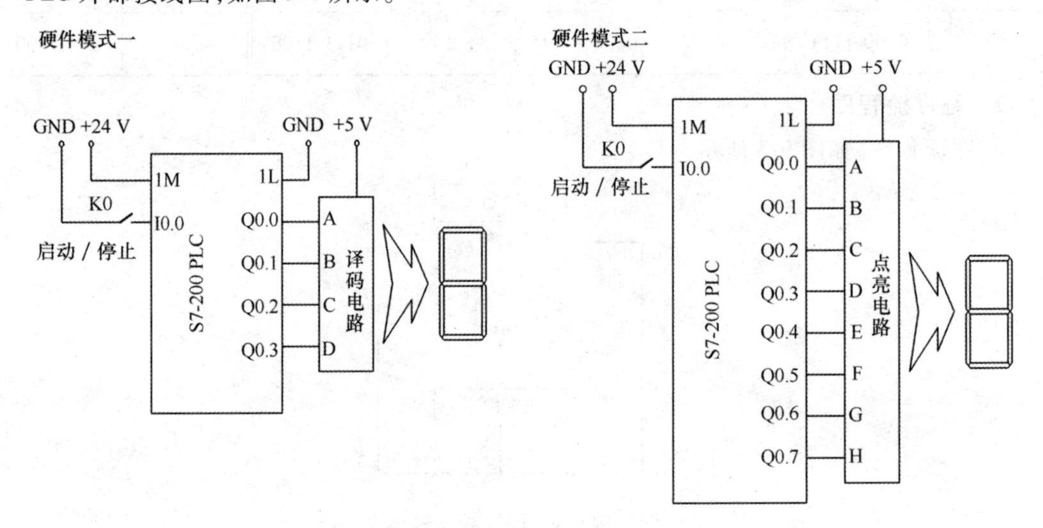

图 9-4 控制接线图

七、操作步骤

（1）按控制接线图连接控制回路；

（2）将编译无误的控制程序下载至 PLC 中，并将模式选择开关拨至 RUN 状态；

（3）分别拨动启动开关 K0，观察并记录 LED 数码管显示状态；

（4）尝试编译新的控制程序，实现不同于示例程序的控制效果。

八、实训总结

（1）尝试分析整套系统的工作过程；

（2）尝试用其他不同于示例程序所用的指令编译新程序，实现新的控制过程。

九、编写程序

（略）

任务三　装配流水线控制

一、实训目的

（1）掌握移位寄存器指令的使用及编程。

（2）掌握装配流水线控制系统的接线、调试、操作。

二、实训设备

实训设备，如表 9-4 所示。

表 9-4　实训设备

序号	名　称	型号与规格	数量	备注
1	实训装置	THPFSM-1/2	1	
2	实训挂箱	A11	1	
3	实训导线	3 号	若干	
4	通信编程电缆	PC/PPI	1	西门子
5	计算机（带编程软件）		1	自备

三、控制面板示意图

控制面板示意图，如图 9-5 所示。

四、控制要求

（1）总体控制要求：如图 9-5 所示，系统中的操作工位 A、B、C，运料工位 D、E、F、G 及仓库操作工位 H 能对工件进行循环处理。

（2）闭合“启动”开关，工件经过传送工位 D 送至操作工位 A，在此工位完成加工后再由传送工位 E 送至操作工位 B……，依次传送及加工，直至工件被送至仓库操作工位 H，由该工位完成对工件的入库操作，循环处理。

（3）断开“启动”开关，系统加工完最后一个工件入库后，自动停止工作。

（4）按“复位”键，无论此时工件位于任何工位，系统均能复位至起始状态，即工件又重新

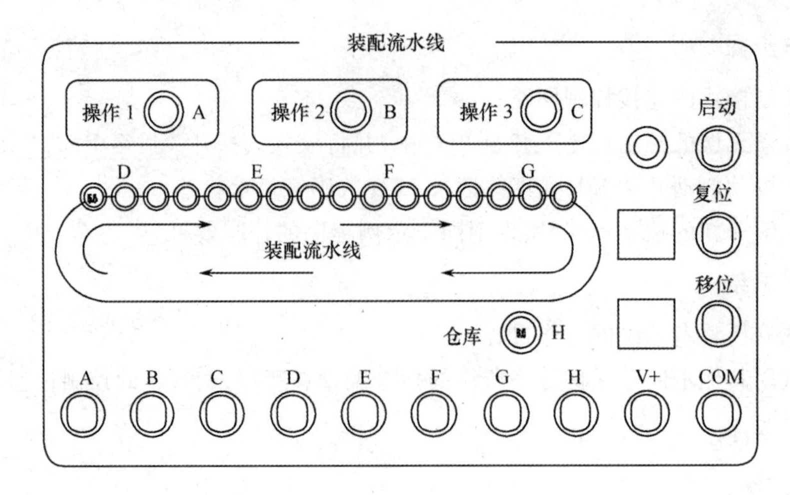

图 9-5　面板示意图

开始从传送工位 D 处开始运送并加工。

(5) 按"移位"键，无论此时工件位于任何工位，系统均能进入单步移位状态，即每按一次"移位"键，工件前进一个工位。

五、功能指令使用及程序流程图

1. 移位寄存器指令使用

移位寄存器指令梯形图，如图 9-6 所示。

在此程序功能块的输入控制端"EN"处每输入一个脉冲信号，即把输入的"DATA"处的数值移入移位寄存器。其中，"S-BIT"指定移位寄存器的最低位，"N"指定移位寄存器的长度和移位方向(正向移位 = N，反向移位 = －N)。移出的每一位都被放入溢出标志位"SM1. 1"中。

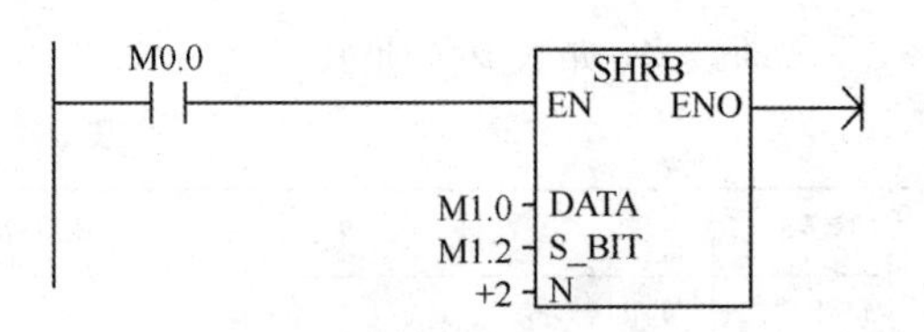

图 9-6　移位寄存器指令示例

2. 程序流程图

程序流程图，如图 9-7 所示。

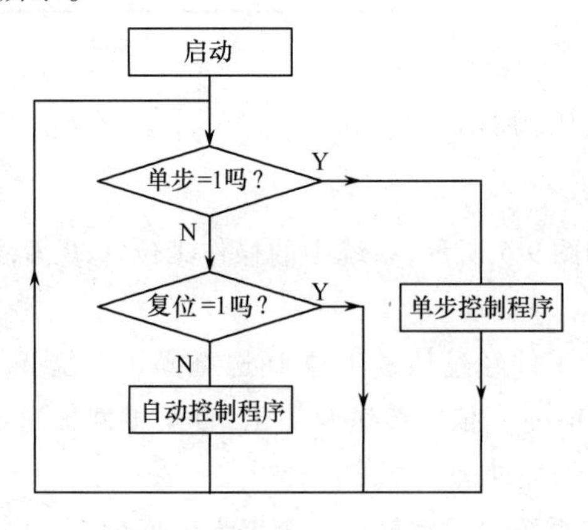

图 9-7　程序流程图

六、端口分配及接线图

1. I/O 端口分配及功能表

I/O 端口分配及功能表,如表 9-5 所示。

表 9-5　I/O 端口分配及功能表

序号	PLC 地址(PLC 端子)	电气符号 (面板端子)	功　能　说　明
1	I0. 0	SD	启动(SD)
2	I0. 1	RS	复位(RS)
3	I0. 2	ME	移位(ME)
4	Q0. 0	A	工位 A 动作
5	Q0. 1	B	工位 B 动作
6	Q0. 2	C	工位 C 动作
7	Q0. 3	D	运料工位 D 动作
8	Q0. 4	E	运料工位 E 动作
9	Q0. 5	F	运料工位 F 动作
10	Q0. 6	G	运料工位 G 动作
11	Q0. 7	H	仓库操作工位 H 动作
12	主机 1M、面板 V + 接电源 + 24 V		电源正端
13	主机 1L、2L、3L、面板 COM 接电源 GND		电源地端

2. PLC 外部接线图

PLC 外部接线图,如图 9-8 所示。

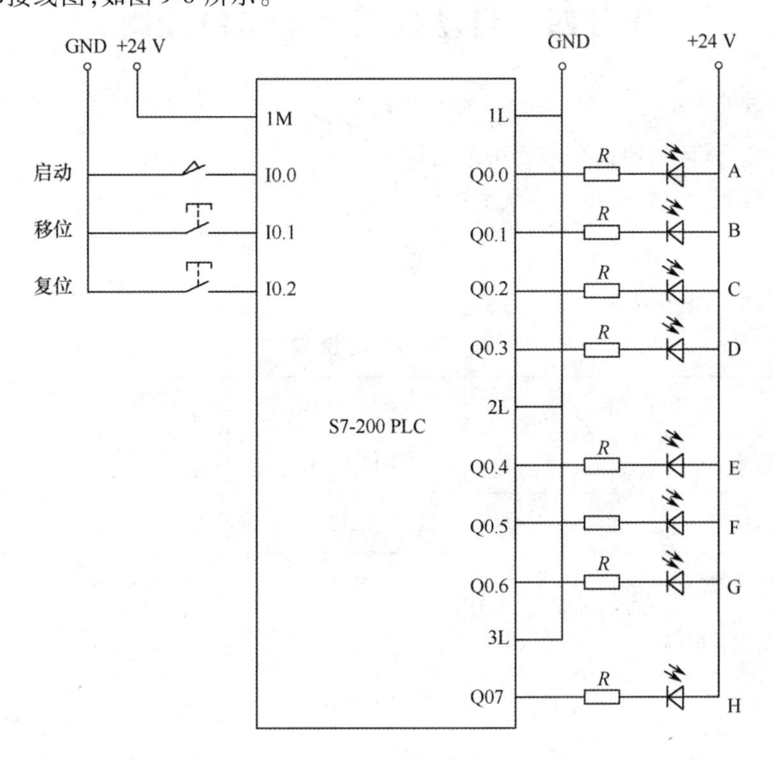

图 9-8　PLC 外部接线图

七、操作步骤

(1) 检查实训设备中器材及调试程序。

(2) 按照 I/O 端口分配表或接线图完成 PLC 与实训模块之间的接线,认真检查,确保正确无误。

(3) 打开示例程序或用户自己编写的控制程序,进行编译,有错误时根据提示信息修改,直至无误,用 PC/PPI 通信编程电缆连接计算机串口与 PLC 通信口,打开 PLC 主机电源开关,下载程序至 PLC 中,下载完毕后将 PLC 的 RUN/STOP 开关拨至 RUN 状态。

(4) 打开“启动”按钮后,系统进入自动运行状态,调试装配流水线控制程序并观察自动运行模式下的工作状态。

(5) 按“复位”键,观察系统响应情况。

(6) 按“移位”键,系统进入单步运行状态,连续按“移位”键,调试装配流水线控制程序并观察单步移位模式下的工作状态。

八、实训总结

(1) 总结移位寄存器指令的使用方法。

(2) 总结记录 PLC 与外围设备的接线过程及注意事项。

九、编写程序

(略)

任务四　自动配料装车系统控制

一、实训目的

(1) 掌握增/减计数器指令的使用及编程。

(2) 掌握自动配料装车控制系统的接线、调试、操作。

二、实训设备

实训设备,如表 9-6 所示。

表 9-6　实训设备

序号	名　　称	型号与规格	数　量	备　　注
1	实训装置	THPFSM-1/2	1	
2	实训挂箱	A13	1	
3	实训导线	3 号	若干	
4	通信编程电缆	PC/PPI	1	西门子
5	实训指导书	THPFSM-1/2	1	
6	计算机(带编程软件)		1	自备

三、控制面板示意图

控制面板示意图,如图 9-9 所示。

四、控制要求

(1) 总体控制要求:如图 9-9 所示,系统由料斗、传送带、检测系统组成。配料装置能自动识别货车到位情况及对货车进行自动配料,当车装满时,配料系统自动停止配料。料斗物料不足时停止配料并自动进料。

(2) 打开“启动”开关,红灯 L2 灭,绿灯 L1 亮,表明允许汽车开进装料。料斗出料口 D2 关闭,若物料检测传感器 S1 置为 OFF(料斗中的物料不满),进料阀开启进料(D4 亮)。当 S1 置为 ON(料斗中的物料已满),则停止进料(D4 灭)。电动机 M1、M2、M3 和 M4 均为 OFF。

(3) 当汽车开进装车位置时,限位开关 SQ1 置为 ON,红灯信号灯 L2 亮,绿灯 L1 灭;同时启动电动机 M4,经过 1 s 后,再启动 M3,再经 2 s 后启动 M2,再经过 1 s 最后启动 M1,再经过 1 s 后才打开出料阀(D2 亮),物料经料斗出料。

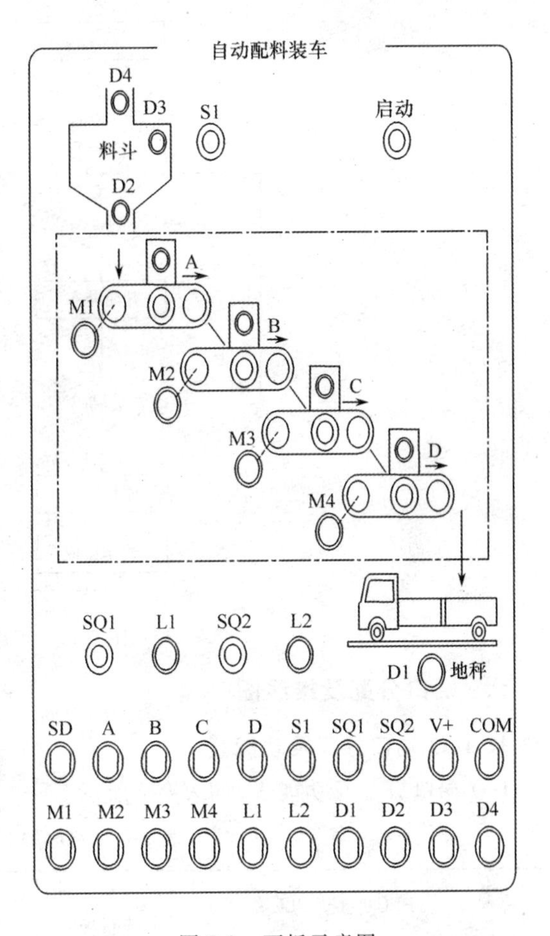

图 9-9　面板示意图

(4) 当车装满时,限位开关 SQ2 为 ON,料斗关闭,1 s 后 M1 停止,M2 在 M1 停止 1 s 后停止,M3 在 M2 停止 1 s 后停止,M4 在 M3 停止 1 s 后最后停止。同时红灯 L2 灭,绿灯 L1 亮,表明汽车可以开走。

(5) 关闭“启动”开关,自动配料装车的整个系统停止运行。

五、功能指令使用及程序流程图

1. 增/减计数器指令使用

增/减计数器指令梯形图,如图 9-10 所示。

增/减计数指令(CTUD),在每一个增计数输入(CU)从低到高时增计数;在每一个减计数输入(CD)从低到高时减计数。当当前值大于或者等于预置值(PV)时,计数器位(C0)接通。否则,计数器关断。当复位输入端(R)接通或者执行复位指令时,计数器被复位。当达到预置值(PV)时,CTUD 计数器停止计数。

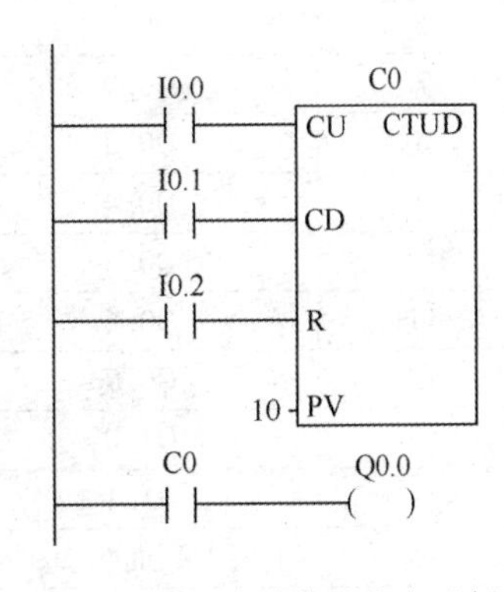

图 9-10　增/减计数器指令示例

2. 程序流程图

程序流程图，如图 9-11 所示。

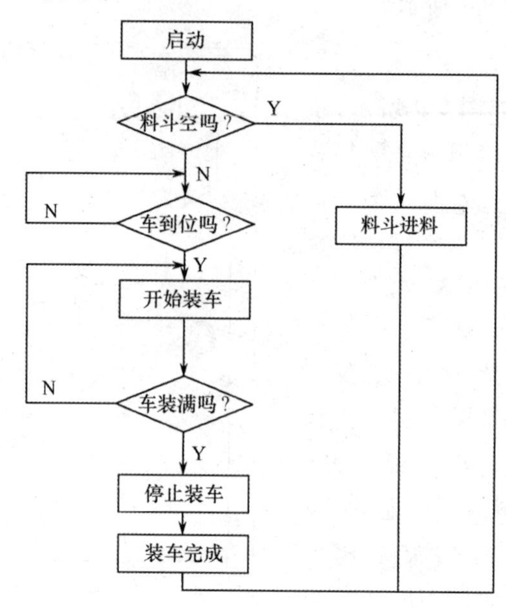

图 9-11　程序流程图

六、端口分配及接线图

1. I/O 端口分配及功能表

I/O 端口分配及功能表，如表 9-7 所示。

表 9-7　I/O 端口分配及功能表

序号	PLC 地址（PLC 端子）	电气符号（面板端子）	功能说明
1	I0.0	SD	启动（SD）
2	I0.1	SQ1	运料车到位检测
3	I0.2	SQ2	运料车物料检测
4	I0.3	S1	料斗物料检测
5	Q0.0	M1	电动机 M1
6	Q0.1	M2	电动机 M2
7	Q0.2	M3	电动机 M3
8	Q0.3	M4	电动机 M4
9	Q0.4	L1	允许进车
10	Q0.5	L2	运料车到位指示
11	Q0.6	D1	运料车装满指示
12	Q0.7	D2	料斗下料
13	Q1.0	D3	料斗物料充足指示
14	Q1.1	D4	料斗进料
15	主机 1M、面板 V+接电源+24 V		电源正端
16	主机 1L、2L、3L、面板 COM 接电源 GND		电源地端

2. PLC 外部接线图

PLC 外部接线图,如图 9-12 所示。

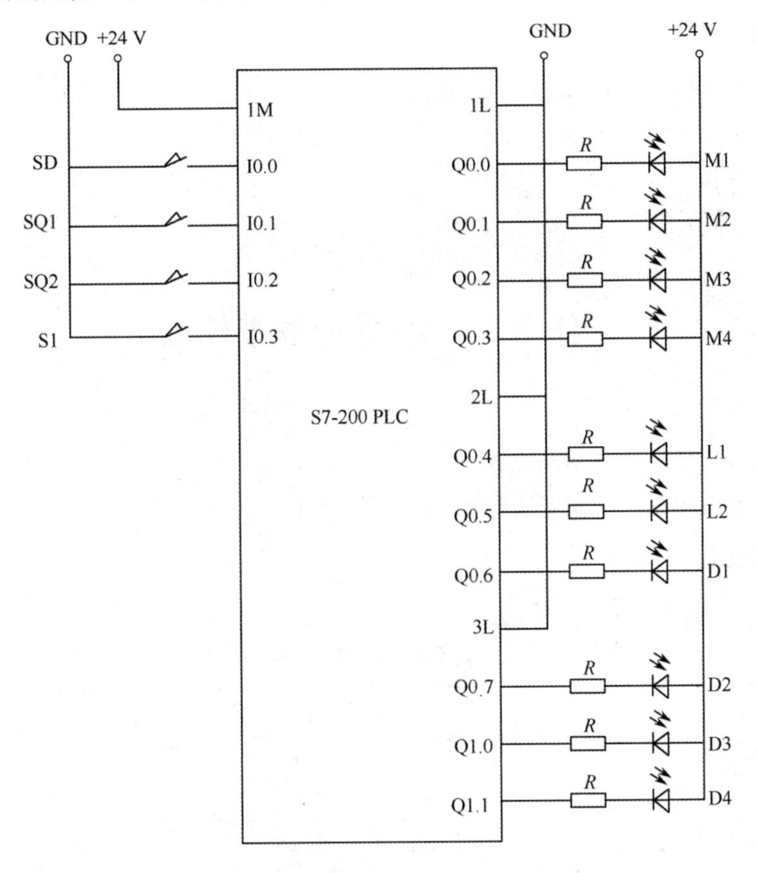

图 9-12　PLC 外部接线图

七、操作步骤

(1) 检查实训设备中器材及调试程序。

(2) 按照 I/O 端口分配表或接线图完成 PLC 与实训模块之间的接线,认真检查,确保正确无误。

(3) 打开示例程序或用户自己编写的控制程序,进行编译,有错误时根据提示信息修改,直至无误,用 PC/PPI 通信编程电缆连接计算机串口与 PLC 通信口,打开 PLC 主机电源开关,下载程序至 PLC 中,下载完毕后将 PLC 的 RUN/STOP 开关拨至 RUN 状态。

(4) 打开"启动"开关后,将 S1 开关拨至 OFF 状态,模拟料斗未满,观察下料口 D2、D4 工作状态。

(5) 将 SQ1 拨至 ON,SQ2 拨至 OFF,模拟货车已到指定位置,观察 L1、L2 和电动机 M1、M2、M3 及 M4 的状态。

(6) 将 SQ1 拨至 ON,SQ2 拨至 ON,模拟货车已装满,观察电动机 M1、M2、M3 及 M4 的工作状态。

(7) 将 SQ1 拨至 OFF,SQ2 拨至 OFF,模拟货车开走。自动配料装车系统进入下一循环状态。

（8）关闭启动开关后，自动配料装车系统停止工作。

八、实训总结

（1）总结增/减计数指令的使用方法。

（2）总结记录 PLC 与外围设备的接线过程及注意事项。

九、编写程序

（略）

任务五　四节传送带控制

一、实训目的

（1）掌握传送指令的使用及编程。

（2）掌握四节传送带控制系统的接线、调试、操作。

二、实训设备

实训设备，如表 9-8 所示。

表 9-8　实训设备

序号	名　称	型号与规格	数　量	备　注
1	实训装置	THPFSM-1/2	1	
2	实训挂箱	A13	1	
3	实训导线	3 号	若干	
4	通信编程电缆	PC/PPI	1	西门子
5	实训指导书	THPFSM-1/2	1	
6	计算机（带编程软件）		1	自备

三、控制面板示意图

控制面板示意图，如图 9-13 所示。

四、控制要求

（1）总体控制要求：如面板图所示，系统由传动电动机 M1、M2、M3、M4，故障设置开关 A、B、C、D 组成，完成物料的运送、故障停止等功能。

（2）闭合“启动”开关，首先启动最末一条传送带（电动机 M4），每经过 1 s 延时，依次启动一条传送带（电动机 M3、M2、M1）。

（3）当某条传送带发生故障时，该传送带及其前面的传送带立即停止，而该传送带以后的待运完货物后方可停止。例如，M2 存在故障，则 M1、M2 立即停止，经过 1 s 延时后，M3 停止，再过 1 s，M4 停止。

（4）排出故障，打开“启动”开关，系统重新启动。

（5）关闭“启动”开关，先停止最前一条传送带（电动机 M1），待料运送完毕后再依次停止

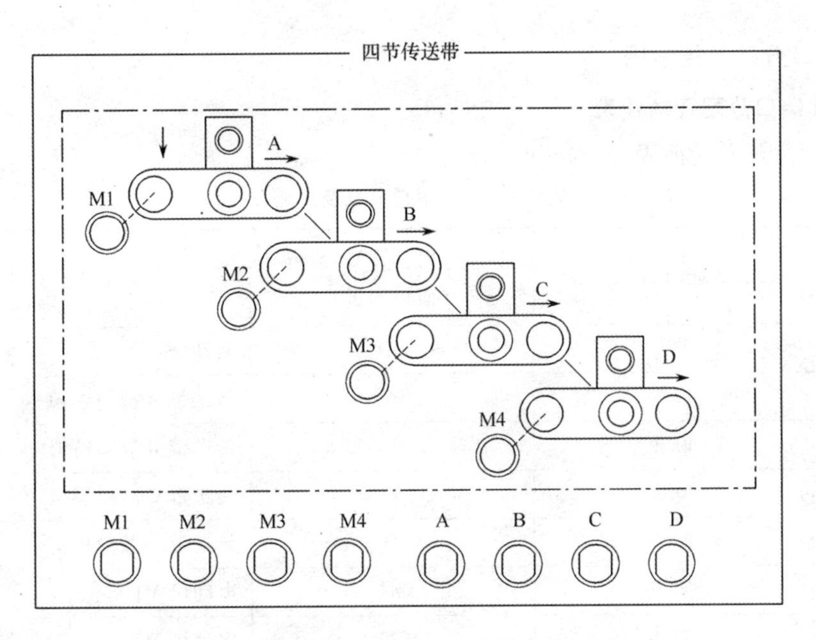

图 9-13　面板示意图

M2、M3 及 M4 电动机。

五、功能指令使用及程序流程图

1. 移位寄存器指令使用

移位寄存器指令梯形图，如图 9-14 所示。

字节传送（MOVB）、字传送（MOVW）、双字传送（MOVD）和实数传送指令在不改变原值的情况下将 IN 中的值传送到 OUT。

2. 程序流程图

程序流程图，如图 9-15 所示。

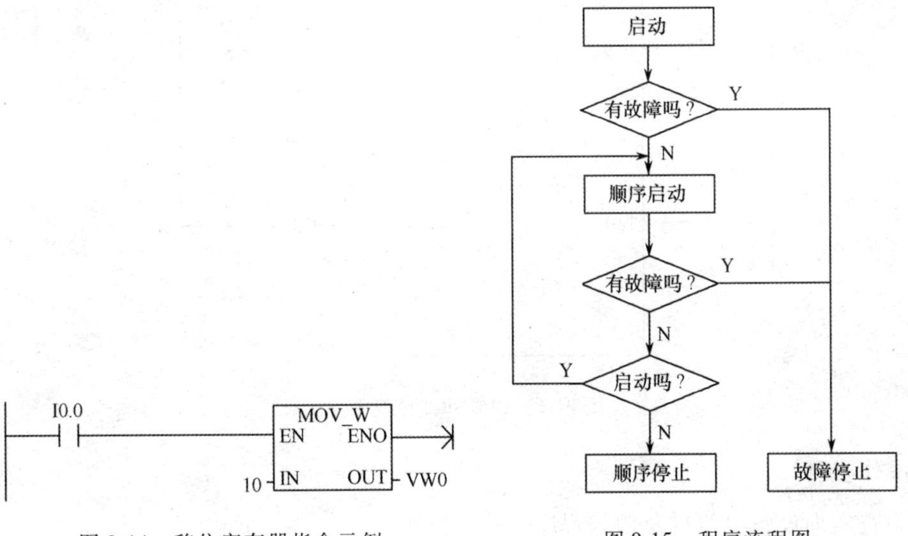

图 9-14　移位寄存器指令示例

图 9-15　程序流程图

六、端口分配及接线图

1. I/O 端口分配及功能表

I/O 端口分配及功能表,如表 9-9 所示。

表 9-9 I/O 端口分配及功能表

序号	PLC 地址(PLC 端子)	电气符号 (面板端子)	功 能 说 明
1	I0.0	SD	启动(SD)
2	I0.1	A	传送带 A 故障模拟
3	I0.2	B	传送带 B 故障模拟
4	I0.3	C	传送带 C 故障模拟
5	I0.4	D	传送带 D 故障模拟
6	Q0.0	M1	电动机 M1
7	Q0.1	M2	电动机 M2
8	Q0.2	M3	电动机 M3
9	Q0.3	M4	电动机 M4
10	主机 1M、面板 V + 接电源 +24V		电源正端
11	主机 1L、2L、3L、面板 COM 接电源 GND		电源地端

2. PLC 外部接线图

PLC 外部接线图,如图 9-16 所示。

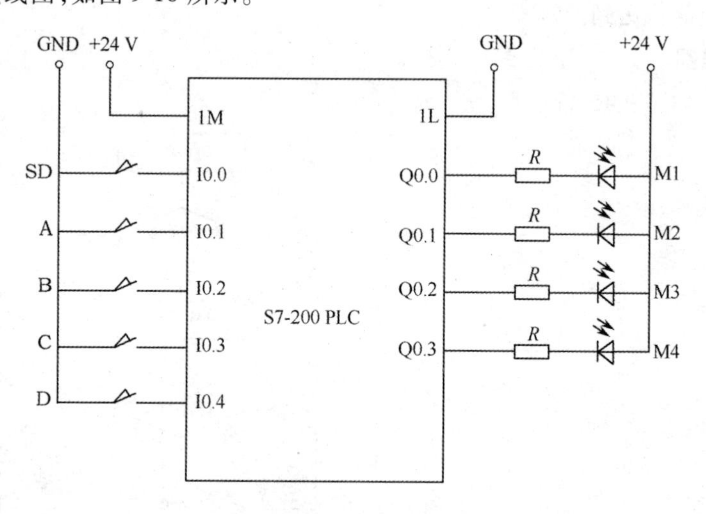

图 9-16 PLC 外部接线图

七、操作步骤

(1) 检查实训设备中器材及调试程序。

(2) 按照 I/O 端口分配表或接线图完成 PLC 与实训模块之间的接线,认真检查,确保正确无误。

(3) 打开示例程序或用户自己编写的控制程序,进行编译,有错误时根据提示信息修改,直至无误,用 PC/PPI 通信编程电缆连接计算机串口与 PLC 通信口,打开 PLC 主机电源开关,下载程序至 PLC 中,下载完毕后将 PLC 的 RUN/STOP 开关拨至 RUN 状态。

(4) 打开"启动"开关后,系统进入自动运行状态,调试四节传送带控制程序并观察四节传送带的工作状态。

(5) 将 A、B、C、D 开关中的任意一个打开,模拟传送带发生故障,观察电动机 M1、M2、M3、M4 的工作状态。

(6) 关闭"启动"按钮,系统停止工作。

八、实训总结

(1) 总结移位寄存器指令的使用方法。

(2) 总结记录 PLC 与外围设备的接线过程及注意事项。

九、编写程序

(略)

任务六　三层电梯控制

一、实训目的

(1) 掌握 *RS* 触发器指令的使用及编程。

(2) 掌握三层电梯控制系统的接线、调试、操作。

二、实训设备

实训设备,如表 9-10 所示。

表 9-10　实训设备

序号	名　称	型号与规格	数量	备　注
1	实训装置	THPFSM-1/2	1	
2	实训挂箱	A19	1	
3	实训导线	3 号	若干	
4	通信编程电缆	PC/PPI	1	西门子
5	实训指导书	THPFSM-1/2	1	
6	计算机(带编程软件)		1	自备

三、控制面板示意图

控制面板示意图,如图 9-17 所示。

四、控制要求

(1) 总体控制要求:电梯由安装在各楼层电梯口的上升下降呼叫按钮(U1、U2、D2、D3),电梯轿厢内楼层选择按钮(S1、S2、S3),上升下降指示(UP、DOWN),各楼层到位行程开关

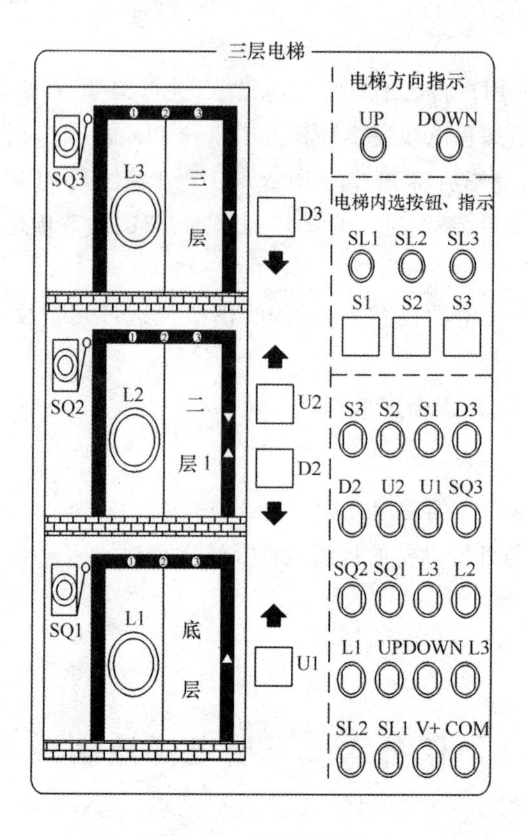

图 9-17　面板示意图

(SQ1、SQ2、SQ3)组成。电梯自动执行呼叫。

(2) 电梯在上升的过程中只响应向上的呼叫,在下降的过程中只响应向下的呼叫,电梯向上或向下的呼叫执行完成后再执行反向呼叫。

(3) 电梯等待呼叫时,同时有不同呼叫时,谁先呼叫执行谁。

(4) 具有呼叫记忆、内选呼叫指示功能。

(5) 具有楼层显示、方向指示、到站声音提示功能。

五、功能指令使用及程序流程图

1. *RS* 触发器指令使用

RS 触发器指令梯形图,如图 9-18 所示。

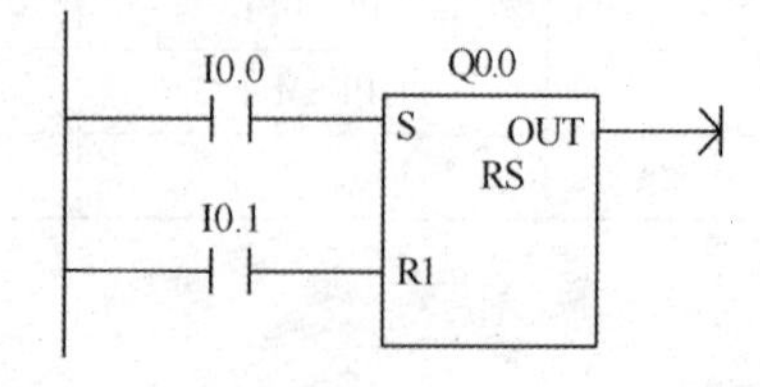

图 9-18　*RS* 触发器指令示例

复位优先触发器是一个复位优先的锁存器。当 I0.0 为 ON,I0.1 为 OFF 时 Q0.0 被置位;当 I0.1 为 ON,I0.0 为 OFF 或 I0.0 为 ON,I0.1 为 ON 时 Q0.0 被复位。

2. 程序流程图

程序流程图，如图 9-19 所示。

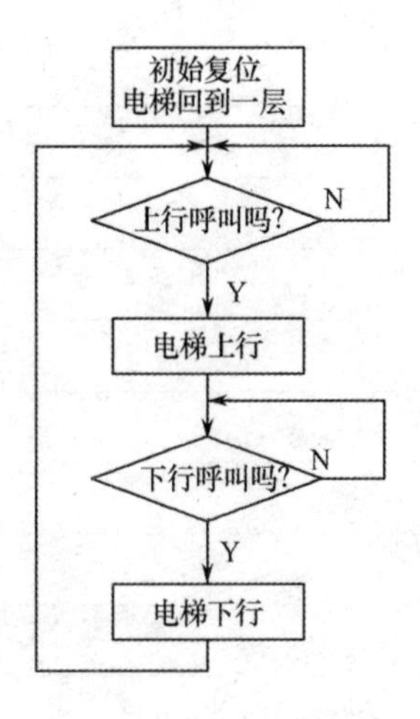

图 9-19　程序流程图

六、功能指令使用及程序流程图

1. I/O 端口分配及功能表

I/O 端口分配及功能表，如表 9-11 所示。

表 9-11　I/O 端口分配及功能表

序号	PLC 地址(PLC 端子)	电气符号(面板端子)	功能说明
1	I0.0	S3	三层内选按钮
2	I0.1	S2	二层内选按钮
3	I0.2	S1	一层内选按钮
4	I0.3	D3	三层下呼按钮
5	I0.4	D2	二层下呼按钮
6	I0.5	U2	二层上呼按钮
7	I0.6	U1	一层上呼按钮
8	I0.7	SQ3	三层行程开关
9	I1.0	SQ2	二层行程开关
10	I1.1	SQ1	一层行程开关
11	Q0.0	L3	三层指示
12	Q0.1	L2	二层指示
13	Q0.2	L1	一层指示
14	Q0.3	DOWN	轿厢下降指示
15	Q0.4	UP	轿厢上升指示

续表

序号	PLC 地址(PLC 端子)	电气符号 (面板端子)	功能说明
16	Q0.5	SL3	三层内选指示
17	Q0.6	SL2	二层内选指示
18	Q0.7	SL1	一层内选指示
19	Q1.0	八音盒 6	到站声
20	Q2.0	A	数码控制端子 A
21	Q2.1	B	数码控制端子 B
22	Q2.2	C	数码控制端子 C
23	Q2.3	D	数码控制端子 D
24	主机 1M、面板 V+接电源+24V		电源正端
25	主机 1L、2L、3L、面板 COM 接电源 GND		电源地端

2. PLC 外部接线图

PLC 外部接线图,如图 9-20 所示。

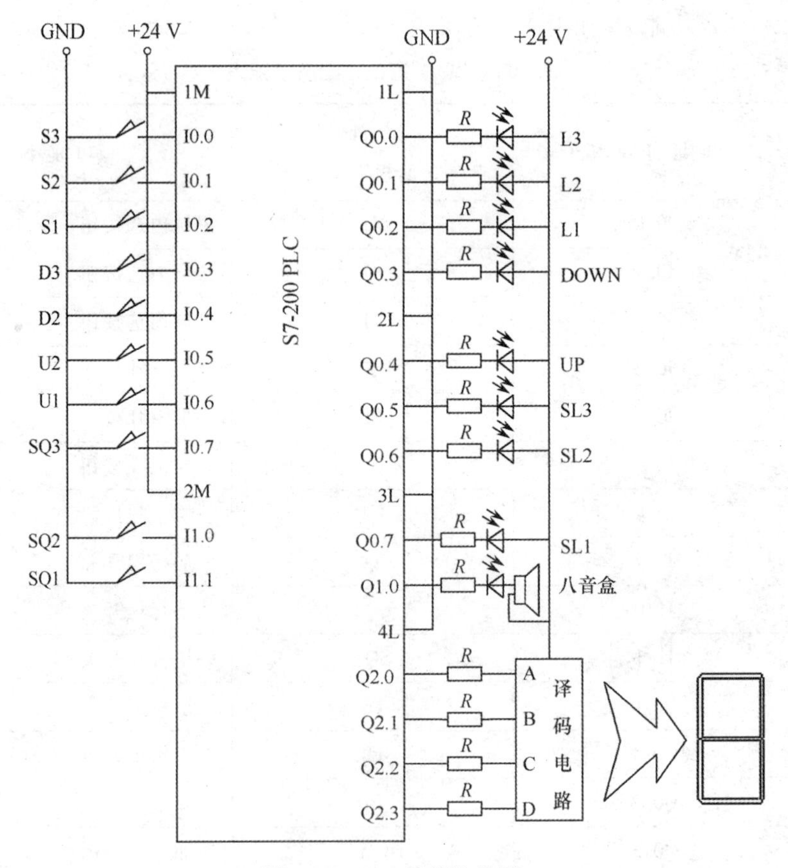

图 9-20　PLC 外部接线图

七、操作步骤

(1) 检查实训设备中器材及调试程序。

(2) 按照 I/O 端口分配表或接线图完成 PLC 与实训模块之间的接线,认真检查,确保正确无误。

(3) 打开示例程序或用户自己编写的控制程序,进行编译,有错误时根据提示信息修改,直至无误,用 PC/PPI 通信编程电缆连接计算机串口与 PLC 通信口,打开 PLC 主机电源开关,下载程序至 PLC 中,下载完毕后将 PLC 的 RUN/STOP 开关拨至 RUN 状态。

(4) 将行程开关 SQ1 拨到 ON,SQ2、SQ3 拨到 OFF,表示电梯停在底层。

(5) 选择电梯楼层选择按钮或上下按钮。如:按下 D3 电梯方向指示灯 UP 亮,底层指示灯 L1 亮,表明电梯离开底层。将行程开关 SQ1 拨到 OFF,二层指示灯 L2 亮,将行程开关 SQ2 拨到 ON 表明电梯到达二层。将行程开关 SQ2 拨到 OFF 表明电梯离开二层。三层指示灯 L3 亮,将行程开关 SQ3 拨到 ON 表明电梯到达三层。

(6) 重复步骤(5),按下不同的选择按钮,观察电梯的运行过程。

八、实训总结

(1) 总结 *RS* 触发器指令的使用方法。

(2) 总结记录 PLC 与外围设备的接线过程及注意事项。

九、编写程序

(略)

模块十　编写数控系统PMC程序

任务一　了解 FANUC 0i 系列数控系统 PMC 地址

一、地址定义

地址用来区分信号,不同的地址分别对应机床侧的输入/输出信号、CNC 侧的输入/输出信号、内部继电器、计数器、定时器、保持型继电器和数据表。PMC 程序中主要使用四种类型的地址,如图 10-1 所示。X 和 Y 信号表示机床侧的 PMC 输入/输出信号(与 I/O 模块连接),F 和 G 表示 PMC 与 CNC 之间的输入/输出信号(仅在存储器 RAM 中传送)。

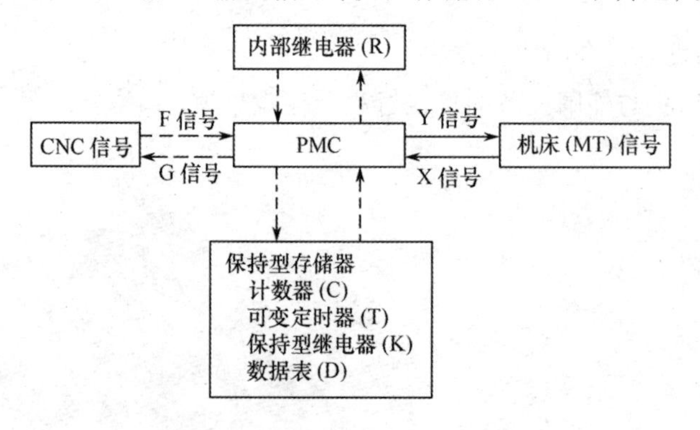

图 10-1　FANUC 数控系统接口与地址关系

每个地址由字节号和位号(0 ~ 7)组成。在字节号的开头必须指定一个字母来表示信号的类型。如 X18.5,其中 X18 为字节号,5 为位号(位号为 0 ~ 7)。

二、绝对地址与符号地址

绝对地址(memory address):I/O 信号的存储器区域,地址唯一。如:X1.5 代表 PMC 第 1 输入字节第 5 位的开关量输入(位)信号。

符号地址(symbol address):用英文字母(符号)代替的地址,只是一种符号,可为 PMC 程序编辑、阅读与检查提供方便,但不能取代绝对地址。如:当输入 X1.5 为"主轴报警"信号时,在程序中习惯用符号"SPDALM"来代替 X1.5。"符号地址"需要编制专门的注释文件(符号表);注释文件的最大存储器容量为 64 KB;每一"符号地址"最大不能超过 6 个字符;"符号地址"与"绝对地址"可以在 PMC 程序中混合使用,如图 10-2 所示。

三、G、F 信号名称定义说明

G、F 信号名称定义说明,如表 10-1 所示。

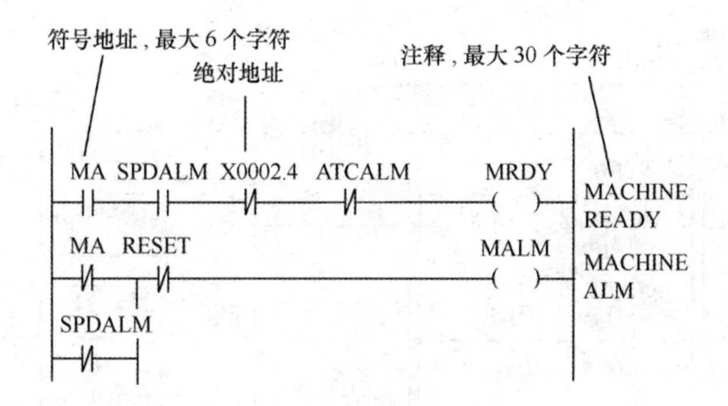

图 10-2　FANUC 数控系统 PMC 程序

表 10-1　G、F 信号名称定义说明

名称	意　义	备注
n	CNC 系统路径号	1,2
#P	各路径独立的信号	
#SV	伺服轴	1 ~ 5
#SP	主轴	1,2
#PX	PMC 控制轴	

四、PMC、CNC、MT 之间的关系

由图 10-3 所示各个地址的相互关系可以看出，以 PMC 为控制核心，输入到 PMC 的信号有 X 信号和 F 信号；从 PMC 输出的信号有 Y 信号和 G 信号。PMC 本身还有内部继电器 R、计数器 C、定时器 T、保持型继电器 K、数据表 D 以及信息 A 等。要设计与调试 FANUC 数控系统 PMC 程序必须了解系统中 PMC 所起的重要作用以及 PMC 与 CNC、PMC 与机床(MT)、CNC 与机床(MT)之间的关系。

(1) CNC 是数控系统的核心，机床上 I/O 要与 CNC 交换信息，要通过 PMC 处理才能完成，PMC 在机床与 CNC 之间发挥桥梁作用。

(2) 机床本体信号进入 PMC，输入信号为 X 信号，输出到机床本体的信号为 Y 信号，因为内置 PMC 和外置 PMC 不同，所以地址的编排和范围有所不同。机床本体输入/输出的地址分配和含义原则上由机床厂定义分配。

(3) 根据机床动作要求编制 PMC 程序，由 PMC 处理后送给 CNC 装置的信号为 G 信号，CNC 处理结果产生的标志位为 F 信号，直接用于 PMC 逻辑编程，各具体信号含义可以参考 FANUC 有关技术资料。G 信号和 F 信号的含义由 FANUC 公司指定。

(4) PMC 本身还有内部地址(内部继电器、可变定时器、计数器、数据表、信息显示、保持型继电器等)，在需要时也可以把 PMC 作为普通 PLC 使用。

(5) 机床本体上的一些开关量通过接口电路进入系统，大部分信号进入 PMC 控制器参与逻辑处理，处理结果送给 CNC 装置(G 信号)。其中有一部分高速处理信号如 * DEC(减速)、* ESP(急停)、SKIP(跳跃)等直接进入 CNC 装置，由 CNC 装置直接处理相关功能，如表 10-2 所示。CNC 输出控制信号为 F 信号，该信号根据需要参与 PMC 编程。带“ * ”的信号是负逻辑信号，例如，急停信号(* ESP)通常为 1(没有急停动作)，当处于急停状态时 * ESP 信号为 0。

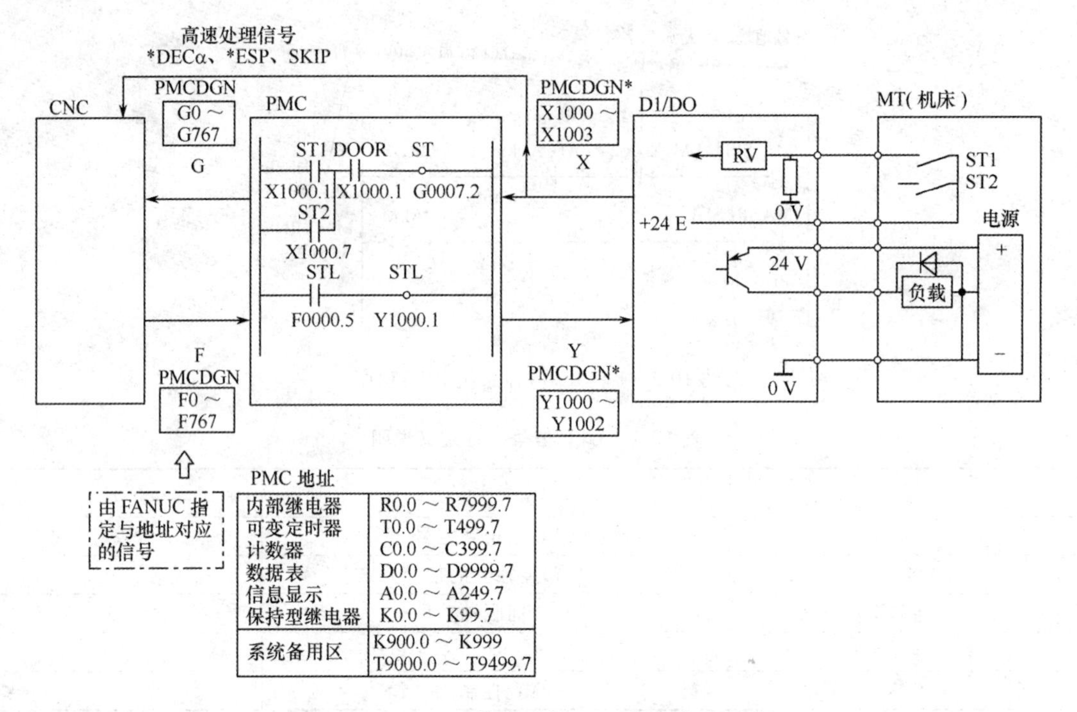

图 10-3　FANUC 数控系统 PMC 程序地址说明

表 10-2　CNC 装置直接处理信号表

地址	#7	#6	#5	#4	#3	#2	#1	#0
X0								
X1								
X2								
X3								
X4	SKIP#1	ESKIP#1	－MIT2#1	＋MIT2#1	＋MIT1#1	－MIT1#1	ZAE#1	XAE#1
		SKIP6#1	SKIP5#1	SKIP4#1	SKIP3#1	SKIP2#1	SKIP8#1	SKIP7#1
	SKIO#1	ESKIP#1				ZAE#1	YAE#1	XAE#1
		SKIP6#1	SKIP5#1	SKIP4#1	SKIP3#1	SPIP#1	SKIP8#1	SKIP7#1
X5								
X6								
X7				DEC#2	DEC4#2	DEC3#2	DEC1#2	DEC1#2
X8				＊ESP1				
X9				DEC5#1	DEC4#1	DEC3#1	DEC2#1	DEC1#1
X10								
X11								
X12								
X13	SKIP#2	ESKIP#2	－MIT2#2	＋MIT2#2	－MIT2#2	＋MIT1#2	ZAE#2	XAE#2
		SKIP6#2	SKIP5#2	SKIP4#2	SPIP3#2	SKIP2#2	SKIP8#2	SKIP7#2

五、R、T、C、K、D 和 A 信号

本书以 FANUC 0i-D 数控系统的 PMC 为例介绍。表 10-3 为 FANUC 0i-D 数控系统 PMC 信号。

表 10-3　FANUC 0i-D 数控系统 PMC 信号

类型	信号的种类		0i-D PMC	0i-D/0i Mate - D PMC/L
X	从机床一侧输入到 PMC 的输入信号(MT→PMC)		X0 ~ X127	X0 ~ X127
			X200 ~ X327	
Y	从 PMC 输出到机床一侧的输出信号(PMC→MT)		Y0 ~ Y127	Y0 ~ Y127
			Y0 ~ Y327	
F	从 CNC 输入到 PMC 的输入信号(CNC→PMC)		F0 ~ F767	F0 ~ F767
			F1000 ~ F1767	
G	从 PMC 输出到 CNC 的输出信号(CNC→PMC)		G1000 ~ G1767	G0 ~ G767
			G1000 ~ G1767	
R	内部继电器		R0 ~ R7999	R0 ~ R1499
C	计数器		C0 ~ C399	C0 ~ C79
			C5000 ~ C5199	C5000 ~ C5039
T	可变定时器		T0 ~ T499	T0 ~ T79
			T9000 ~ T9499	T9000 ~ TT079
K	保持型继电器		K0 ~ K99	K0 ~ K19
			K900 ~ K999	K900 ~ K999
D	数据表		D0 ~ D9999	D0 ~ D2999
E	扩展继电器		E0 ~ E9999	E0 ~ E9999
A	信息显示	显示请求	A0 ~ A249	A0 ~ A249
		状态显示	A9000 ~ A9294	A9000 ~ A9294
L	标签		L1 ~ L9999	L1 ~ L9999
P	子程序		P1 ~ P5000	P1 ~ P5129

1. 内部继电器(R)

内部继电器在上电时被清零,用于 PMC 临时存取数据。例如,R0 表示 R0.0 ~ R0.7,八位二进制。FANUC 0i-D 数控系统 PMC 的 R 信号范围如表 10-4 所示。R9000 ~ R9499 为系统管理继电器,有特殊含义。

表 10-4　FANUC 0i-D 数控系统 PMC 的 R 信号范围

类型	地址号	#7	#6	#5	#4	#3	#2	#1	#0
用户地址	R0								
	…								
	R7999								
系统管理	R9000								
	…								
	R9499								

2. 信息继电器(A)

信息继电器用于信息显示请求位,当该位为 1 时,显示对应的信息内容。加电时,信息继电器为 0。信息继电器字节数为 250(A0 ~ A249),信息显示为 2 000 字节(250 字节 × 8 = 2 000字节)。

3. 定时器(T)

定时器用于 TMR 功能指令设置时间,是非易失性存储区,FANUC 0i-D 数控系统 PMC 的定时器信号范围,如表 10-5 所示。信号范围为 T0 ~ T499 的定时器为 250 个,每两个字节存放 1 个定时器的值。T9000 ~ T9499 为可变定时器精度的定时器,数量是 250 个。

表 10-5 FANUC 0i-D 数控系统 PMC 的定时器信号范围

类型	地址号	#7	#6	#5	#4	#3	#2	#1	#0	定时编号
可变定时器	T0	定时设置值								NO. 1
	T1									
	…									
	T498	定时设置值								NO. 250
	T499									
可变精度定时器	T9000									
	…									
	T9499									

4. 计数器地址(C)

计数器用于 CTR 指令和 CRTB 指令计数,是非易失性存储区,FANUC 0i-D 数控系统 PMC 的计数器信号范围,如表 10-6 所示。信号范围为 C0 ~ C399,计数器为 100 个,每四个字节存放一个计数器的相关数值,两个字节为预置值,两个字节为当前值。C5000 ~ C5199 为固定计数器区域,每两个字节存放一个计数器的数值。计数器数量是 100 个。

表 10-6 FANUC 0i-D 数控系统 PMC 的计数器信号范围

类型	地址号	#7	#6	#5	#4	#3	#2	#1	#0	计数器号
可变计数器	C0	计数器预置值								NO. 1
	C1									
	C2	计数当前值								
	C3									
	…									
	C396									NO. 100
	C397									
	C398									
	C399									
固定计数器	C5000									
	…									
	C5199									

5. 保持型继电器(K)

保持型继电器用于保持型继电器和 PMC 参数设置。保持型继电器是非易失性存储区,

FANUC 0i-D 数控系统 PMC 的保持型继电器信号范围，如表 10-7 所示。用户使用的信号范围为 K0～K99，共 100 字节。K900～K999 为 PMC 参数设置，具有特殊含义。

表 10-7　FANUC 0i-D 数控系统 PMC 的保持型继电器信号范围

类型	地址号	#7	#6	#5	#4	#3	#2	#1	#0	备用
用户地址	K0									
	…									
	K99									
PMC 参数	K900									
	…									
	K999									

6. 数据表地址(D)

数据表包括数据控制表和数据设定表，数据控制表用于控制数据表的数据格式(二进制还是 BCD)和数据表大小。

数据控制表数据必须在数据表设定数据前设定。数据表也是非易失性存储区，FANUC 0i-D 数控系统 PMC 数据表有 10 000 字节(D0～D9999)，其数据表范围如表 10-8 所示。

表 10-8　FANUC 0i-D 数控系统 PMC 数据表范围

类型	地址号	#7	#6	#5	#4	#3	#2	#1	#0	备用
数据表控制地址										
数据表参数	D0									
	…									
	D9999									

六、输入/输出信号(X 信号和 Y 信号)

FANUC 系统的 PMC 与机床本体的输入信号地址符为 X，输出信号地址符为 Y，I/O 模块由于系统和配置的 PMC 软件版本不同，地址范围也不同，前面已有介绍。以 FANUC 0i-D 系统来讲，都是外置 I/O 模块，对典型数控机床来讲，输入/输出信号主要有以下三方面内容。

1. 数控机床操作面板开关输入和状态指示

数控机床操作面板不管是选用 FANUC 标准面板还是用户自行设计的操作面板，典型数控机床操作面板的主要功能相差不多。一般包括：

(1) 操作方式开关和状态灯(自动、手动、手轮、回参考点、编辑、DNC、MDI 等)；

(2) 程序控制开关和状态灯(单段、空运行、轴禁止、选择性跳跃等)；

(3) 手动主轴正转、反转、停止按钮和状态灯以及主轴倍率开关；

(4) 手动进给轴方向选择按钮及快进键；

(5) 冷却控制开关和状态灯;

(6) 手轮轴选择开关和手轮倍率开关(×1、×10、×100、×1 000);

(7) 手动按钮和自动倍率开关;

(8) 急停按钮;

(9) 其他开关。

2. 数控机床本体输入信号

数控机床本体输入信号一般有进给轴减速开关、超程开关、机床功能部件上的开关。

3. 数控机床本体输出信号

数控机床本体输出信号一般有冷却泵、润滑泵、主轴正转/反转(模拟主轴)、机床功能部件的执行动作等。

七、G 信号和 F 信号

G 信号和 F 信号的地址是由 FANUC 公司规定的,需要 CNC 实现某一个逻辑功能必须编制 PMC 程序,结果输出 G 信号,由 CNC 实现对进给电动机和主轴电动机等的控制;CNC 当前运行状态需要参与 PMC 程序控制,必须读取 F 信号地址。

在 FANUC 数控系统中,CNC 与 PMC 的接口信号随着系统型号和功能不同而不同,各个系统的 G 信号和 F 信号有一定的共性和规律。在技术资料中,G、F 信号的一般表示方法是:G×××表示 G 信号地址为×××,G×××.1 表示 G 信号地址×××中 0~7 的第 1 位信号,有时也用 G×××#×表示位信号地址,各信号也经常用符号表示,例如 * ESP 就表示地址信号为 G8.4 的位符号。加“ * ”表示 0 有效,平时要使该信号处于 1。F 信号的地址表示基本同 G 信号。

在设计与调试 PMC 中,一般需要学会查阅 G 信号和 F 信号。

任务二　PMC 数据备份与恢复

一、了解数据知识

1. PMC 的数据种类和作用

在 PMC 菜单中,PMC 数据有两种,一种是程序;另一种是参数。PMC 程序存放在 FLASH ROM 中,而 PMC 参数存放在 SRAM 中,PMC 参数主要包括定时器、计数器、保持型继电器、数据表等非易失性数据,数据由系统电池保存。

2. PMC 数据备份与恢复的外围设备和接口

PMC 数据备份与恢复通信接口主要有:

(1) RS-232-C 接口。FANUC 0i-D 系统中插座接口为 JD36A 和 JD36B。系统与计算机通信线 RS-232-C 的电缆连接方法(25 芯-9 芯),如图 10-4 所示。

(2) 存储卡接口。在 FANUC 0i-D 系统中,它在显示屏的左边,如图 10-5 所示。

(3) 以太网接口。FANUC 0i-D 系列提供了三种以太网接口:PCMCIA 卡接口、嵌入式以太网接口(标配)和数据服务器接口(选配)。

FANUC 0i-D 标准配置中内置以太网接口,而 FANUC 0i-D 只可以选用 PCMCIA 卡,所以

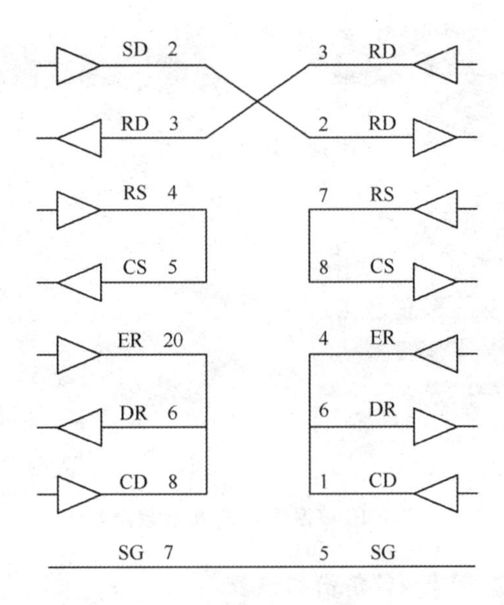

图 10-4　RS-232-C 电缆连接方法

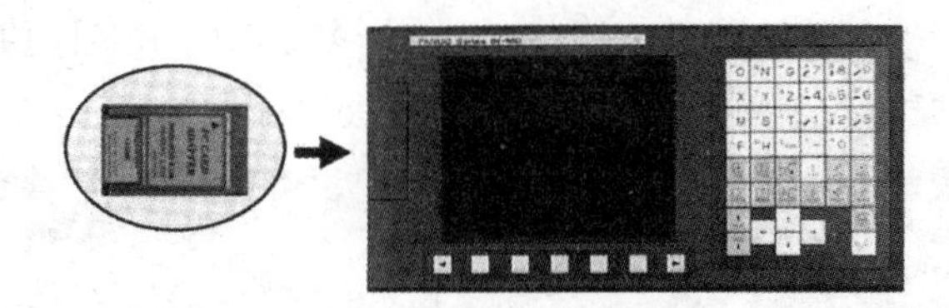

图 10-5　存储卡接口外观

只能使用 PCMCIA 卡接口，使用时把 PCMCIA 卡插入 PCMCIA 卡接口，以太网接口可以作为普通以太网临时使用，可以传输系统参数、梯形图、PMC 参数等，也可以在线进行基于 FANUCLADDER-Ⅱ及 SERVO GUIDE 的调整等。

3．PMC 数据备份与恢复有关软件

PMC 数据备份与恢复的具体数据不同，使用的外设工具和软件也不同。利用存储卡可以备份和恢复梯形图 PMC 程序和 PMC 参数。利用 FANUC 公司的 FANUC LADDER-Ⅲ软件可以备份和恢复系统中的 PMC 程序和参数。利用该软件可以选择 RS-232 接口或以太网接口进行通信，也可以在线监控 PMC 程序。

4．PMC 数据备份与恢复参数设置

PMC 数据备份与恢复参数设置必须根据通信的外部接口的不同而设置不同参数，PMC 数据通过存储卡和 RS-232C 等接口进行输入/输出主要参数设置的页面，如图 10-6(a)所示。在此页面所示的参数设置中，也可以把当前的 PMC 程序备份到系统的 FLASH ROM 中，也可以从系统的 FLASH ROM 中恢复到当前 RAM 中。

若通过内置以太网或 PCMCIA 卡以太网接口进行数据输入/输出，系统的参数设置页面如图 10-6(b)所示。

利用 FANUC 公司 FANUC LADDER-Ⅲ软件 Version5.7 版可以选择 RS-232-C 接口或以太网接口进行在线监控 PMC 程序。

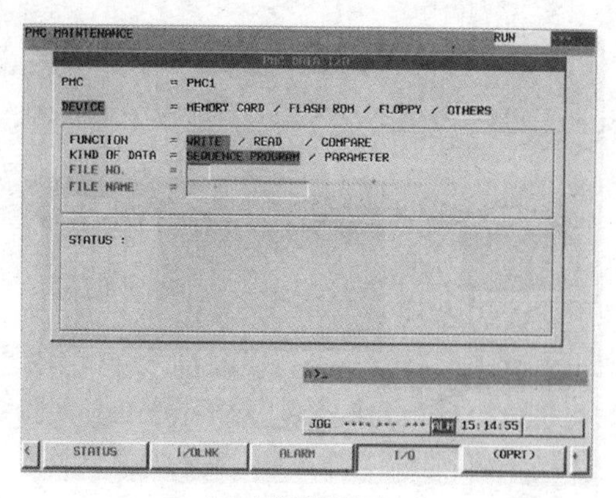

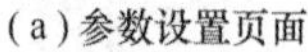
(a)参数设置页面

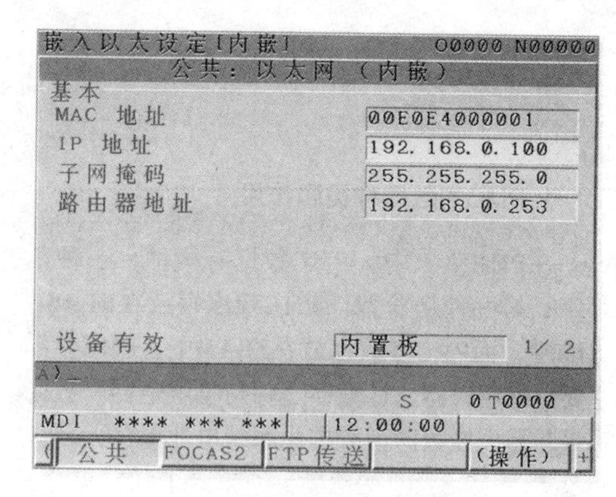

(b)以太网通信参数设置页面

图 10-6　PMC 数据输入/输出参数设置页面

二、利用存储卡接口进行 PMC 备份和恢复

1. PMC 程序备份

(1) 多次按 MDI 面板上的功能键依次按软键【 + 】、【PMCMNT】、【I/O】、【操作】，出现如图 10-7 所示的 PMC 数据输入/输出页面。

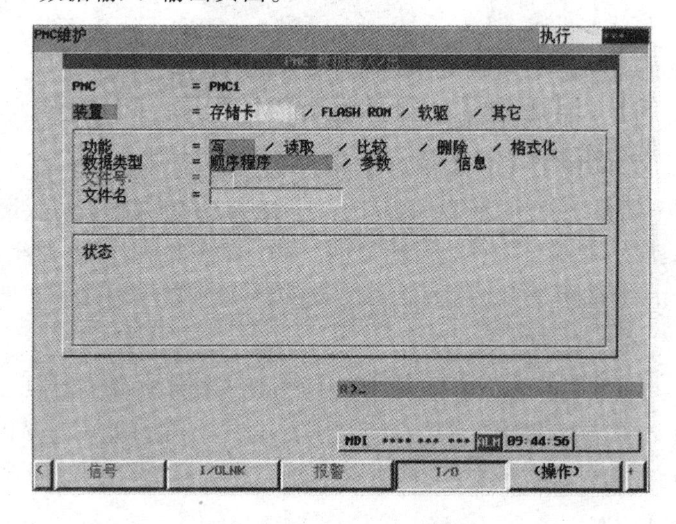

图 10-7　PMC 数据输入/输出页面

(2) 在 MDI 面板上按方向键，上下左右移动光标，选择：

装置 = 存储卡(CF 卡)；

功能 = 写；

数据类型 = 顺序程序；

文件 = PMC1_LAD.000(当光标在此位置时，按软键【文件名】，CNC 系统自动添加文件名或自行输入文件名)。结果如图 10-8 所示。

(3) 按软键【执行】，CNC 系统中的 PMC 程序就传送到 CF 卡中。

同样步骤设置数据类型 = 参数，进行 PMC 参数备份。

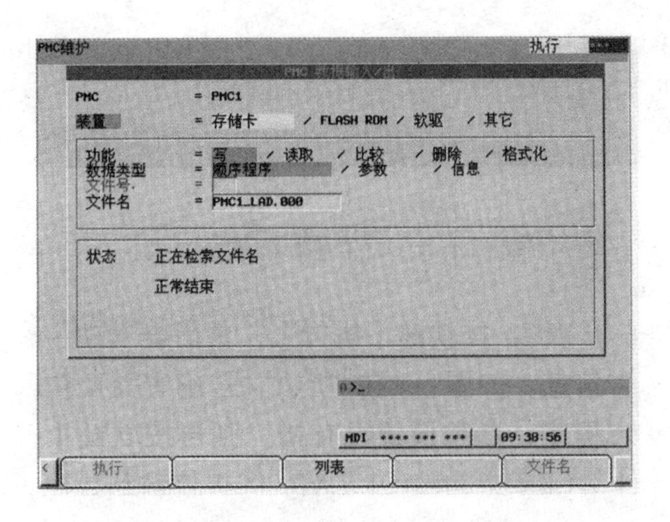

图 10-8　PMC 数据输入/输出页面(输入)

2. **PMC 数据恢复操作**

(1) 多次按 MDI 面板上的功能键依次按软键【 + 】、【PMCMNT】、【I/0】、【操作】,出现如图 10-9 所示的 PMC 数据输入/输出页面。

(2) 在 MDI 面板上按方向键,上下左右移动光标,选择:

装置 = 存储卡(CF 卡);

功能 = 读;

数据类型 = 空白(无法选);

文件号 = 1(CF 卡中文件序号)(当光标在此位置时,按软键【列表】,CNC 系统浏览 CF 卡中的文件目录(图 10-9),移动光标选择文件并按软键【选择】);

文件名 = PMC1_LAD.000(与文件序号一致的文件名或直接输入 CF 卡中的文件名)。

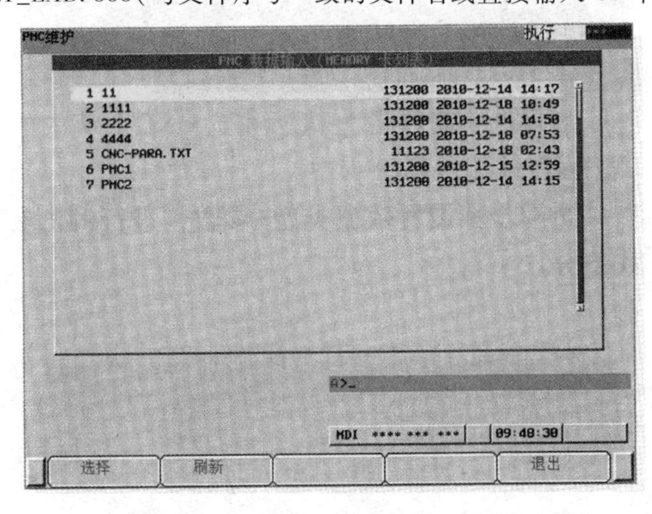

图 10-9　CF 卡中的文件目录

(3) 按软键【执行】,页面会出现一个警告信息,如图 10-10 所示。若确实需要传输 PMC 程序,参数设置没有错,则再按软键【执行】,CF 卡中的 PMC1_LAD.000 被传输到数控系统的

DRAM(动态 RAM)中。传输开始后,PMC 程序自动处于停止状态(动态 RAM 中的 PMC 程序断电后会丢失,因此必须把 PMC 程序保存到 FIASH ROM 中)。

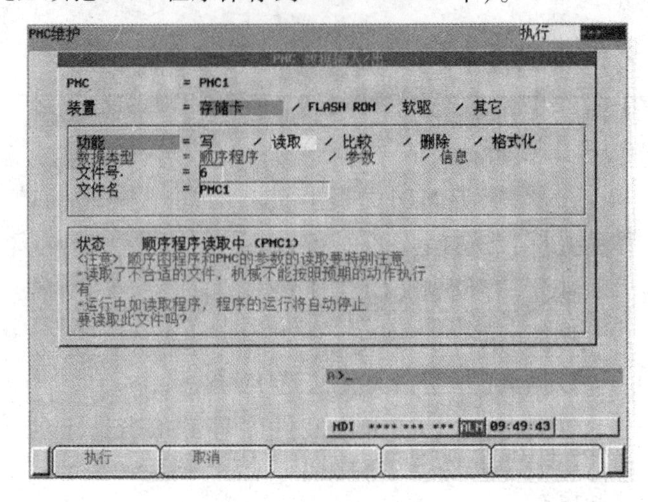

图 10-10　PMC 参数恢复警告页面

(4) 在 MDI 面板上按方向键,上下左右移动光标,选择:

装置 = FLASH ROM;

功能 = 写;

数据类型 = 顺序程序;

文件号 = 空白(无法选);

文件名 = 空白(无法选)。

按软键【执行】,结果如图 10-11 所示,进行 PMC 程序写入 FLASH ROM 操作。

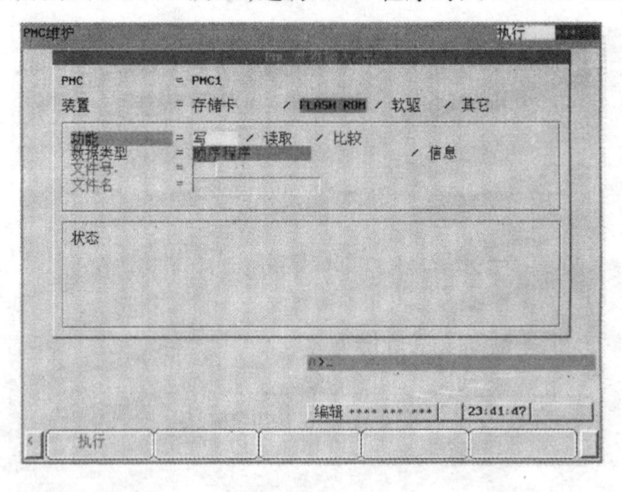

图 10-11　PMC 程序写入 FIASH ROM 页面

(5) 多按几次功能键,依次按软键【 + 】、【PMCCNF】、【PMCST】、【操作】、【启动】,开始运行 PMC 程序。PMC 程序恢复完成。

任务三　机床安全保护功能编程

一、急停控制

1. 情境描述

（1）当机床发生紧急情况时，为了保证机床的安全，压下如图 10-12 所示的机床急停控制按钮，瞬时使机床停止移动。

（2）当机床出现急停状态时，通常在系统页面上显示“EMG”、“ALM”报警，如图 10-13 所示。

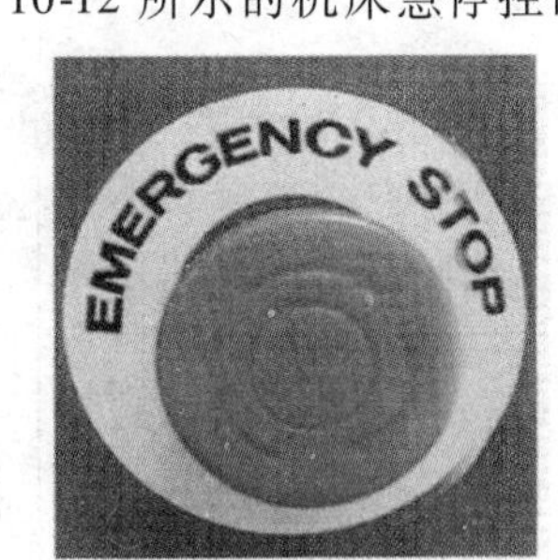

图 10-12　机床急停控制按钮

2. 分析步骤

急停信号有 X 硬件信号和 G 软件信号两种，急停硬件信号地址为 X008.4。如图 10-14 所示，CNC 直接读取由机床发出的信号（X008.4）和由 PMC 向 CNC 发出的输出信号，两个信号之一为 0 时，系统立即进入急停状态，另一支回路与伺服放大器连接，进入急停时，伺服放大器（MCC）断开，同时伺服电动机动态制动。移动中的轴瞬时（CNC 不再进行加、减速处理）停止，CNC 进入复位状态。

图 10-13　急停状态显示页面

通常在急停状态下，机床准备好信号 G0070.7 断开；第一串行主轴不能正常工作，G0071.1 信号也断开。急停功能主要信号如表 10-9 所示。

表 10-9　急停功能主要信号

地　址	#7	#6	#5	#4	#3	#2	#1	#0
X8				* ESP				
G8				* ESP				
G70	MRDYA							
G71							ESPA	

急停功能程序实时性要求高，通常放在 PMC 第 1 级程序处理，如图 10-15 所示。

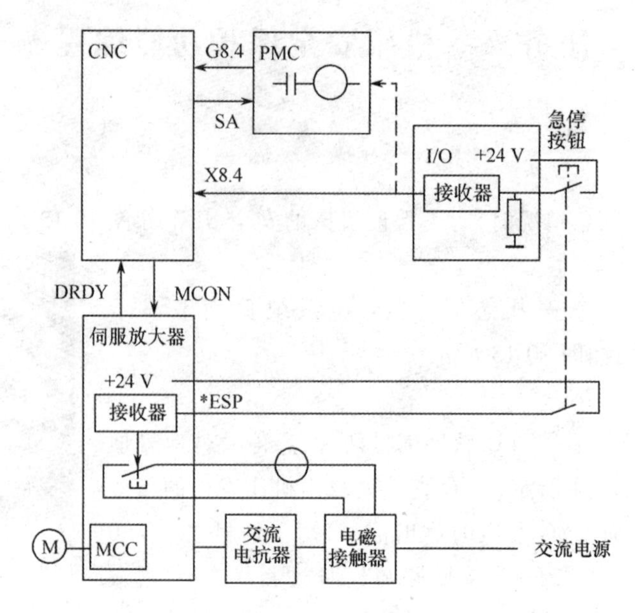

图 10-14　急停信号控制图

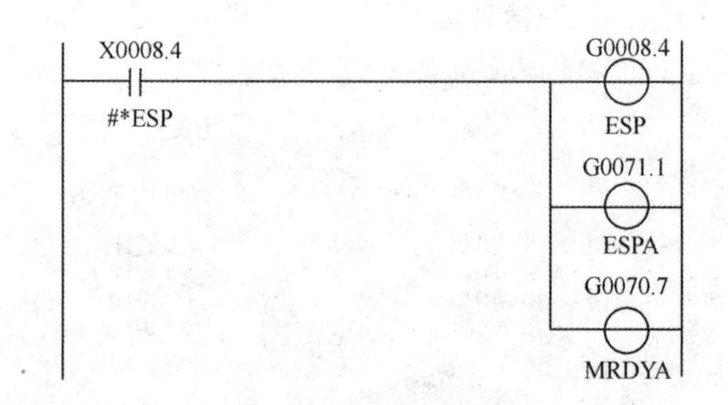

图 10-15　急停控制 PMC 程序

二、复位功能编程

1. 情境描述

复位功能在自动运行、手动运行(JOG 进给、手控手轮进给、增量进给等)时,使移动中的控制轴减速停止;M、S、T、B 等辅助功能动作信号在 100 ms 以内变为 0。执行复位时,向 PMC 输出复位中信号 RST。

2. 分析步骤

(1) 功能信号。CNC 在下列情况下执行复位处理,成为复位状态。CNC 复位功能主要信号,如表 10-10 所示。

① 紧急停止信号。＊ESP 成为 0 时,CNC 即被复位。

② 外部复位信号 G8.7 成为 1 时,CNC 即被复位,成为复位状态。CNC 处在复位处理中时,复位中信号 F1.1 成为 1。

③ 复位 & 倒带信号 G8.6 成为 1 时,复位 CNC 的同时,进行所选的自动运行程序的倒带

操作。

④ 按下 MDI 的【RESET】键时，CNC 即被复位。

(2) 程序实现。CNC 复位功能通常是 CNC 内部处理，不需设计程序。

表 10-10　CNC 复位功能主要信号

地址	#7	#6	#5	#4	#3	#2	#1	#0
G8	ERS	RPW						
F1							RST	
F6							MDIRST	

三、行程限位功能编程

1. 情境描述

(1) 限位控制是数控机床的一个基本安全功能。如图 10-16 所示，数控机床的限位分为硬限位、软限位和加工区域限制。硬限位是数控机床的外部安全措施，目的是在机床出现失控的情况下断开驱动器的使能控制信号。自动运转中，任一轴超程时，所有的轴都将减速停止。手动运行时，就不能向发生报警的方向移动，只能向与其相反的方向移动。

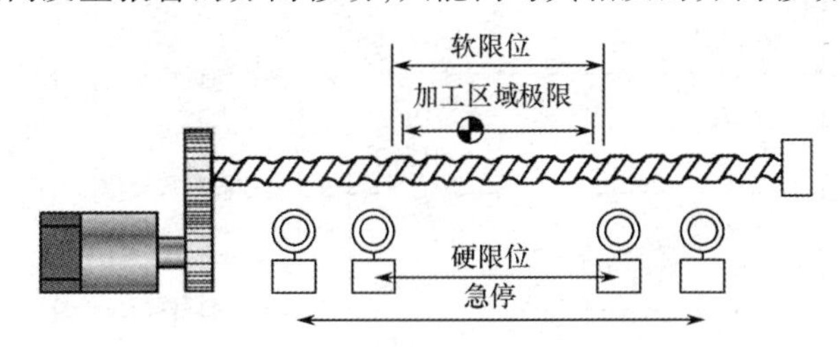

图 10-16　限位控制功能示意图

(2) 当该功能生效时，发生 OT506、OT507 超程报警，如图 10-17 所示。在自动运行中，当任意一轴发生超程报警时，所有进给轴都将减速停止。手动运行中，报警轴不能向报警方向移动，但是可以向与其相反的方向移动。

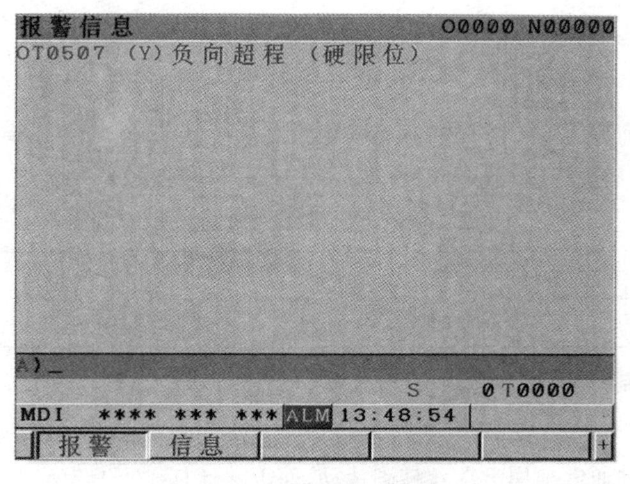

图 10-17　硬件超程显示页面

2. 分析步骤

(1) 功能信号。超程信号限位开关常用动断触点。表 10-11 所示为硬件超程主要信号,G0114.0 ~ G0114.3、G0116.0 ~ G0116.3 为进给轴已经到达行程终端信号。

表 10-11 硬件超程主要信号

地址	#7	#6	#5	#4	#3	#2	#1	#0
X8	* -ZL	* -YL	* -XL			* +ZL	* +YL	* +XL
X26					OVRL			
G114					* +L4	* +L3	* +L2	* +L1
G116					* -L4	* -L3	* -L2	* -L1

(2) PMC 程序。行程开关 X0008.0、X0008.1、X0008.2 输入信号分别控制 G0114.0、G0114.1、G0114.2 正向行程限位信号,行程开关 X0008.5、X0008.6、X0008.7 输入信号分别控制 G0116.0、G0116.1、G0116.2 负向行程限位信号。PMC 程序如图 10-18 所示。

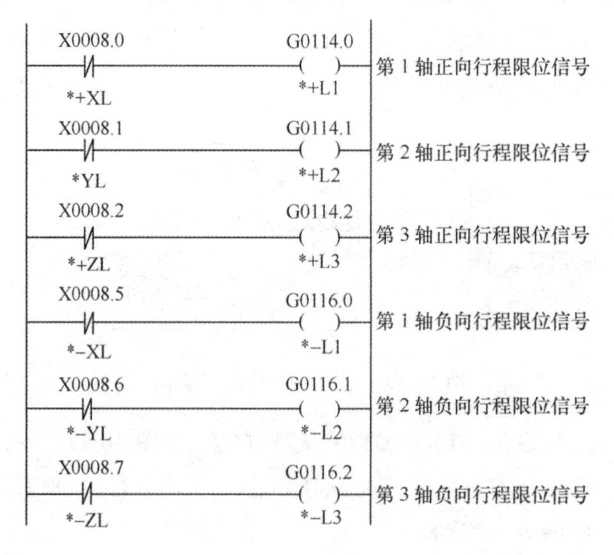

图 10-18 硬件超程 PMC 程序

(3) 参数设置

不使用硬件超程信号时,所有轴的超程信号都将变为无效。设定参数如表 10-12 所示,3004#5 设定为 1,则不进行超程信号的检查。

表 10-12 硬件超程生效参数表

参数	#7	#6	#5	#4	#3	#2	#1	#0
3004			OTH					

四、垂直轴的制动程序

1. 情境描述

数控机床进给轴通常采用滚珠丝杠副传动,而滚珠丝杠副不具有自锁性,对于非水平方向的进给轴,通常会因丝杠传动部件重力而滑动。通常情况下,机床断电后需要在电动机后面加装抱闸装置。加电后，当 CNC 的电源接通准备就绪时，抱闸装置打开，依靠伺服驱动系统电磁力而实现制动。当数控机床准备就绪后，会听到非水平轴抱闸装置发出“啪”的打开声。

2. 分析步骤

（1）功能信号。如表 10-13 所示，F0000.6 紧急停止解除后，伺服系统准备完成，伺服准备完成，伺服系统完成信号 SA 变为 1；电源接通后，CNC 控制软件正常运行准备完成，MA 信号变为 1。

表 10-13　硬件超程主要信号

地址	#7	#6	#5	#4	#3	#2	#1	#0
F0		SA						
F1	MA							
Y0							ZBRAKE	

（2）程序实现。数控机床通常用 F0000.6、F0001.7 来释放防止重力轴下落的制动器，输出信号 Y0000.1 控制 Z 轴抱闸，添加图 10-19 所示的 PMC 程序。

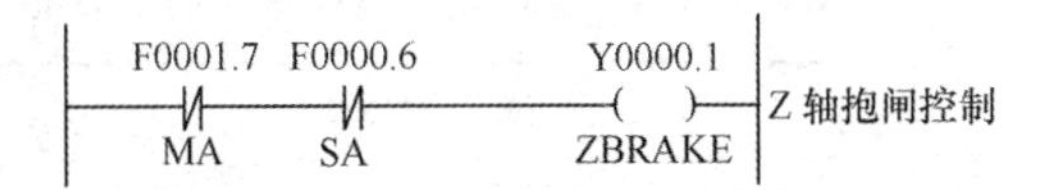

图 10-19　Z 轴抱闸控制 PMC 程序

任务四　机床工作方式功能编程

一、系统标准面板

1. 情境描述

图 10-20 所示为 FANUC 数控系统标准面板，它由两部分组成，通过 I/O Link 与 CNC 连接，其中框中为操作方式控制按钮。

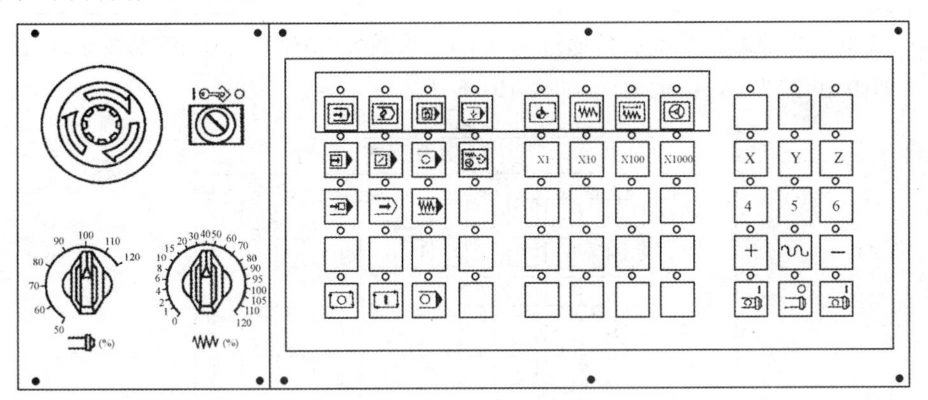

图 10-20　FANUC 数控系统标准面板

系统当前工作方式可在系统显示页面左下角显示，如图 10-21 所示。

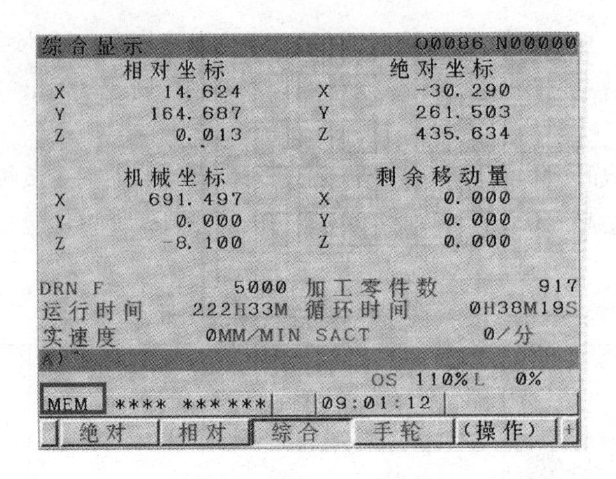

图 10-21 机床工作方式显示

2. 分析步骤

（1）PMC 与 CNC 之间相关操作方式的 I/O 信号，如表 10-14 所示。

表 10-14 PMC 与 CNC 之间相关操作方式的 I/O 信号

运行方式	PMC→CNC 信号					CNC→PMC 信号
	G0043.7	G0043.5	G0043.2	G0043.1	G0043.0	
程序编辑(EDIT)	0	0	0	1	1	F3.6(MEDT)
自动方式运行(MEN)	0	0	0	0	1	F3.5(MMEN)
DNC 方式运行	0	1	0	0	1	F3.4(MRMT)
手动数据输入运行(MDI)	0	0	0	0	0	F3.3(MMDI)
手轮进给/增量进给(HND/INC)	0	0	1	0	0	F3.1/F3.0 (MH/MINC)
手动连续进给(JOG)	0	0	1	0	1	F3.2(MJ)
手动回参考点(REF)	1	0	1	0	1	F4.5(MREF)

（2）FANUC 数控系统标准面板通过 I/O Link 总线与 CNC 系统连接，面板输入/输出信号地址定义如图 10-22 所示，按键地址，如表 10-15 所示。

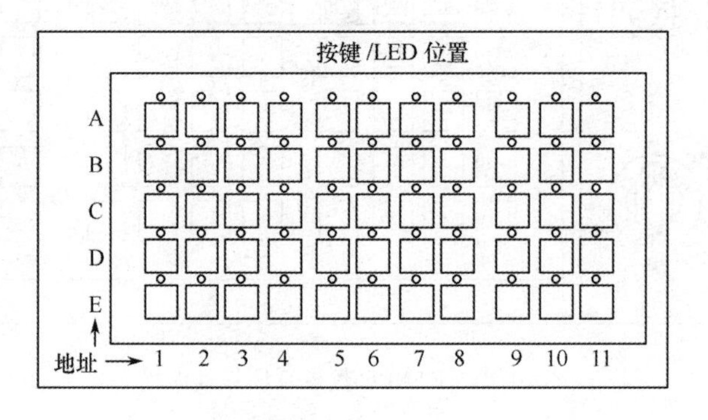

图 10-22 机床工作定义地址

表 10-15　按键地址

位 \ 键/LED	7	6	5	4	3	2	1	0
Xm+4/Yn+0	B4	B3	B2	B1	A4	A3	A2	A1
Xm+5/Yn+1	D4	D3	D2	D1	C4	C3	C2	C1
Xm+6/Yn+2	A8	A7	A6	A5	E4	E3	E2	E1
Xm+7/Yn+3	C8	C7	C6	C5	B8	B7	B6	B5
Xm+8/Yn+4	E8	E7	E6	E5	D8	D7	D6	D5
Xm+9/Yn+5		B11	B10	B9		A11	A10	A9
Xm+10/Yn+6		D11	D10	D9		C11	C10	C9
Xm+11/Yn+7						E11	E10	E9

（3）当 m 为 20 时，PMC 与机床之间相关操作方式的 I/O 信号，如表 10-16 所示。

表 10-16　PMC 与机床之间相关操作方式的 I/O 信号

输入信号	输入 X 地址及符号	输出信号	输出 Y 地址及符号
自动方式运行按钮	X0024.0(AUTO.K)	自动方式运行指示灯	Y0024.0(AUTO.L)
程序编辑按钮	X0024.1(EDIT.K)	程序编辑指示灯	Y0024.1(EDIT.L)
收到数据输入方式按钮	X0024.2(MDI.K)	手动数据输入方式指示灯	Y0024.2(MDI.L)
DNC 方式运行按钮	X0024.3(RMT.K)	DNC 方式运行指示灯	Y0024.3(RMT.L)
手动回参考点方式按钮	X0026.4(ZRN.K)	手动回参考点方式指示灯	Y0026.4(ZRN.L)
手动连续进给方式按钮	X0026.5(JOG.K)	手动连续进给方式指示灯	Y0026.5(JOG.L)
手轮进给方式按钮	X0026.7(HND.K)	手轮进给方式指示灯	Y0026.7(HND.L)

（4）PMC 程序设计。

① 将 AUTO(X0024.0)、EDIT(X0024.1)、MDI(X0024.2)、DNC(X0024.3)、ZRN(X0026.4)、JOG(X0026.5)、HND(X0026.7)中任一种方式选择键按下，接通内部中间继电器：R0200.7，PMC 程序如图 10-23 所示。

② 根据表 10-14，G0043.0(MDI)为 1 时，有自动方式运行、程序编辑、DNC 方式运行、手动回参考点、手动连续进给五种工作方式。PMC 程序设计要保证 AUTO(X0024.0)、EDIT(X0024.1)、DNC(X0024.3)、ZRN(X0026.4)、JOG(X0026.5)五种工作方式选择键按下时，G0043.0(MDI)将信号接通并保持信号，PMC 程序如图 10-24 所示。

③ 根据表 10-14，G43.1(MD2)为 1 时，只有程序编辑工作方式。PMC 程序设计保证当 EDIT(X0024.1)工作方式选择键按下时，将 G0043.1(MD2)信号接通并保持信号，PMC 程序如图 10-25 所示。

④ 根据表 10-14，G0043.2(MD4)为 1 时，有手动回参考点、手动连续进给、手轮进给三种工作方式。PMC 程序设计保证当 ZRN(X0026.4)、JOG(X0026.5)、HND(X0026.7)工作方式选择键按下时，将 G0043.2(MD4)信号接通并保持信号，PMC 程序，如图 10-26 所示。

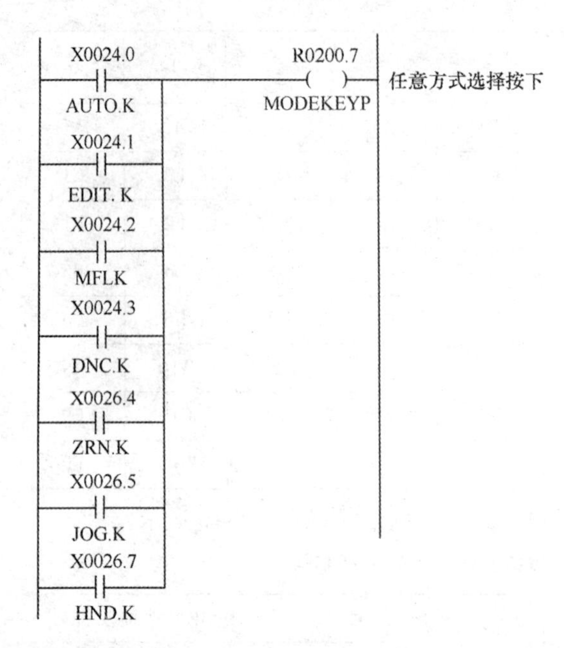

图 10-23　机床工作方式 PMC 程序 1

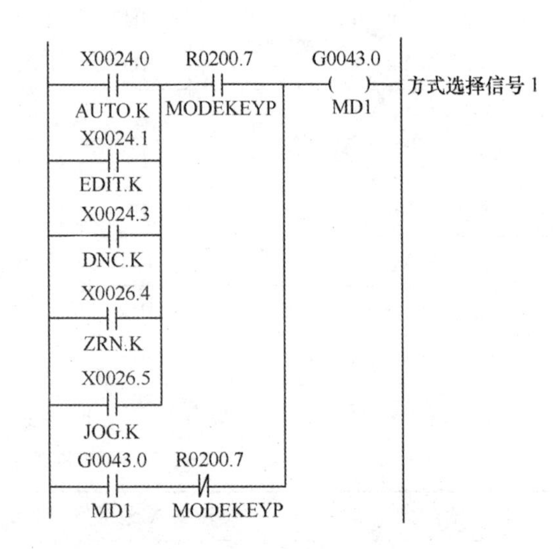

图 10-24　机床工作方式 PMC 程序 2

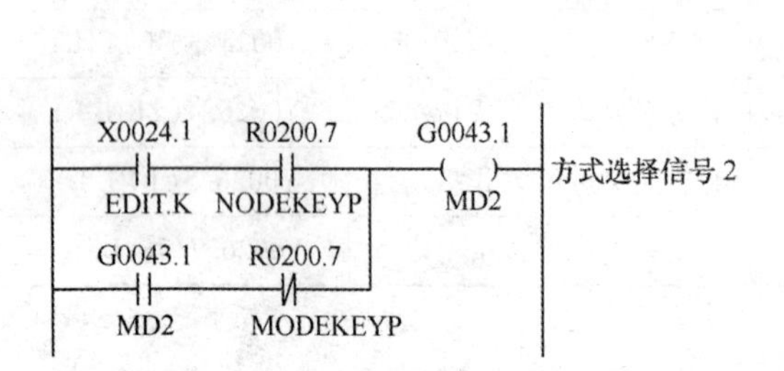

图 10-25　机床工作方式 PMC 程序 3

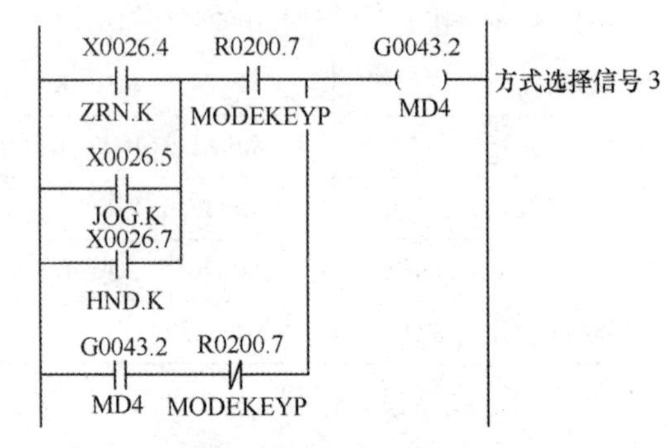

图 10-26　机床工作方式 PMC 程序 4

⑤ 根据表 10-14，G0043.5(DNC)为 1 时，只有 DNC 方式运行的工作方式。PMC 程序设计保证当 DNC(X0024.3)工作方式选择键按下时，将 G0043.5(DNC)信号接通并保持信号，PMC 程序，如图 10-27 所示。

⑥ 根据表 10-14，G0043.7(ZRN)为 1 时，只有手动回参考点工作方式。PMC 程序设计保证当 ZRN(X0026.4)工作方式选择键按下时，将 G0043.7(ZRN)信号接通并保持信号，PMC 程序，如图 10-28 所示。

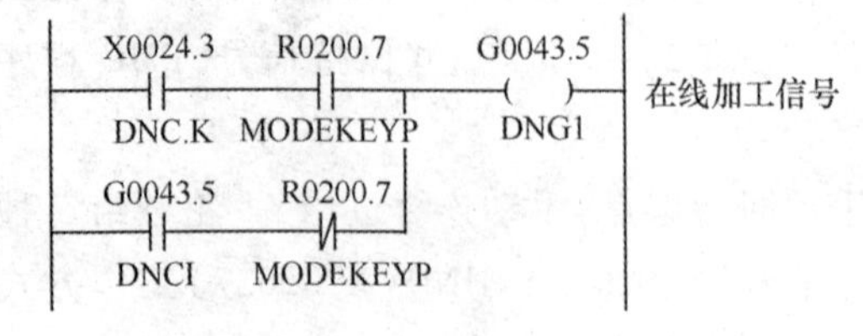

图 10-27　机床工作方式 PMC 程序 5

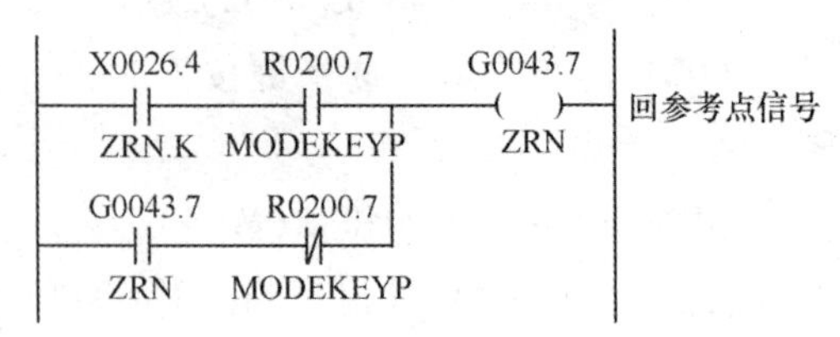

图 10-28　机床工作方式 PMC 程序 6

CNC 系统工作方式确认后，利用系统确认信号控制工作方式指示灯。同时，由于 DNC 和 AUTO、ZRN 和 JOG 是同一种工作方式，故在输出信号中，增加了保护信号，在 AUTO（Y0024.0）工作方式上串接了 DNC1（G0043.5）非信号，在 DNC（Y0024.3）T 作方式上串接了 DNC1（G0043.5）信号；在 ZRN（Y0026.4）工作方式上串接 TZRN（G0043.7）信号，在 JOG（Y0026.5）工作方式上串接了 ZRN（G0043.7）非信号，PMC 程序如图 10-29 所示。

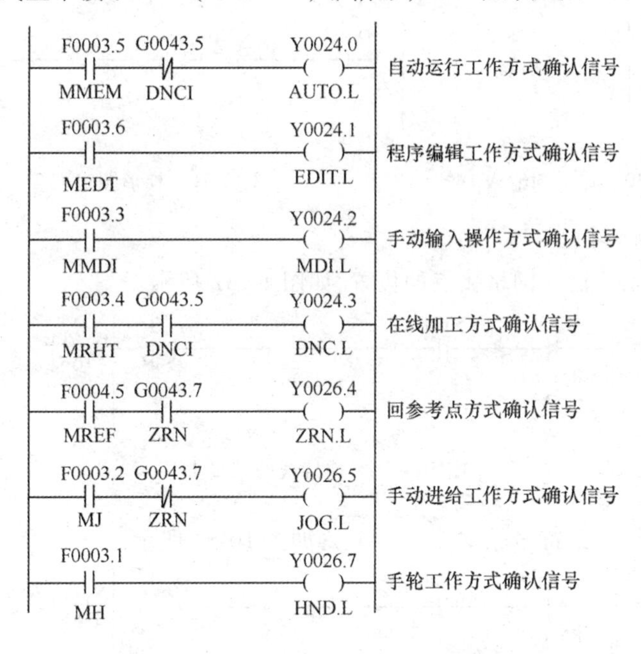

图 10-29　机床工作方式 PMC 程序 7

二、设计现场设备实验工作方式 PMC 程序

1. 查找现场实验设备操作方式输入地址

查找并记录现场设备在手动数据输入运行（MDI）、自动方式运行（MEM）、DNC 方式运行（RMT）、程序编辑（EDIT）、手轮进给/增量进给（HND/INC）、手动连续进给（JOG）、手动回参考点（REF）等工作方式下的输入信号，填写在表 10-17 中。

设计工作方式 PMC 程序。

表 10-17　不同工作方式下输入信号一览表

工作方式	输入信号地址						
手动数据输入运行（MDI）							
自动方式运行（MEM）							
DNC 方式运行（RMT）							
程序编辑（EDIT）							
手轮进给/增量进给（HND/INC）							
手动连续进给（JOG）							
手动回参考点（REF）							

2. 内置编程器程序修改

(1) 梯形图的输入。

① 将光标移动到要输入网格接点的位置,如图 10-30 所示。

② 输入相应的信号地址或符号。

③ 按相应的软键输入接点或输出线圈元素符号,如图 10-31 所示。

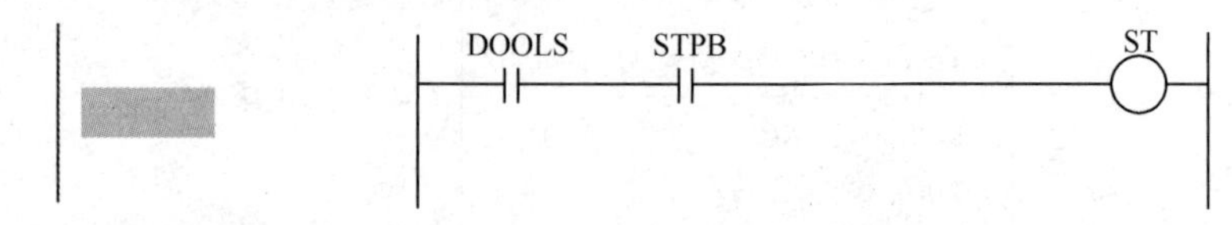

图 10-30　梯形图输入 1　　　图 10-31　梯形图输入 2

(2) 连接线的编辑。

① 将光标移动到要输入网格接点的位置,如图 10-32 所示。

图 10－32　连接线的编辑 1

② 按相应的连接元素符号软键,如图 10-33 所示。

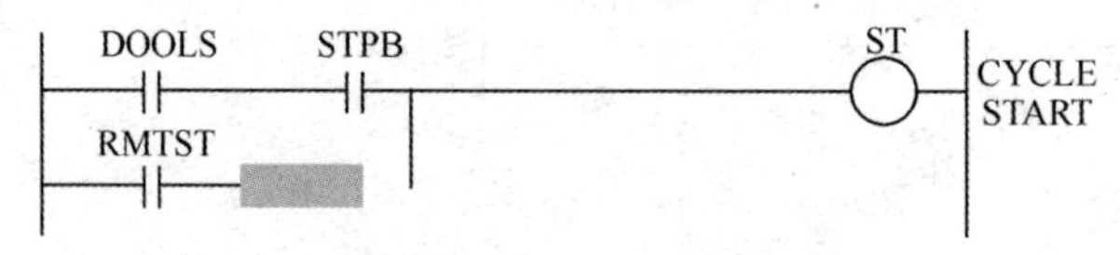

图 10-33　连接线的编辑 2

③ 按相应的软键,连接横线,如图 10-34 所示。

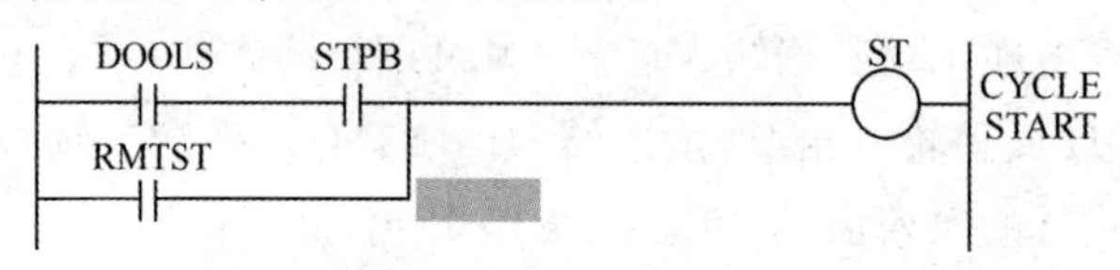

图 10-34　连接线的编辑 3

(3) 地址的变更。

① 将光标移动到要变更的网格位置。

② 输入新的地址。

③ 按键输入。

(4) 单个网格的删除。

① 将光标移动到要删除的网格位置,如图 10-35 所示。

② 按软键【删除】,将当前光标位置的网格删除。

(5) 多个网格的删除。

① 将光标移动到要删除的第一个网格位置。

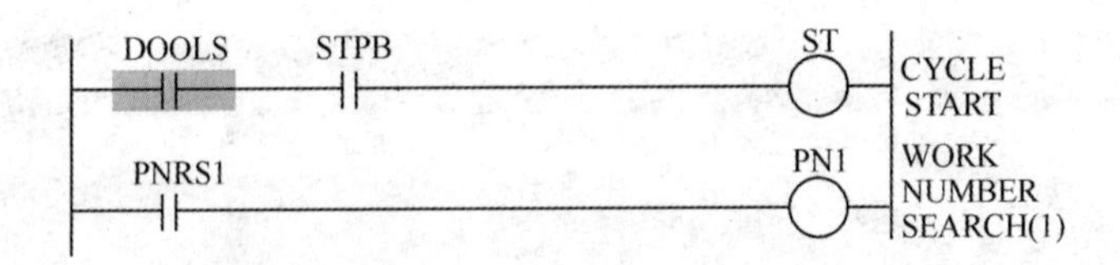

图 10-35　单个网格删除

② 按软键【选择】,通过光标移动或检索功能确定删除范围,如图 10-36 所示。

③ 按软键【删除】,将指定范围的梯形图删除。

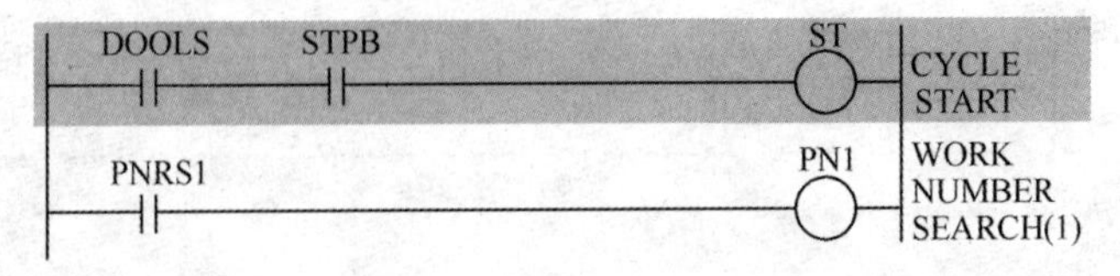

图 10-36　选择多个网格

(6) 程序的复制和移动。

① 将光标移动到需要复制或移动范围的起始位置。

② 按软键【选择】,通过光标移动或检索功能确定范围。

③ 通过移动光标或检索功能,将光标移动到尾部。

④ 复制时,按软键【复制】;移动时,按软键【剪切】。

⑤ 通过移动光标或检索功能,将光标移动到复制或移动的位置。

⑥ 按软键【粘贴】执行插入。

通过表 10-18 所示软键的使用,可以在空白位置插入接点和线圈。

表 10-18　插入键应用

软　键	动　作
【行输入】	在光标所在位置前插入行
【插入列】	在光标所在位置左侧插入列
【列后插入】	在光标所在位置右侧插入列

(7) 地址图的显示。

① 按软键【地址图】,显示地址页面,如图 10-37 所示。图中空白表示未使用过的位,"*"表示已使用的位,"s"表示定义了符号但在程序中未使用的位。

② 将光标移动到使用的位,按软键【跳转】,页面会跳转到程序使用该地址的位置。

(8) 程序单元的删除。

① 按软键【列表】,程序列表如图 10-38 所示。

② 将光标移动到要删除的程序位置。

③ 按软键【删除】,系统会提示"删除程序吗?"。

④ 按软健【是】或【不】,进行确定。

退出编辑前可以选择【恢复】,恢复之前的程序。

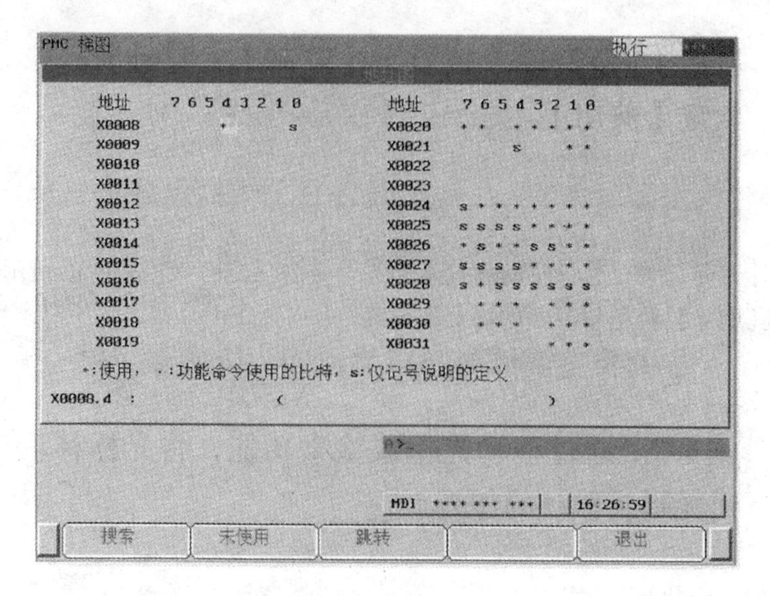

图 10-37 地址页面

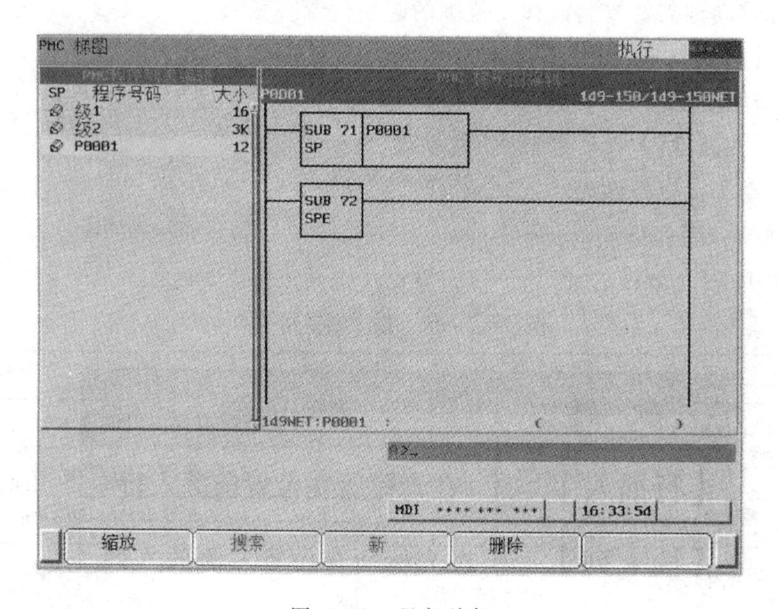

图 10-38 程序列表

3. 下载程序并调试

（1）按 MDI 面板上的功能键SYSTEM。

（2）多次按功能键SYSTEM，再按软键【 + 】、【PMCMNT】、【信号】、【操作】，输入信号地址 G43 后按软键【搜索】，出现信号状态页面，如图 10-39 所示。

当在操作面板上操作某一方式是，记录表 10-19 中 G、F 信号组合变化情况。工作方式对应内部状态生效打“√”，不生效打“ × ”。

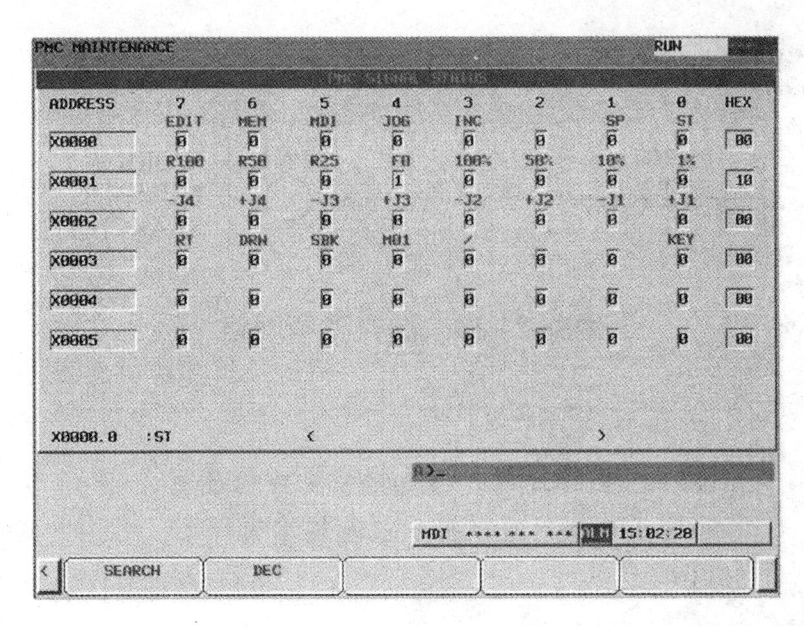

图 10-39　信号状态页面

表 10-19　操作方式与 G、F 信号的关系

操作方式	G 信号					输出信号
	ZRN G0043.7	DNC1 G0043.5	MD4 G0043.2	MD2 G0043.1	MD1 G0043.0	MMD1 (F3.3)
手动数据输入运行(MDI)						MMDI(F3.3)
自动方式运行(MEM)						MAUT(F3.5)
DNC 方式运行(RMT)						MRMT(F3.4)
程序编辑(EDIT)						MEDT(F3.6)
手轮进给/增量进给(HND/INC)						MH(F3.1)
手动连续进给(JOG)						MJ(F3.2)
手动回参考点(REF)						MREF(F4.5)

习　题

1. 简述 FANUC 数控系统 PMC 地址类型，画出 FANUC 数控系统接口与地址关系图。
2. 地址前加“*”表示什么含义？
3. 高速处理信号有哪些？与其他信号有什么区别？
4. 简述利用存储卡进行 PMC 数据和梯形图备份和恢复的操作。
5. 简述利用 FANUC LADDER-Ⅲ软件进行 PMC 数据和梯形图备份和恢复的操作。
6. 利用 FANUC 内置编程器输入急停控制程序：如果没有该程序，机床会出现什么现象？

7. 想一想，为什么急停信号、超程信号等信号采用动断信号？

8. 如何解除超程报警？有几种方法？

9. 机床工作方式有按键式和波段开关（如图 10-40 所示）两种，PMC 程序设计时有什么不同？

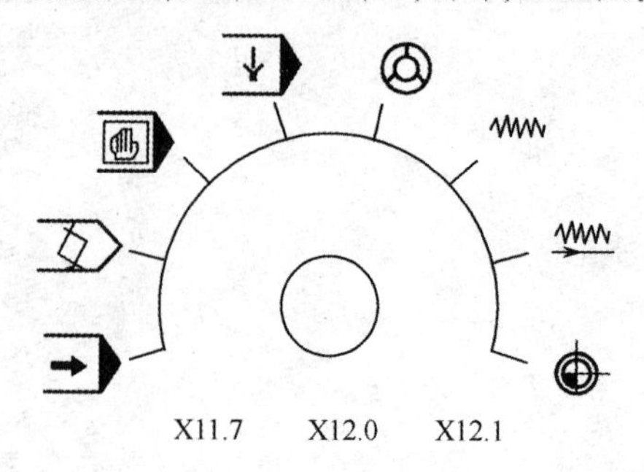

图 10-40　波段开关工作方式

附录 A　S7-200 的特殊存储器（SM）标志位

特殊存储位提供大量的状态和控制功能，用来在 CPU 和用户程序之间交换信息，特殊存储器能以位、字节、字、双字的方式使用。

1. SMB0：状态位

各位的作用，如附表 A-1 所示，在每个扫描周期结束时，由 CPU 更新这些位。

附表 A-1　特殊存储器字节 SMB0

SM 位	描　述
SM0.0	此位始终为 1
SM0.1	首次扫描时为 1，可以用于调用初始化子程序
SM0.2	如果断电保存的数据丢失，此位在一个扫描周期中为 1。可用作错误存储器位，或用来调用特殊启动顺序功能
SM0.3	开机后进入 RUN 方式。该位将 ON 一个扫描周期，可以用于启动操作之前给设备提供预热时间
SM0.4	此位提供高低电平各 30 s，周期为 1 min 的时钟脉冲
SM0.5	此位提供高低电平各 0.5 s，周期为 1 s 的时钟脉冲
SM0.6	此位提供扫描时钟，本次扫描时为 1，下次扫描时为 0，可以用作扫描计数器的输入
SM0.7	此位指示工作方式开关的位置，0 为 TERM 位置，1 为 RUN 位置。开关在 RUN 位置时，该位可以使自由端口通信模式有效，转换至 TERM 位置时，CPU 可以与编程设备正常通信

2. SMB1：状态位

SMB1 包含了各种潜在的错误提示，这些位因指令的执行被置位或复位，各位的作用，如附表 A-2 所示。

附表 A-2　特殊存储器字节 SMB1

SM 位	描　述
SM1.0	零标志，当执行某些指令的结果为 0 时，该位置 1
SM1.1	错误标志，当执行某些指令的结果溢出或检测到非法数值时，该位置 1
SM1.2	负数标志，数学运算的结果为负时，该位置 1
SM1.3	试图除以 0 时，该位置 1
SM1.4	执行 ATT(Add to Table)指令时超出表的范围，该位置 1
SM1.5	执行 LIFO 或 FIFO 指令时试图从空表读取数据，该位置 1
SM1.6	试图将非 BCD 数值转换成二进制数值时，该位置 1
SM1.7	ASCII 数值无法被转换成有效的十六进制时，该位置 1

3. SMB2:自由端口接收字符缓冲区

SM2 为自由端口接收字符的缓冲区,在自由端口模式下从口 0 或口 1 接收的每个字符均被存于 SM2,便于梯形图程序存取。

4. SMB3:自由端口奇偶检验错误

接收到的字符有奇偶检验错误时,SM3.0 被置 1,根据该位来丢弃错误的信息。SM3.1 ~ SM3.7 位保留。

5. SMB4:队列溢出

SM4 包含中断队列溢出位、终端允许标志位和发送空闲位,如附表 A-3 所示。队列溢出表示中断发生的速率高于 CPU 处理的速率,或中断已经被全局中断禁止指令关闭。只能在中断程序中使用状态位 SM4.0、SM4.1 和 SM4.2,队列为空并且返回主程序时,这些状态位被复位。

附表 A-3　特殊存储器字节 SMB4

SM 位	描 述	SM 位	描 述
SM4.0	通信中断队列溢出时,该位置 1	SM4.4	全局中断允许位,允许中断时该位置 1
SM4.1	输入中断队列溢出时,该位置 1	SM4.5	端口 0 发送器空闲时,该位置 1
SM4.2	定时中断队列溢出时,该位置 1	SM4.6	端口 1 发送器空闲时,该位置 1
SM4.3	在运行时发现编程有问题,该位置 1	SM4.7	发生强制时,该位置 1

6. SMB5:I/O 错误状态

SMB5 包含 I/O 系统里检测到错误状态位各位的作用,如附表 A-4 所示。

附表 A-4　特殊存储器字节 SMB5

SM 位	描　　述
SM5.0	有 I/O 错误时,该位置 1
SM5.1	I/O 总线上连接了过多的数字量 I/O 点时,该位置 1
SM5.2	I/O 总线上连接了过多的模拟量 I/O 点时,该位置 1
SM5.3	I/O 总线上连接了过多的职能 I/O 模块时,该位置 1
SM5.4 ~ SM5.6	保留
SM5.7	DP 标准总线出现错误时,该位置 1

7. SMB6:CPU 标志(ID)寄存器

SMB6.4 ~ SMB6.7 用于识别 CPU 的类型,详细信息见系统手册。

8. SMB8 ~ SMB21:I/O 模块标志与错误寄存器

SMB8 ~ SMB21 以字节对的形式用于 0 ~ 6 号扩展模块。偶数字节是模块标志寄存器,用于标记模块的类型,I/O 类型、输入/输出的点数。奇数字节是模块错误寄存器,提供该模块 I/O的错误,详细信息见系统手册。

9. SMW22 ~ SMW26:扫描时间

SMW22 ~ SMW26 中分别是以 ms 为单位的上一次扫描时间、进入 RUN 方式后的最短扫描时间和最长扫描时间。

10. SMB28 和 SMB29:模拟电位器

它们中的数字分别对应于模拟电位器 0 和模拟电位器 1 动触点的位置(只读)。在 STOP/RUN 方式下,每次扫描时更新该值。

11. SMB30 和 SMB130:自由端口控制寄存器

SMB30 和 SMB130 分别控制自由端口 0 和自由端口 1 的通信方式,用于设置通信的波特率和奇偶检验等,并提供选择自由端口方式或使用系统支持的 PPI 通信协议。详细信息见系统手册。

12. SMB31 和 SMB32:EEPROM 写控制

在用户程序的控制下,将 V 存储器中的数据写入 EEPROM,可以永久保存。先将要保存的数据的地址存入 SMW32,然后将写入命令存入 SMB31 中。

13. SMB34 和 SMB35:定时中断的时间间隔寄存器

SMB34 和 SMB35 分别定义了定时中断 0 与定时中断 1 的时间间隔,单位为 ms,可以制定为 1~255 ms。若为定时中断事件分配了中断程序,CPU 将在设定的时间间隔执行中断程序。

14. SMB36~SMD62:HSCO、HSC1、和 HSC2 寄存器

SMB36~SMD62 用于监视和控制高速计数器 HSC0~HSC2,详细信息见系统手册。

15. SMB66~SMB85:PTO/PWM 寄存器

SMB66~SMB85 用于控制和监视脉冲输出(PTO)和脉宽调制(PWM)功能,详细信息见系统手册。

16. SMB86~SMB94:端口 0 接收信息控制

详细信息见系统手册。

17. SMW98:扩展总线错误计数器

当扩展总线出现检验错误时加 1,系统得电或用户写入零时清零。

18. SMB130:自由端口 1 控制寄存器

见 SMB30。

19. SMB136 和 SMB165:高速计数器存储器

用于监视和控制高速计数器 HSC3~HSC5 的操作(读/写),详细信息见系统手册。

20. SMB166~SMB185:PTO0 和 PTO1 包络定义表

详细信息见系统手册。

21. SMB186~SMB194:端口 1 接收信息控制

详细信息见系统手册。

22. SMB200~SMB549:智能模块状态

SMB200~SMB549 预留给智能扩展模块(例如 EM277 PROFIBUS-DP 模块)的状态信息。SMB200~SMB549 预留给系统的第一个扩展模块(离 CPU 最近的模块);SMB250~SMB299 预留给第二个智能模块,如果使用版本 2.2 之前的 CPU,应将智能模块放在非智能模块左边紧靠 CPU 的位置,已确保其兼容性。

附录 B　中断事件优先级

事件号	中断事件描述	组优先级	组内类型	组内优先级
8	通信口 0:单字符接受完成	通信中断（最高级）	通信口 0	0
9	通信口 0:发送字符完成			0
23	通信口 0:接受信息完成			0
24	通信口 1:接受信息完成		通信口 1	1
25	通信口 1:单字符接受完成			1
26	通信口 1:发送字符完成			1
19	PLO0 脉冲串输出完成中断	I/O 中断	脉冲串输出	0
20	PLO1 脉冲串输出完成中断			1
0	I0.0 上升沿中断			2
2	I0.1 上升沿中断		外部输入	3
4	I0.2 上升沿中断			4
6	I0.3 上升沿中断			5
1	I0.0 下降沿中断			6
3	I0.1 下降沿中断			7
5	I0.2 下降沿中断			8
7	I0.3 下降沿中断			9
12	高速计数器 0:CV = PC(当前值 = 设定值)			10
27	高速计数器 0:输出方向改变			11
28	高速计数器 0:外部复位			12
13	高速计数器 1:CV = PC(当前值 = 设定值)			13
14	高速计数器 1:输出方向改变			14
15	高速计数器 1:外部复位			15
16	高速计数器 2:CV = PV		高速计数器	16
17	高速计数器 2:输出方向改变			17
18	高速计数器 2:外部复位			18
32	高速计数器 3:CV = PC(当前值 = 设定值)			19
29	高速计数器 4:CV = PC(当前值 = 设定值)			20
30	高速计数器 4:输出方向改变			21
31	高速计数器 4:外部复位			22
33	高速计数器 5:CV = PC(当前值 = 设定值)			23

续表

事件号	中断事件描述	组优先级	组内类型	组内优先级
10	定时中断 0,SMB34	时基中断 （最低级）	定时器	0
11	定时中断 1,SMB35			1
21	定时器 T32:CT = PT 中断		定时器	2
22	定时器 T96:CT = PT 中断			3

参考文献

[1] 耿文学,华熔．微机可编程序控制器原理、使用及应用实例[M]．北京:电子工业出版社,1990.

[2] 朱善君,等．可编程序控制系统[M]．北京:清华大学出版社,1992.

[3] 汪晓光,等．可编程序控制器原理及应用[M]．北京:机械工业出版社,1994.

[4] 常斗南．可编程序控制器原理应用实验[M]．北京:机械工业出版社,1998.

[5] 李乃夫．可编程序控制器原理应用实验[M]．北京:中国轻工出版社,1998.

[6] 吕景泉．可编程序控制器技术教程[M]．北京:高等教育出版社,2006.

[7] 袁任光．可编程序控制器(PC)应用技术及实例[M]．广州:华南理工大学出版社,1997.

[8] 郭宗仁,等．可编程序控制器及其通信网络技术[M]．北京:人民邮电出版社,1995.

[9] 俞国亮,等．PLC 原理与应用[M]．北京．清华大学出版社．2005.